Dieter Mehnert

Historische phonetische Geräte

TUDpress

Studientexte zur Sprachkommunikation
Hg. von Rüdiger Hoffmann
ISSN 0940-6832
Bd. 62

Dieter Mehnert

Historische phonetische Geräte

Katalog der historischen
akustisch-phonetischen Sammlung (HAPS)
der Technischen Universität Dresden
Erster Teil

Mit 393 Fotografien von Rolf Dietzel

TUDpress

Bibliografische Information der Deutschen Nationalbibliothek
Die Deutsche Nationalbibliothek verzeichnet diese Publikation in der Deutschen Nationalbibliografie; detaillierte bibliografische Daten sind im Internet über http://dnb.d-nb.de abrufbar.

Bibliographic information published by the Deutsche Nationalbibliothek
The Deutsche Nationalbibliothek lists this publication in the Deutsche Nationalbibliografie; detailed bibliographic data are available in the Internet at http://dnb.d-nb.de.

ISBN 978-3-942710-95-4

Verlag der Wissenschaften GmbH
Bergstr. 70 | D-01069 Dresden
Tel.: +49 351 47969720 | Fax: +49 351 47960819
http://www.tudpress.de

Vorwort

Spätestens seit in den 1950er-Jahren die Entwicklung des Prototyps eines Vocoders an der damaligen TH Dresden erfolgte, ist die Sprachtechnologie fester Bestandteil des wissenschaftlichen Programmes der heutigen Fakultät Elektrotechnik und Informationstechnik der TU Dresden. Ihre Institutionalisierung erfolgte vergleichsweise zeitig (1969) mit der Berufung von Walter Tscheschner für das Fachgebiet Sprachkommunikation. Dank dieser Vorgeschichte ist die TU Dresden in der Lage, die historische Entwicklung der elektronischen Sprachsignalverarbeitung seit ihren Anfängen aus eigenem Aufkommen zu dokumentieren [1].

Die elektronische Sprachsignalverarbeitung baut auf den Vorleistungen der Experimentalphonetik seit dem Ende des 19. Jahrhunderts auf. Auch in diesem Fachgebiet entstanden viele Geräte, die damals jedoch ohne Elektronik oder gar Computersteuerung auskommen mussten. Viele dieser vorwiegend mechanischen Geräte beeindrucken durch ihre ausgeklügelte Wirkungsweise und hochpräzise Konstruktion.

Dass wir an der TU Dresden in der Lage sind, auch solche Geräte zu zeigen und damit die Entwicklung von Experimentalphonetik und Sprachtechnologie im Ganzen über mehr als ein Jahrhundert zu demonstrieren, verdanken wir der Sammeltätigkeit von Herrn Prof. Dr.-Ing. habil. Dieter Mehnert, der viele historische Geräte zusammengetragen hatte und in den 1990er-Jahren den Vorschlag machte, die von ihm in Berlin begonnene Sammlung mit den in Dresden vorhandenen Beständen zu vereinigen. Die Umsetzung dieses Vorschlages erfolgte bis 1999, so dass wir dieses Jahr als Gründungsjahr der historischen akustisch-phonetischen Sammlung (HAPS) in Dresden ansehen.

Gemessen an der Beteiligung an Ausstellungen und der Zahl der historischen Publikationen hat sich die Sammlung seitdem sehr gut entwickelt. Dazu trug besonders die 2006 abgeschlossene Vereinigung mit der bedeutenden, auf Giulio Panconcelli-Calzia zurückgehenden experimentalphonetischen Schausammlung der Universität Hamburg in Form einer Dauerleihgabe bei. Auf all diese Aktivitäten sind wir an anderer Stelle [2] bereits eingegangen.

Dieter Mehnert hat in die Erschließung und Bearbeitung der experimentalphonetischen Sammlungsbestände überaus viel Zeit und Mühe in ehrenamtlicher Arbeit investiert. Besonders ist zu erwähnen, dass eine Reihe von Geräten instand gesetzt und repariert, weitere nach zeitgenössischen Bildern restauriert bzw. neu aufgebaut werden mussten. Diese zum Teil aufwendigen und komplizierten Arbeiten sind von ihm mit Sachkenntnis und großem Einfühlungsvermögen in die alte Technik durchgeführt worden.

Spätestens nach der Vereinigung mit den Hamburger Beständen war klar, dass eine Katalogisierung der Sammlungsbestandteile der HAPS, zu denen auch Tonträger und Bilddokumente gehören, erfolgen muss. Ein erster Schritt dazu ist nun getan, indem dieser Katalog vorgelegt wird, der die Dokumentation der historischen phonetischen Geräte in sich vereinigt.

Viel Aufwand und Sachkenntnis waren auch für die Anfertigung der zahlreichen Fotografien erforderlich. Dafür stellte sich bereitwillig Herr Dr.-Ing. Rolf Dietzel zur Verfügung, der über viel Erfahrung auf dem Gebiet der wissenschaftlichen Fotografie verfügt. Seine große technikgeschichtliche Expertise war über die fotografischen Arbeiten hinaus von großem Nutzen für die Entstehung dieses Buches.

Zum Abschluss dieser Vorbemerkungen gilt mein Dank allen, die zum Gelingen dieses Buchprojektes beigetragen haben. Das sind zuerst natürlich der Textautor Dieter Mehnert und der Bildautor Rolf Dietzel. Beide arbeiten als Ruheständler unermüdlich an historischen Themen und leisten so einen ehrenamtlichen Beitrag zur Traditionspflege, der sonst einfach nicht vorhanden wäre. Weiter ist Herrn Hans-Dieter Keil zu danken, der sich um die Inventarisierung und Dokumentation der HAPS verdient gemacht hat. Nicht zuletzt gilt der Dank dem Verleger, Herrn Eckhard Heinicke, der nicht nur das Projekt im Ganzen gefördert, sondern auch alle Arbeiten am Layout des Bandes übernommen hat.

Die Finanzierung des Buchprojektes war nur möglich durch die Mitwirkung von Sponsoren. Autoren und Herausgeber danken herzlich den folgenden Einrichtungen für die großzügige Gewährung eines Druckkostenzuschusses:

- Hermann-Willkomm-Stiftung,
- Deutsche Gesellschaft für Akustik e.V. (DEGA),

- Gesellschaft von Freunden und Förderern der TU Dresden e.V.

Abschließend ist es mir ein Bedürfnis, allen zu danken, die im Laufe von mehr als einem Jahrzehnt den Auf- und Ausbau der HAPS nicht nur geduldet, sondern auf verschiedene Weise tatkräftig unterstützt haben. Diese Unterstützung ist in einer Zeit, in der die Universität mehr über Abbau als über Ausbau nachzudenken gezwungen wird, keine Selbstverständlichkeit. Besonders erwähnen möchte ich die Fakultät Elektrotechnik und Informationstechnik und die Kustodie der Technischen Universität Dresden, namentlich ihren Direktor, Herrn PD Dr.-Ing. Klaus Mauersberger.

Rüdiger Hoffmann
Technische Universität Dresden
Professur für Systemtheorie und Sprachtechnologie

[1] Hoffmann, R.: 40 Jahre institutionalisierte Sprachtechnologie in Dresden. In: Elektronische Sprachsignalverarbeitung 2009, Band 2: Tagungsband des Traditionstages, Dresden, 23./24. 9. 2009. Dresden: TUDpress 2010 (Studientexte zur Sprachkommunikation, Bd. 54), S. 7–35.

[2] Mehnert, D.; Hoffmann, R.: Zehn Jahre historische akustisch-phonetische Sammlung der TU Dresden. In: Elektronische Sprachsignalverarbeitung 2009, Band 2: Tagungsband des Traditionstages, Dresden, 23./24. 9. 2009. Dresden: TUDpress 2010 (Studientexte zur Sprachkommunikation, Bd. 54), S. 147–166.

Einleitung

Die Technische Universität Dresden verfügt über einen umfangreichen, historisch bedeutsamen Bestand an naturwissenschaftlichen und technischen Sachzeugen, die in über 40 eigenständigen Sammlungen zusammengefasst und von der Kustodie betreut und verwaltet werden. Diese Sammlungen stellen ein außerordentlich wertvolles Kulturgut dar, das es weiter zu bewahren und zu pflegen gilt.

Die in diesem Katalog vorgestellte Sammlung historischer phonetischer Geräte befindet sich in der Fakultät Elektrotechnik und Informationstechnik und ist Bestandteil der historischen Sammlungen der TU Dresden. Sie bietet einen umfassenden Überblick über die Entwicklung der experimentellen Phonetik und Sprachtechnologie und dokumentiert den Zeitraum von der Gründung der ersten phonetischen Laboratorien Ende des 19. Jahrhunderts bis in die1960er-Jahre, der Zeit des Einzuges der Computertechnik in die Experimentalphonetik.

Das vorliegende Buch ist ein Teil der Gesamtdokumentation der Sammlung und enthält eine Zusammenstellung der historischen phonetischen Geräte in einer systematischen Anordnung mit Fotografien, jeweils einem ausführlichen Text und zahlreichen Quellenhinweisen. Bei der Ausarbeitung der Systematik ließen wir uns leiten von der phonetischen Aufgabenstellung und ihrer experimentellen Bearbeitung, wie Messen, Aufzeichnen, Registrieren, Auswerten, Speichern und Demonstrieren.

Es war zum Teil viel Recherchearbeit notwendig, um herauszufinden, zu welchem Zweck die Exponate gebaut und eingesetzt worden waren und wie damit gearbeitet wurde. Schließlich waren die meisten Geräte über 60 Jahre nicht mehr in Gebrauch, und aus der Generation der Phonetiker, die in ihrer Studienzeit vielleicht noch damit gearbeitet haben bzw. die diese Geräte noch bei Vorführungen ihrer Lehrer gesehen haben, lebt kaum noch jemand. Das Wissen um die Aufgaben und Arbeitsweisen der Geräte, die Praxis der Experimentalphonetiker der damaligen Zeit ist praktisch verloren gegangen. Umso wertvoller sind für uns die erhaltenen schriftlichen Quellen, Lehrbücher, Notizen aus Nachlässen der Wissenschaftler und Zeitschriftenartikel, wo praktisch alles, auch kleinste Veränderungen, Ergänzungen an den Geräten und Versuchsanordnungen skizziert, beschrieben und diskutiert wurden. Das ist eine Fundgrube heute für uns historisch interessierte Techniker.

Die Phonetik wird als eine Wissenschaft beschrieben, die sich mit den Sprachlauten und deren Eigenschaften befasst. Laute, die durch die Sprechfähigkeit des Menschen erzeugt werden, sind geprägt durch ihre Einmaligkeit und Individualität. Sie sind immer flüchtige Signale, die wenige Millisekunden nach Verlassen der Lippenebene verschwunden sind. Probleme, phonetische Fragestellungen zu gesprochener Sprache konnten zu der Zeit nur durch Hören (auditive Analyse) bearbeitet und geklärt werden.

Buchstäblich revolutionierend fiel in diese Zeit die Erfindung des Phonographen von Edison (1877), womit erstmals die Aufnahme und Wiedergabe gesprochener Sprache möglich wurde. Von da an bemühte sich die experimentelle Phonetik um die grafische Visualisierung der Physiologie des Sprechens.

Als 1897 unter Leitung von Abbé Rousselot am College de France das erste Phonetische Laboratorium eingerichtet wurde, umfasste dieses bereits ein ganzes Arsenal wissenschaftlicher Apparaturen zur Aufzeichnung von Artikulationsbewegungen und zur Visualisierung von Sprachlauten. Es ist sein Verdienst, den Wert dieser Geräte für die Sprachforschung erkannt zu haben. Er führte sie in die Phonetik ein und legte praktisch den Grundstein für eine neue Disziplin, die experimentelle Phonetik. Seither erlebte dieses Wissenschaftsgebiet jenen stürmischen Aufschwung, von dem die gesammelten und hier beschriebenen Geräte Zeugnis ablegen.

Die ersten Experimental-Phonetiker hatten übrigens ein bemerkenswertes Gespür dafür, welche Möglichkeiten ihnen Geräte aus Nachbardisziplinen, z.B. der experimentellen Physiologie und Psychologie, oder die Erfindung des Phonographen und der damit verbundenen Schallspeicherung zur objektiven Beschreibung von Sprachsignalen eröffneten. Auch bewährte Methoden und Geräte der Medizin, der Akustik und Optik wurden für die Zwecke der Experimentalphonetik umgebaut, erweitert bzw. durch Neukonstruktionen ersetzt.

Ausgehend von den Anfängen der Experimentalphonetik in Paris (Jean Pierre Rousselot – 1846-1924) sind in anderen europäischen Städten weitere Phonetik-Institute, u. a. in Prag, Amsterdam, Kopenhagen, London, St. Petersburg und in Stockholm entstanden, in denen Geräte erdacht, gebaut und Verfahren erprobt wurden, die in vielen Fällen auch die Namen ihrer Erfinder tragen.

In Deutschland waren es u. a. drei Institute, in denen die Experimentalphonetik in der Gründerzeit besonders intensiv betrieben wurde, in Bonn (Paul Menzerath, 1883–1954), Berlin (Hermann Gutzmann sen., 1865–1922, und Franz Wethlo, 1877–1963) und in Hamburg (Carl Meinhoff, 1857–1944, Wilhelm Heinitz,1883–1963, und Guilio Panconcelli-Calzia, 1878–1966), außerdem in Chemnitz, wo Georg Zöppel (1892–1963), ein Schüler von Panconcelli-Calzia und Wethlo, auf experimentalphonetischem Gebiet gearbeitet hat.

Der größte Teil der hier dokumentierten Sammlung stammt aus den phonetischen Instituten Berlin, Hamburg und Chemnitz, einige Geräte kommen aus Köln, München und Darmstadt.

In dieser wohl einmaligen Sammlung sind experimental-phonetische Arbeitsgeräte, die in den ersten Jahrzehnten des vorigen Jahrhunderts in den phonetischen Laboratorien und z. T. noch bis in die 1950er-Jahre in Gebrauch waren, zu sehen. Einmalig auch deshalb, weil damit die Arbeitsmethoden anschaulich dargestellt und dokumentiert sind.

Neben dem wissenschaftshistorischen Wert der Sammlung ist noch ein weiterer Punkt für spätere Generationen von Bedeutung. Heute beherrscht die moderne Elektronik die Sprachlabore, es gibt keine Beziehung mehr zu mechanischen Messgeräten, schon gar nicht zur Mechanik bis etwa zur Mitte des vorigen Jahrhunderts, wo man Wellenlänge und Amplitude praktisch noch sehen konnte. Auch das ist eine wichtige Aufgabe der historischen Sammlung, über die Technik von gestern die Technik von heute zu verstehen. Deshalb wurde auch angestrebt, die ausführlichen Gerätebeschreibungen möglichst lückenlos mit historischen Literaturangaben zu ergänzen. Damit ist dieses Buch über historische phonetische Geräte mehr als ein bloßer Sammlungskatalog.

Die etwa über 10 Jahre gelaufenen Arbeiten der Erschließung, Dokumentation und wissenschaftlichen Bearbeitung der Gerätesammlung waren natürlich ohne die Mitarbeit und Unterstützung weiterer historisch interessierter Kollegen nicht möglich. Mein besonderer Dank gilt Herrn Prof. Dr.-Ing. habil. Rüdiger Hoffmann (Professur für Systemtheorie und Sprachtechnologie am Institut für Akustik und Sprachkommunikation der TU Dresden). Er hat für den Aufbau dieser Sammlung seit den Anfängen im Jahr 2000 außergewöhnliches Interesse gezeigt, die Bearbeitung über alle Jahre intensiv gefördert und nach Kräften, im Besonderen in der Endphase der Fertigstellung des Kataloges, unterstützt. Dank geht auch an Prof. Dr. Magnús Pétursson und Dr. Joachim Neppert (Universität Hamburg) für zahlreiche Konsultationen zu historischen Hintergründen und zur Handhabung einzelner Sammlungsstücke. Ganz herzlich möchte ich mich bei Frau Dr. Janina Schuldt (Universität Hamburg, Bibliothek Allgemeine Sprachwissenschaft/Indogermanistik) bedanken. Sie hat uns unermüdlich bei der Literaturbeschaffung geholfen und uns den Nachlass des Hamburger Phonetischen Institutes zugänglich gemacht.

Weiterer Dank geht an alle Mitarbeiter des Institutes, die geholfen haben, das Projekt voran zu bringen, im Besonderen Frau Dipl.-Ing. Margitta Lachmann für ihre Arbeiten zur Internet-Präsentation und Herrn Dipl.-Ing. Hans-Dieter Keil für seine umfangreichen Arbeiten zum Aufbau einer Datenbank. Besonders möchte ich meinem Kollegen Dr.-Ing. Rolf Dietzel Dank sagen für seine von Beginn der Arbeiten an währende treue Gefolgschaft, er hat durch seinen professionellen fototechnischen Beitrag einen wesentlichen Anteil am Gelingen des Kataloges.

Dresden, 15. Mai 2011
Dieter Mehnert

Zum Aufbau des Kataloges

Der Katalog umfasst die Bestandteile der historischen akustisch-phonetischen Sammlung (HAPS) der TU Dresden, die im engeren Sinne der Experimentalphonetik zugeordnet werden können. Die Erschließung der übrigen Bestände auf vergleichbare Weise bleibt zukünftigen Bänden vorbehalten.

Die Geräte sind in acht große Gruppen eingeteilt worden, denen die Kapitelgliederung entspricht. Die Geräte selbst bilden deshalb die zweite Gliederungsebene, in der man jeweils eine Abbildung sowie eine kurze Beschreibung findet. In vielen Fällen sind ergänzende Darstellungen (insbesondere Detailabbildungen) hinzugefügt worden, die dann in der dritten Gliederungsebene stehen.

Unmittelbar im Anschluss an die jeweilige Überschrift finden sich Angaben zur Herkunft und Inventarisierung, die nach folgendem Beispiel aufgebaut sind:

1.2-12 | B | 30017-000

- 30017-000: Inventarnummer, unter der das Gerät bei der Kustodie der TU Dresden verzeichnet ist.
- B: Herkunft des Gerätes. Die phonetischen Laboratorien in Berlin, Hamburg und Chemnitz sind mit B, H und Ch abgekürzt; B_{TU} steht für die TU Berlin, Mü für München.
- 1.2-12: Interne Ordnungsnummer der Sammlung (ursprünglich die Bild-Nummern aus der ersten Web-Präsentation).

In vielen Fällen existieren in der HAPS von einem Gerät mehrere gleiche oder zumindest ähnliche Exemplare. In diesen Fällen stehen unter der Überschrift mehrere Inventarisierungsangaben.

Inhalt

Kapitel 1

Mess- und Registrieraufbauten

In den frühen Entwicklungsphasen der Experimentalphonetik widmeten die Wissenschaftler sich vorwiegend:

- der Physiologie der Lautforschung,
- den Messverfahren und der einheitlichen Begriffsbildung,
- der Lautbeschreibung mit einem international vereinbarten phonetischem Alphabet und
- der Systematisierung der Lautinventare verschiedener Sprachen.

Die zunächst nur beobachteten phonetischen und akustischen Phänomene mussten in eine beschreibbare Form gebracht werden, um Aufzeichnungen, Auswerteverfahren und quantitative Messergebnisse zustande zu bringen. Aus solchen Untersuchungen sollten die Zusammenhänge zwischen den physikalisch messbaren Vorgängen und deren auditiven Wahrnehmungen gefunden werden.
Dazu fehlten zunächst die nötigen apparativen Voraussetzungen, um die physikalischen und physiologischen Größen der Lauterzeugung und Lautbildung messen zu können. Ebenso waren die akustischen Mess- und Speicherverfahren für den Sprachschall noch sehr unvollkommen.

Die im Folgenden gezeigten Messplätze sind nach den historischen Vorbildern aufgebaut worden und illustrieren die Anfangsjahre der experimentellen phonetischen Forschung aus der Zeit um 1910. Ausgenommen ist das Modell für den Artikulationstrakt, es stammt aus den 50er Jahren des 20. Jahrhunderts.

1 – 1 Messplatz zur Aufzeichnung des Phonationsstromes und der Atembewegungen

0 – 1 | D | 00000-001

Im hier gezeigten Messplatz aus den Anfangsjahren der experimentellen phonetischen Forschung (etwa um 1910) ist eine Anordnung zum Aufzeichnen des Phonationsstromes und der Atembewegungen aufgebaut.

Zur Lauterzeugung gehören der Atmungsapparat, der Kehlkopf mit den Stimmlippen sowie der Mund- und Nasenraum als Artikulationstrakt. Auf diese drei Elemente richtete sich zunächst das Interesse der damit befassten Fachleute, nämlich Phonetiker, Physiologen und wissenschaftliche Apparatebauer.

Die Phonetik ist also ein typisches Beispiel für eine fächerübergreifende wissenschaftliche Herangehensweise, wie sie zu jener Zeit auch auf zahlreichen anderen Gebieten anzutreffen war.

Mit dem Messplatz konnte man sowohl die Atembewegungen als auch synchron dazu den von der Versuchsperson erzeugten Phonationsstrom beim Sprechen aufzeichnen.

Bei der Atmung setzen sich die Bewegungen des Brustkorbes aus der Costal- und Abdominalatmung zusammen. Sie werden getrennt gemessen und zwar mit den beiden gewellten Schläuchen, die um den Brustkorb und in Höhe des Zwerchfells an der Versuchsperson angelegt werden.

Die Längenänderungen der gewellten Schläuche äußern sich als Druckschwankungen im Innern. Diese Druckschwankungen gelangen über zwei dünne Verbindungsschläuche zu zwei großen akustisch-mechanischen Wandlern (MAREYsche Kapseln), deren mechanische Auslenkungen leichte Schreibzeiger bewegen.

Auf der berußten Papierbahn einer sich drehenden Trommel werden die Zeitfunktionen dieser Auslenkungen aufgezeichnet. Das Aufzeichnungsgerät wurde als Kymograph bezeichnet.

Den in der Bildmitte vorn erkennbaren Trichter drückt die Versuchsperson an den Mund und spricht hinein. Die dabei erzeugten Wechseldrücke gelangen über einen

1 – 1.1 Messplatz zur Aufzeichnung des Phonationsstromes und der Atembewegungen (Detail)

0 – 1.1 | D | 00000-002

Im Bild sind (von oben) der Pendelchronograph mit Strohzeiger, die kleine MAREYsche Kapsel und zwei große MAREYsche Kapseln, ebenfalls mit Strohzeigern am Universal-Stativ befestigt, zu sehen.

Schlauch mit größerem Durchmesser zu einem kleineren akustisch-mechanischen Wandler (MAREYsche Kapsel), der ebenfalls einen Schreibzeiger auslenkt.

Zur Kalibrierung der Zeitachse dient ein mechanisches Horizontalpendel (Sekundenpendel), das sich ganz oben am Universalstativ befindet.

Die Aufzeichnungstrommel des Kymographen wird von einem Federmotor gleichmäßig gedreht.

Zu diesem Messaufbau gehören folgende Geräte:

- Universal-Kymograph (2 – 2)
- Universal-Stativ (2 – 35)
- Gürtelpneumograph (5 – 25)
- zwei große MAREYsche Kapseln (2 – 15)
- eine kleine MAREYsche Kapsel (2 – 13)
- Pendelchronograph (Sekundenpendel) (2 – 42.1)
- Mundtrichter (2 – 32)
- Ventile für Druckausgleich (2 – 36)

1–2 Messplatz zur Aufzeichnung des Kehltones

0 – 2 | D | 00000-003

In dem abgebildeten Messplatz aus den Anfangsjahren der experimentellen phonetischen Forschung (um 1910) ist eine Anordnung zur Aufzeichnung des Kehltones aufgebaut.

Zur Aufnahme des Kehltones wird die Aufnahmekapsel (im Bild vorn) an den Hals der Versuchsperson in Höhe des Schildknorpels leicht angedrückt. Die Schwingungen des Schildknorpels werden in der Aufnahmekapsel in akustische Wechseldrücke umgewandelt und mit dem Schlauch zu einem Kehltonschreiber (kleine MAREYsche Kapsel) geführt.

Dessen Schreibspitze berührt die berußte Papierbahn auf der Trommel eines Kymographen und zeichnet darauf die Zeitfunktion des Schalldruckes auf.

Mit einem darüber angebrachten Gerät zur Erzeugung von definierten Zeitmarken (Chronometer nach JAQUET) lässt sich außerdem auf der berußten Papierbahn ein Maßstab für die Messung der Periodendauer aufzeichnen.

Zu diesem Messaufbau gehören folgende Geräte:

- Universal-Kymograph (2 - 2)
- Universal-Stativ (2 - 35)
- Kehlton-Aufnahmekapsel (2 - 30)
- Kehltonschreiber (2 - 22)
- Chronometer nach JAQUET (2 - 43)
- Ventil für Druckausgleich (2 - 36)

1 – 3 Messplatz zur Auswertung von Kymogrammen

0 – 3 | D | 00000-004

Unter einem Kymogramm versteht man die mit einem Kymographen erzeugte Aufzeichnung eines Schalles oder anderer zeitabhängiger Größen auf einem berußten Papierstreifen. Derartig beschriebene Papierstreifen wurden zunächst mit Fixativ, einem aufgesprühten Festigungslack, handhabbar gemacht, um die Aufzeichnungen dauerhaft zu speichern.

Bei der Auswertung von solcher Art gespeicherten Schalldruck-Zeitfunktionen interessierte man sich vornehmlich für deren Periodendauer *T*, um daraus die Frequenz zu ermitteln ($f = 1/T$). Diese Ergebnisse waren erforderlich für möglichst genaue Tonhöhen-Untersuchungen von gesprochener Sprache.

Wegen der relativ niedrigen Drehzahl der Aufzeichnungstrommel des Kymographen und der hohen zu untersuchenden Stimmton-Frequenzen sind die aufgezeichneten Schallvorgänge auf direktem Wege nur unzureichend auswertbar.

Deshalb benutzte man einen Messprojektor, mit dem man ein etwa zehnfach optisch vergrößertes Bild auf der Mattscheibe erzeugt, das mit einem speziellen Messschieber (mit zwei Schneiden und Nonius-Ablesung) ausgemessen wird. Für die genaue Tonhöhen-Messung ist es erforderlich, jede einzelne Periodendauer auszumessen und daraus die entsprechende Momentan-Frequenz zu berechnen.

Die Aufzeichnung auf dem berußten Papier ergibt sehr dünne Linien. Deshalb wird der Rußpapierstreifen mit zwei kleinen Glühlampen (links und rechts vom Objektiv) beleuchtet.

Zu diesem Messaufbau gehören folgende Geräte (siehe 3 – 4):

- Messprojektor
- Messschieber

1 – 4 Artikulationstrakt - Rohrmodell mit Polsterpfeifenanregung

0 – 4 | D | 00000-005

Im Bild ist ein einfaches Demonstrationsmodell zur Funktionsweise des menschlichen Artikulationstraktes zu sehen.

Unter dem Begriff Artikulationstrakt versteht man den supraglottalen Raum von den Stimmlippen im Kehlkopf bis zur Lippenebene. Er ist etwa 17 cm lang, hat unterschiedlichen Querschnitt und die Form eines gebogenen Rohres.

Im Modell kann dieser Artikulationstrakt durch lineare Aneinanderreihung von kurzen Rohrstücken mit unterschiedlichen Durchmessern näherungsweise nachgebildet werden.

Bei der stimmhaften Anregung werden aus dem breitbandigen Anregungsspektrum der Glottis von den aneinander gefügten Rohrresonatoren jene Frequenzbereiche hervorgehoben, die die unterschiedlichen stimmhaften Laute charakterisieren. Diese hervorgehobenen Frequenzbänder bezeichnet man als Formanten, im Regelfall sind es fünf, F1 - F5.

Die ersten beiden Formanten F1 und F2 beschreiben die Vokale, mit den weiteren (höherfrequenten) Formanten werden u. a. individuelle Qualitätsparameter der Stimme gebildet (Tragfähigkeit, Durchdringungsfähigkeit ect.).

Im vorliegenden Modell werden durch 34 dicht aneinander gefügte Holzscheiben (5 mm dick) mit unterschiedlichen konzentrischen Bohrungen diejenigen Querschnittsformen gebildet, die für die Vokale charakteristisch sind, im Bild für den Vokal [a:].

Der Durchmesser jeder einzelnen Bohrung ist auf dem Rand der Holzscheiben rot gekennzeichnet, so dass man den Querschnittsverlauf des aufgebauten Artikulationstraktes sehen kann.

An der rechten Öffnung des Modells erfolgt die Stimmanregung (z. B. mit einer WETHLOschen Polsterpfeife), an der linken Öffnung (Lippenebene) wird der Schall abgestrahlt.

Die geometrischen Abmessungen des Artikulationstraktes bei der Erzeugung von Lauten wurden durch Auswertung von Röntgenaufnahmen ermittelt.

Zu diesem Messaufbau gehören folgende Geräte:

- Artikulationstrakt-Rohrmodell (6 – 42)
- Polsterpfeife nach WETHLO (6 – 40.1)
- Experimentier-Manometer (2 – 49)
- Experimentier-Manometer (2 – 50)

1 – 5 Messplatz zum Aufzeichnen des Phonationsstromes

0 - 5 | D | 00000 - 019

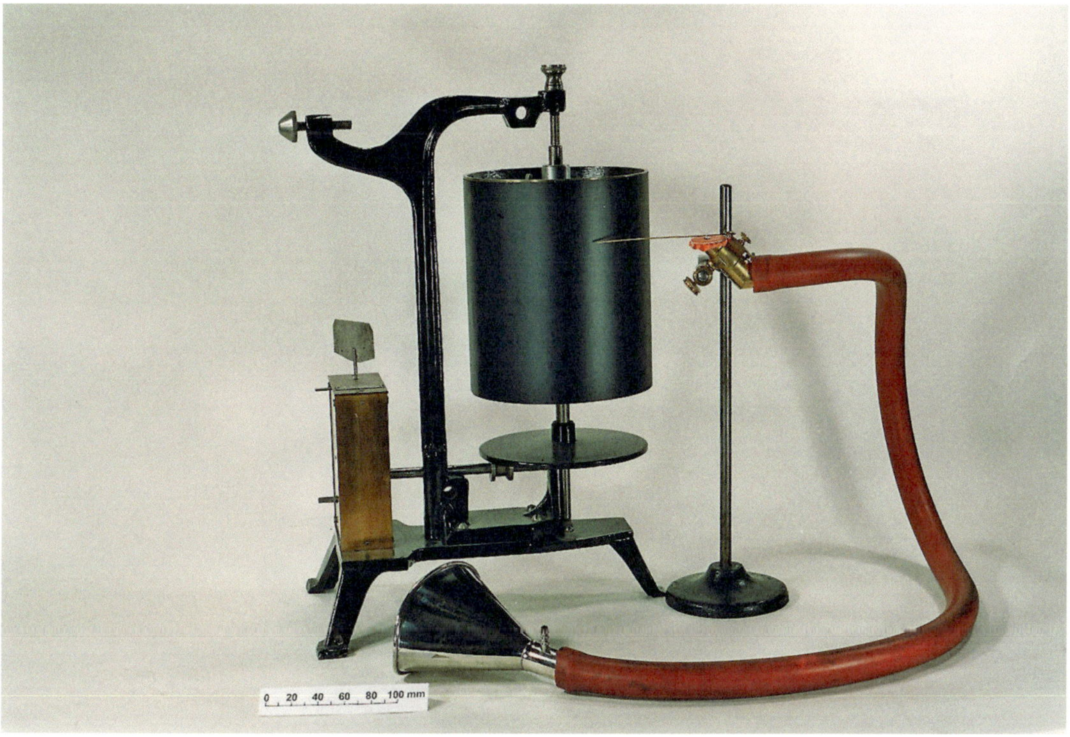

Unter dem Begriff Phonationsstrom versteht man die beiden aus Mund und Nase austretenden Luftströme während der Lautgebung. Diese Luftströme bestehen aus einem Gleichanteil (Expiration = Ausatmung) und einem überlagerten Wechselanteil, der den erzeugten Laut beschreibt.

Der Mundtrichter wird so an Mund und Nase gedrückt, dass beide Luftströme erfasst werden. Der Gleichanteil fließt über den Anschluss-Stutzen ab, der Wechselanteil wird über den Schlauch einer MAREYschen Kapsel, hier nach ROUSSELOT, zugeführt und vom Schreibhebel dieser Kapsel auf der mit Rußpapier bespannten Trommel des Kymographen aufgezeichnet.

Zu diesem Messaufbau gehören folgende Geräte:

– Kymograph (2 - 3)
– Oreille inscriptice nach ROUSSELOT (2 - 24)
– Mundtrichter (2 - 32)
– Stativ (2 - 35)

1 – 6 Messplatz zur Aufzeichnung von Kehlton und Phonationsstrom

0 - 6 | D | 00000 - 020

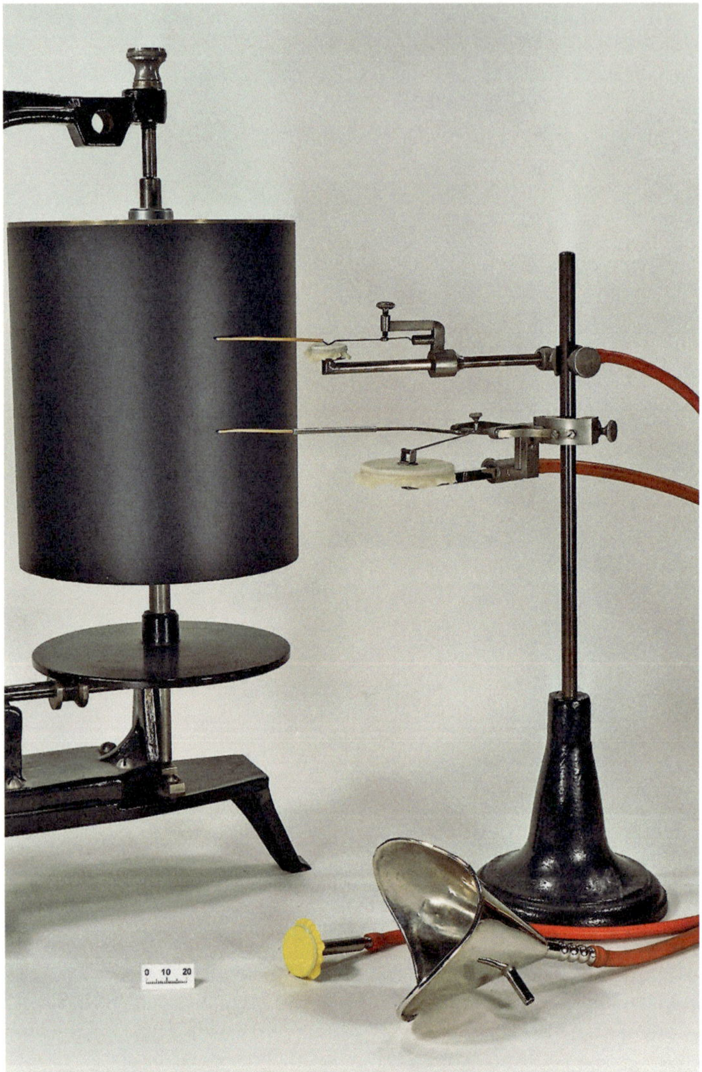

Für die Untersuchung der Lauterzeugung interessieren für bestimmte Fragestellungen sowohl der Phonationsstrom als auch der Kehlton.

Beide werden synchron mit Hilfe zweier unterschiedlicher MAREYscher Kapseln auf der mit Rußpapier bespannten Trommel des Kymographen aufgezeichnet

Zu diesem Messaufbau gehören folgende Geräte:

- Kymograph (2 - 3)
- Kehltonkapsel (2 - 20)
- MAREYsche Kapsel (2 - 17)
- Mundtrichter (2 - 32)
- Stativ

Kapitel 2

Aufzeichnungs- und Registriergeräte
Kymographen/Zubehör

Eine der wesentlichsten Voraussetzungen für Experimente und Messungen in der phonetischen Forschung war die präzise Aufzeichnung von zeitabhängigen Messgrößen, wie beispielsweise von respiratorischen Vorgängen (Atembewegungen), Phonationsabläufen (z. B. Tonhöhen- und Lautstärke-Verläufen) und Artikulationsvorgängen (z. B. von Zeitverläufen der Silben, Wörter und Sätze).
Zu jedem Geräteaufbau für derartige Messungen benötigte man an die Messaufgabe angepasste Wandler, die die Messgröße in eine mechanische Bewegungsgröße (Auslenkung eines Zeigers) umwandeln. Diese zeitabhängigen Auslenkungen lassen sich auf einem berußten Papierstreifen, der auf eine drehbare Trommel aufgespannt ist, mit einer leichten, feinen Zeigerspitze aufzeichnen.
Die genannten Anforderungen wurden bis in die 30er Jahre des 20. Jahrhunderts mit Registrier- und Speichergeräten erfüllt, die als Kymographen (von Kymos = griech. Welle) bezeichnet wurden. Die Vielzahl der aufzuzeichnenden Messgrößen erforderte ein umfangreiches Sortiment von Wandlern, deren Wandlermechanismen auf entsprechend geeigneten physikalischen Prinzipien beruhten.

Zunächst werden die Geräte für die Selbst-Herstellung der berußten Aufzeichnungspapiere beschrieben. Unter den besonders häufig eingesetzten Wandlern stehen die MAREYschen Kapseln an vorderster Stelle. Die Vielzahl der in der Sammlung vorhandenen MAREYschen Kapseln weist darauf hin, dass sie erfolgreich an zahlreiche Fragestellungen angepasst werden konnten.
Für die bei der menschlichen Lauterzeugung entstehenden Schwingungen am Kehlkopf sind besondere Schwingungsaufnehmer geschaffen worden. Sie wandeln diese Schwingungen in Änderungen von Luftdrücken um, die über Schläuche an geeignete akustisch-mechanische Wandler weiter geleitet wurden.
Zur Messung des oralen und nasalen Phonationsstromes dienten Mundtrichter und sogenannte Nasenoliven.
Für den eigentlichen experimentellen Messaufbau dienten zahlreiche Hilfsmittel, wie Stative, Druckausgleichsventile, Zeit-, Drehzahl- und Druck-Kalibrierungseinrichtungen. Sie werden einzeln vorgestellt.

2 – 1 Universal-Kymograph

E. Zimmermann (1910)

1.1 - 10 | H | 30106-000

Dieser Kymograph besteht aus einem massiven Grundgestell mit folgenden Bestandteilen: Eine senkrecht gelagerte Welle, die die Trommel trägt, ein Antriebsfederwerk mit Geschwindigkeitsregler für einen gleichmäßigen Antrieb und ein Rädergetriebe zur wahlweisen Geschwindigkeitseinstellung.

Die Abgangswelle des Rädergetriebes dreht eine Friktionsscheibe, an die ein kleines Antriebsrad für die Trommelwelle angedrückt wird (Prinzip des Reibradgetriebes).

Im einfachsten Fall musste der zu untersuchende Lautabschnitt auf einem Trommelumfang aufgezeichnet werden. Zur Anpassung an die jeweilige Messaufgabe können mit unterschiedlichen Umdrehungsgeschwindigkeiten verschieden lange Vorgänge registriert werden. Jeder Messvorgang war praktisch mit einer Trommelumdrehung abgeschlossen.

In der Experimentalphonetik mussten jedoch häufig auch längere zusammenhängende Lautfolgen aufgezeichnet werden, für die eine Trommelumdrehung nicht ausreicht. Eine zweckmäßige Erweiterung der Apparatur bestand in der spiralförmigen Aufzeichnung derartiger Vorgänge.

Dafür ist auf der Abgangswelle des Rädergetriebes außerdem eine Zahnradscheibe mit drei Kränzen unterschiedlichen Durchmessers befestigt. Wahlweise greift in einen dieser Zahnkränze ein kleines Kegelrad ein, das eine Spindel im Inneren der senkrechten Gestellsäule antreibt. Sie dient als Zugspindel für eine gleichmäßige Höhenverstellung der Aufzeichnungstrommel. Damit lassen sich länger andauernde Vorgänge als Spirale aufzeichnen.

Zur Höheneinstellung der Trommel per Hand benutzt man das Kurbelrad am oberen Ende der Gestellsäule, mit dem die Zugspindel gedreht werden kann.

Die Gestellsäule mit der Welle und der Trommel lässt sich nach vorn oder hinten jeweils um 90° schwenken. Damit ist es möglich, die Trommel waagerecht zu betreiben, was für bestimmte Experimentieraufbauten notwendig ist (vgl. 2 – 1.8).

Das Grundgestell lässt sich mit vier Stellschrauben genau lotrecht aufstellen.

Lit.: Zimmermann, E.: Wissenschaftliche Apparate. Leipzig, Berlin 1928, S. 187–188. Panconcelli-Calzia, G.: Zur Geschichte des Kymographion. Zeitschrif für Laryngologie, Rhinologie [...] u. ihre Grenzgebiete, 26 (1936), H. 3, S. 196–207.

2 – 1.1 Detail: Fliehkraftregler nach FOUCAULT

1.1 - 10.1 | H | 30106-001

Das Federwerk treibt über ein Getriebe die senkrechte Welle des FOUCAULTschen Regulators an.

Er besteht aus zwei stabilen Metallflügeln, die über kleine Gelenkvierecke und in Röhrchen geführte Zugfedern miteinander gleitend so verkoppelt sind, dass sie sich bei zunehmender Drehzahl nach außen bewegen.

Zwischen den Bremskräften durch die Luftverwirbelung, den sich vergrößernden Umfang des rotierenden Gebildes und den Federkräften stellt sich ein Gleichgewicht ein, das eine konstante Drehzahl bewirkt.

Auf der Oberseite des Federmotors ist auf der Regulatorwelle eine zylindrische Scheibe angebracht. Sie lässt sich mit einer spangenförmigen, schwenkbaren Feder bremsen und feststellen. Damit ist der gesamte Antrieb an- und abstellbar.

2 – 1.2 Detail: Federmotor geöffnet

1.1 - 10.2 | H | 30106-002

Die Antriebsenergie für alle drehbaren Bestandteile des Kymographen liefert ein gekapseltes Federwerk mit Rädergetriebe. Durch mehrere Klauenkupplungen lassen sich verschiedene Antriebsgeschwindigkeiten auswählen und außerdem die Hauptwelle ein- und auskuppeln.

2 – 1.3 Detail: Kegelradgetriebe für Zugspindel-Antrieb

1.1 - 10.3 | H | 30106-003

Zur gleichmäßigen Höhenverstellung der Aufzeichnungstrommel dient eine in der Gestellsäule angebrachte Zugspindel. Sie wird über das hier abgebildete Kegelradgetriebe gedreht.

Die Zahnradscheibe auf der Antriebswelle hat drei Zahnkränze, um wahlweise drei verschiedene Vorschubgeschwindigkeiten der Aufzeichnungstrommel erzeugen zu können. Im vorliegenden Fall ist das Kegelrad von der senkrechten Spindelwelle ausgekuppelt. Das zwangsweise Auskuppeln geschieht am unteren Ende des senkrechten Trommelweges durch einen Hebelmechanismus (siehe 2 - 1.5).

2 – 1.4 Detail: Reibrad-Getriebe für den Antrieb der Kymographentrommel

1.1 - 10.4 | H | 30106-004

Im Bild ist die senkrechte Antriebswelle für die Kymographentrommel erkennbar. Sie hat eine Längsnut, in der die Hülse oben mit dem Reibrad und unten mit einem dünnen und etwas kleineren Führungsrad senkrecht leicht verschiebbar ist.

Das Reibrad liegt kraftschlüssig an der großen, ebenen, senkrechten Friktionsscheibe, die von der Antriebswelle gedreht wird. Je nach Lage des Reibrades, bezogen auf den Mittelpunkt der Friktionsscheibe, wird die Trommelwelle schneller oder langsamer angetrieben: Wenn es sich an der Peripherie der Scheibe befindet lässt sich die höchste Drehzahl erzeugen, in der Nähe des Mittelpunktes die niedrigste.

Mit den Variationsmöglichkeiten der beiden Getriebe (Stirnrad-Getriebe im Federmotor und Reibradgetriebe) lassen sich Papiervorschub-Geschwindigkeiten zwischen 0,1 und 250 mm/s erzeugen.

Verstellt man die Hülse mit dem Reibrad über den Mittelpunkt hinaus nach unten, dreht sich die Trommelwelle in umgekehrter Richtung.

Die Höhenverstellung der Hülse mit dem Reibrad und dem Führungsrad erfolgt mit einer kleinen, mitlaufenden Scheibe. Die Achse dieser Scheibe steckt in einer kleinen Gewindehülse, die von einer drehbaren Spindel (im Bild nicht sichtbar) geführt wird. Der Antrieb dieser Spindel erfolgt über den links unten sichtbaren Rändelknopf mit den beiden Kegelrädern.

An der Skala ist die Höhe des Reibrades ablesbar und die gewählte Einstellung damit reproduzierbar gewährleistet. Die Lücke zwischen den beiden Skalen weist darauf hin, welche Höhenlage nicht verwendet werden kann.

2 – 1.5 Detail: Zugspindel für Support-Antrieb

1.1 - 10.5 | H | 30106-005

Im Bild erkennt man in der Gestellsäule die Zugspindel (mit Trapezgewinde), mit der die Höhenverstellung der Aufzeichnungstrommel (links im Bild) ausgeführt wird.

Die Spindelhülse ist mit einer Schlittenführung verbunden, die sich formschlüssig längs zweier senkrechter Gleitschienen bewegen lässt.

An dieser Spindelhülse erkennt man ein senkrechtes geschlitztes Metallstück mit dem Auslöser, der vor Erreichen des unteren Anschlages einen Hebel verstellt. Er klinkt den Spindelwellenantrieb aus.

Das Metallstück ist durch einen Längsschlitz mit einer Rändelschraube justierbar befestigt.

2 – 1.6 Universal-Kymograph mit Gehäuse und Trommel für lichtempfindliches Material

1.1 - 10.6 | H | 30106-006

Alternativ zur Registrierung von zeitabhängigen Vorgängen auf berußtem Papier gab es die Möglichkeit einer photographischen Registrierung.

Das lichtempfindliche Material (Fotopapier oder Planfilm) ist auf einer Trommel befestigt. Die Trommel dreht sich in einem lichtdichten, zylindrischen Gehäuse mit einem engen Lichtschlitz. Auf diesen Schlitz trifft der Lichtstrahl, der vom Spiegel eines entsprechenden Wandlers reflektiert wird.

Spiegeldrehungen bewirken vertikale Auslenkungen des Lichtstrahles, die das Fotomaterial belichten.

Der gesamte Experimentalaufbau musste im abgedunkelten Laboratorium betrieben werden.

2 – 1.7 Detail: Geöffnete Gehäusekapsel für lichtempfindliches Material

1.1 - 10.7 | H | 30106-007

Die abgebildeten Bestandteile der Registriereinrichtung mit Lichtstrahlen sind das lichtdichte Gehäuse (links) und die Trommel zum Aufspannen des Photopapiers oder Planfilms.

Die Trommel wurde in der Dunkelkammer bestückt, in das Gehäuse eingesetzt und der Lichtschlitz verschlossen.

Im Bild ist diese Verschlussklappe nach links geöffnet.

2 – 1.8 Universal Kymograph mit horizontal geschwenkter Säule

E. Zimmermann, Leipzig, 1910

1.1 - 10.8 | H | 30106-008

Für bestimmte Registrieraufgaben gab es Wandler, deren Schreibstiftbewegungen nicht von der Schwerkraft beeinflusst werden durften. Dafür ist es notwendig, die Achse der Trommel mit dem Rußpapier horizontal anzuordnen.

Diese Möglichkeit bietet der hier gezeigte Universal-Kymograph, dessen Säule sich um 90 ° nach vorn oder hinten schwenken lässt.

Einzelheiten zur Funktionsweise siehe 2 – 1.

Lit.: Zimmermann, E.: Wissenschaftliche Apparate. Leipzig, Berlin 1928, S. 187–189.

2–2 Universal-Kymograph (Großer Kymograph mit Federmotor)

Fa. Zimmermann, Leipzig 1910

1.1 - 1 | B | 30001-000

Dieses Modell hat gegenüber dem in 2 - 1 beschriebenen eine kürzere Säule, an der die Trommelwelle drehbar gelagert ist. Die Trommel wird durch einen Federmotor in gleichmäßige Drehung versetzt. Zeitabhängige Meßgrößen, wie Sprachschall, Luftdruckänderungen beim Pneumographen o. a. werden durch ein Druckkapselsystem (MAREYsche Kapseln) in Bewegungsgrößen umgewandelt und über einen Zeiger auf der Trommel in der Zeitachse aufgezeichnet. Die Trommel mit 180 mm Höhe und 500 mm Umfang ist oben in einer Gabel mit zwei Rollen präzise gehalten. Sie wird zu Beginn durch eine Kurbel oberhalb des Säulenendes in die oberste Stellung gebracht und sinkt während des Aufzeichnungsvorganges kontinuierlich abwärts. Damit können längere Kurven spiralförmig auf dem Papier aufgezeichnet werden. Der gesamte Trommelträger lässt sich wahlweise schwenken und arretieren, so dass die Aufzeichnung in horizontaler oder in vertikaler Lage erfolgen kann (siehe 2 - 1.8). Das Präzisions-Federuhrwerk ist mit einem FOUCAULTschen Regulator (im Bild rechts) versehen. Die Flügel des Regulators werden durch auswechselbare, verschieden starke Spiralfedern gehalten; dadurch ist die Grundgeschwindigkeit des Uhrwerkes verstellbar. Die Feineinstellung der Trommeldrehzahl erfolgt durch vertikales Verstellen der Friktionsrolle zur Antriebsscheibe. Eine Stroboskopscheibe unterhalb der Trommel dient zur Einstellung definierter Umdrehungsgeschwindigkeiten (siehe 2 - 2.1) bei intermittierender Beleuchtung, z. B. mit einer Glimmlampe. (Einstellbare Trommel-Umdrehungsgeschwindigkeit 0,1 - 250 mm/s)

Lit.: Zimmermann, E.: Wissenschaftliche Apparate. Leipzig, Berlin 1928, S. 187–189. Panconcelli-Calcia, G.: Zur Geschichte des Kymographion. Zeitschrift für Laryngologie, Rhinologie [...] u. ihre Grenzgebiete, 26 (1936), H. 3, S. 196–207.

2 – 2.1 Detail: Lager-Trommelachse mit Stroboskopscheibe

1.1 – 1.1 | B | 30001-000

Unterhalb der Trommel ist an der senkrechten Welle eine Kreisplatte befestigt. Auf ihr befindet sich eine Pappscheibe mit radialen Strichen, die mit der Trommelplatte fest verbunden ist. Diese Scheibe dient dazu, unter Ausnutzung des Stroboskop-Effektes, definierte Umdrehungsgeschwindigkeiten einzustellen, wenn eine Glimmlampe mit der Netzfrequenz $f = 50\,\text{Hz}$ zur Beleuchtung benutzt wird.

Seinerzeit gab es sog. Bienenkorb-Glimmlampen, deren beide spiralförmigen Elektroden gleiche Oberflächen hatten und ein Wechsellicht mit $f = 100\,\text{Hz}$ erzeugten.

2–3 Kymograph nach ZUNTZ

Einfacher Kymograph für vertikale oder horizontale Benutzung der Trommel

1.1 – 2 | B | 30002-000

Das Gerät ist leicht zu transportieren und speziell für den Laborbetrieb vorgesehen.

Zum Bespannen lässt sich die Trommel (Höhe = 180 mm, Umfang = 500 mm) durch Zurückschrauben des oberen Lagers leicht herausnehmen.

Der Antrieb erfolgt durch ein Federuhrwerk. Vier verschiedene Grunddrehzahlen der Trommel werden durch verschieden große auswechselbare und aufsteckbare Drehflügel erzielt.

Die Friktionsrolle auf der Antriebswelle lässt sich in axialer Richtung verstellen und bewirkt somit eine weitere Veränderung der Trommelgeschwindigkeit (1:4).

Lit.: Gutzmann, H.: Ein einfaches Kymographion für die Untersuchung der Sprechbewegung. Med.-päd. Monatszeitschrift für die ges. Sprachheilkunde, 14 (1904), S. 65–70. Zimmermann, E.: Wissenschaftliche Apparate. Leipzig, Berlin 1928, S. 213 – 214.

2 – 4 Kymograph nach ZUNTZ mit Transportkasten

1.1 – 3 | B | 30003-000

Einfacher Labor-Kymograph, leicht und sicher in einem speziellen Kasten zu transportieren.
Zum Prinzip siehe 2 – 3.

2 – 5 Reise-Kymograph

1.1 - 4 | B | 30004-000

1.1 - 13 | H | 30107-000

Zur Aufzeichnung zeitabhängiger Messgrößen hat sich in der experimentellen Phonetik bis in die 30er Jahre des vorigen Jahrhunderts der Kymograph bewährt.

Der einfache, transportable Reise-Kymograph wurde in der Feldforschung eingesetzt.

Der Antrieb erfolgt mit einem Federwerkmotor mit einem dreistufigen (kleinen) Rillenrad auf der Antriebswelle; die drei dazu gehörenden (größeren) Rillenräder sind im Bild unter der Kymographentrommel erkennbar. Mit einem Fliehkraftregler im Inneren des Gehäuses wurde eine konstante Umdrehungsgeschwindigkeit erreicht, die in engen Grenzen verändert werden konnte (beschriftet mit largo bis presto).

Am Gehäuse ist eine kleine Stativsäule befestigt, deren Geräteträger sich über einen Zahntrieb in der Höhe verstellen lässt. Die Stativsäule ist unten drehbar gelagert, um den Geräteträger mit den Wandlern an der Kymographentrommel in Arbeitsstellung zu positionieren.

Lit.: Gutzmann, H.: Ein Reiseregistrierapparat für Experimentalphonetik. Med.-päd. Monatszeitschrift für die ges. Sprachheilkunde, 12 (1912), S. 257–269.

2 – 6 Elektrokymograph

Fa. Zimmermann, Leipzig 1958

1.1 - 6 | B | 30005-000

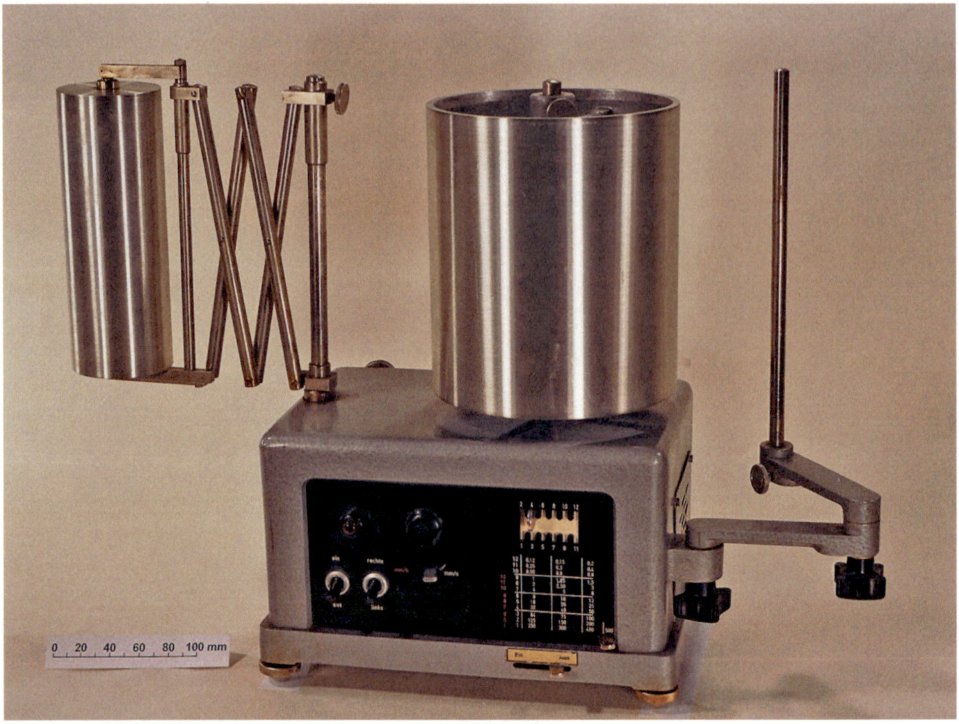

Der Elektrokymograph (geeignet für Ruß- und Tintenschreibung) hat eine freistehende Registriertrommel von 180 mm Höhe und 500 mm Umfang sowie einen ausziehbaren Scherenarm mit einer kleineren Leittrommel. Diese ermöglicht die Verwendung von Papierschleifen (HERINGsche Schleifen) bis 1500 mm Länge.

An der rechten Gehäuseseite ist ein schwenkbares, mit einer Feineinstellung versehenes Stativ zur Befestigung der Schreibkapseln angebracht.

Der Antrieb erfolgt über einen Synchronmotor mit einem 12-fachen Schaltgetriebe.

Es sind Trommeldrehgeschwindigkeiten von 0,12 - 500 mm/s und von 1 - 500 mm/h einstellbar.

Die Drehrichtung der Trommel (rechts/links) ist wählbar.

Lit.: Zimmermann, E.: Wissenschaftliche Apparate. Kleines Elektrokymographion, Druckschrift, S. 25/2, 1958.

2–7 Groß-Kymograph Typ 2050 K

Fa. Apparatebau Melsungen, um 1960

1.1 - 7 | K | 30006-000

Das hier gezeigte Gerät ist eine Weiterentwicklung des bereits beschriebenen Kymographen mit folgenden Merkmalen:

Es konnten auf der Antriebswelle unterschiedliche hohe Trommeln aufgebracht werden, die es gestatteten Papierbreiten bis ca. 500 mm aufzuspannen. Bei Benutzung des links angebrachten Auslegers (Länge = 1100 mm) konnten über die verschiebbare Spannrolle (mit kleinerem Durchmesser) Papierstreifen mit unterschiedlicher Länge aufgespannt werden. Das Registrierpapier war entweder berußt oder, für die Aufzeichnung mit Tintenschreibern, weiß. Am rechten, schwenkbar angebrachten Stativstab lassen sich die für die Registrierung notwendigen Wandler befestigen.

Zum Antrieb dient ein Elektromotor mit verstellbarem Getriebe, um in weiten Grenzen variierbare Registerpapier-Geschwindigkeiten zu ermöglichen.

Das abgebildete Gerät wurde bis 1966 von der Firma B. Braun, Melsungen produziert.

2 – 8 Berußungsgestell nach v. FREY

1.2 - 31 | H | 30109-000

Für jede kymographische Aufzeichnung war ein mit Ruß geschwärztes, glattes weißes Papier erforderlich, in das die Schreibspitze des jeweiligen Wandlers eine fortlaufende Spur schrieb.

Mit sehr kleinen Andruckkräften lässt sich in der dünnen Rußschicht eine deutlich erkennbare, kontrastreiche Aufzeichnung erzeugen.

Wegen der glatten Oberfläche des Papiers sind die auftretenden Reibungskräfte an der Schreibspitze genügend klein, so dass auch höhere Frequenzen und kleine Ausschläge noch sicher aufgezeichnet werden können.

Jeder Experimentalphonetiker hat in der Regel selbst derartiges Registrierpapier hergestellt. Dazu dient die hier abgebildete Vorrichtung.

Die Kymographen-Trommel wird zunächst mit möglichst glattem weißem Papier bespannt und waagerecht zwischen beiden Lagern des Berußungsgestells gespannt, so dass sie mit einer Handkurbel gedreht werden kann.

Zur Berußung dient eine Gasflamme, deren Gaszufuhr durch eine rußfördernde ölige Flüssigkeit (z.B. Toluol) geleitet wird.

Der Brenner (im Bild ohne Schlauch für die Gaszuführung) wird mit einer an den Kurbeltrieb angekoppelten Zugspindel gleichmäßig in axialer Richtung an der Papieroberfläche entlang geführt.

Die Kymographen-Trommel mit dem berußten Papier wird dann behutsam in den Kymographen eingesetzt und zur Schwingungsaufzeichnung benutzt.

Lit.: Tigerstedt, R. (Hrsg.): Handbuch der Physiologische Methodik. Bd. 1: Prinzipien der Registrierung. Leipzig: Hirzel, 1911, S. 10 ff. Zimmermann, E.: Wissenschaftliche Apparate. Leipzig, Berlin 1928, S. 202 und S. 225 ff.

2–9 Fixierwanne für berußtes Aufzeichnungspapier

1.2 - 31.1 | H | 30110-000

Zur quantitativen Auswertung von Kymogrammen ist es erforderlich, das berußte Papier mit den Aufzeichnungen mit einer Schellack-Lösung zu fixieren.

Diese Lösung wurde entweder aufgesprüht oder die berußte Papierbahn musste vorsichtig durch eine halbzylindrisch geformte, mit Schellacklösung gefüllte Wanne gezogen werden.

Anschließend hängte man sie zum Trocknen auf.

Lit.: Zimmermann, E.: Wissenschaftliche Apparate. Leipzig, Berlin 1928, S. 226.

2–10 Berußungsbrenner

Fa. Zimmermann, Leipzig

1.2 - 9 | B | 30014-000

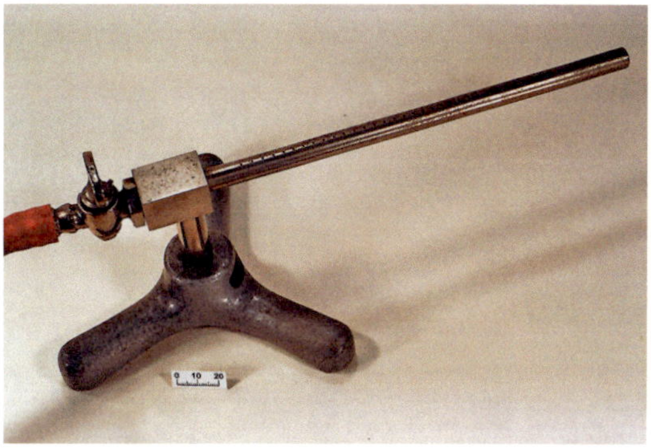

Ein Gerät zur Erzeugung rußender Flammen.

Eine mit weißem Papier bespannte Kymographen-Trommel wird gleichmäßig über diesem Flammenband gedreht.

Zur Berußung mittels Leuchtgas wurde das Gas durch ein Gefäß mit Toluol oder Terpentinersatz zur Rußerzeugung geführt.

Lit.: Zimmermann, E.: Wissenschaftliche Apparate. Leipzig, Berlin 1928, S. 226.

2 – 11 Berußungsfidibus

1.2 - 31.2 | H | 30111-000

Stand dem Experimentator weder ein Berußungsgestell noch das erforderliche Berußungsgas zur Verfügung, musste er sich mit einem einfachen Berußungsfidibus behelfen.

Dazu wurde der mit saugfähigem Material umwickelte Stab in Berußungsöl (z. B. Toluol, Petroleum) getaucht und anschließend die Fidibusflamme unter der gleichmäßig gedrehten Aufzeichnungstrommel hin und her bewegt.

Bei ungeübter Handhabung entstand leicht eine ungleichmäßige, wolkige Schwärzung. Die so berußte Papierbahn blieb unbrauchbar.

Zum Löschen des Fidibus' dient der Ständer mit einem Hohlzylinder (links im Bild).

2 – 12 MAREYsche Kapsel mit Strohzeiger (auch MAREYscher Tambour)

1.2 - 10 | B | 30015-000

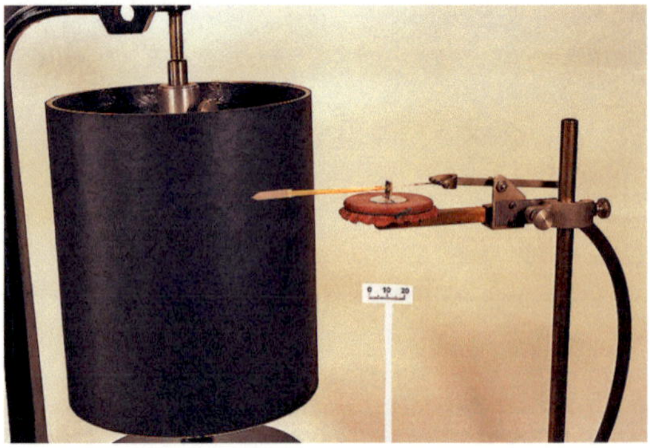

Die MAREYsche Kapsel ist ein akustisch-mechanischer Wandler.

Über eine Metallkapsel ist eine dünne Gummimembran gespannt, auf deren Mitte eine leichte Metallscheibe geklebt ist. Über ein kurzes Verbindungsstück lenkt sie den Strohzeiger aus, dessen Ende die berußte Trommel berührt.

Über den rechts erkennbaren Schlauch gelangt der Schall in das Kapselinnere, die Druckänderungen in der Kapsel werden in Zeigerausschläge umgewandelt.

Einstellschrauben und -hebel ermöglichen die genaue Fixierung der Schreibspitze an der Rußtrommel.

Lit.: Zimmermann, E.: Wissenschaftliche Apparate. Leipzig, Berlin 1928, S. 281–283.

2 – 13 Kleine MAREYsche Kapsel mit Strohzeiger

1.2 - 13 | B | 30018-000

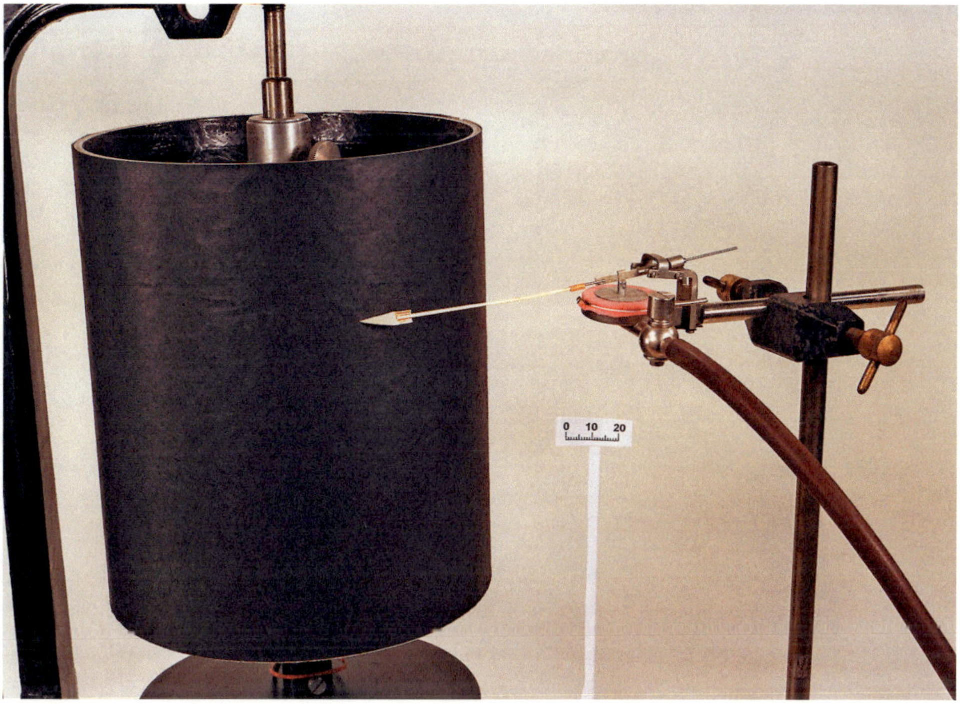

Zum Aufbau der Kapsel vgl. 2 - 12.

Um den Zeiger im Gleichgewicht einzustellen, ist ein kleines Gegengewicht verschiebbar am anderen Hebelarm angeordnet (äquilibrierter Schreibhebel).

Mit einem kleinen Absperrhahn (im Bild vor der Gummimembran) wird zu Versuchsbeginn die Gummimembran in ihre Ruhelage gebracht.

Lit.: Zimmermann, E.: Wissenschaftliche Apparate. Leipzig, Berlin 1928, S. 283.

2 – 14 Drei MAREYsche Kapseln unterschiedlicher Größe

1.2 - 40 | H | 30120-000

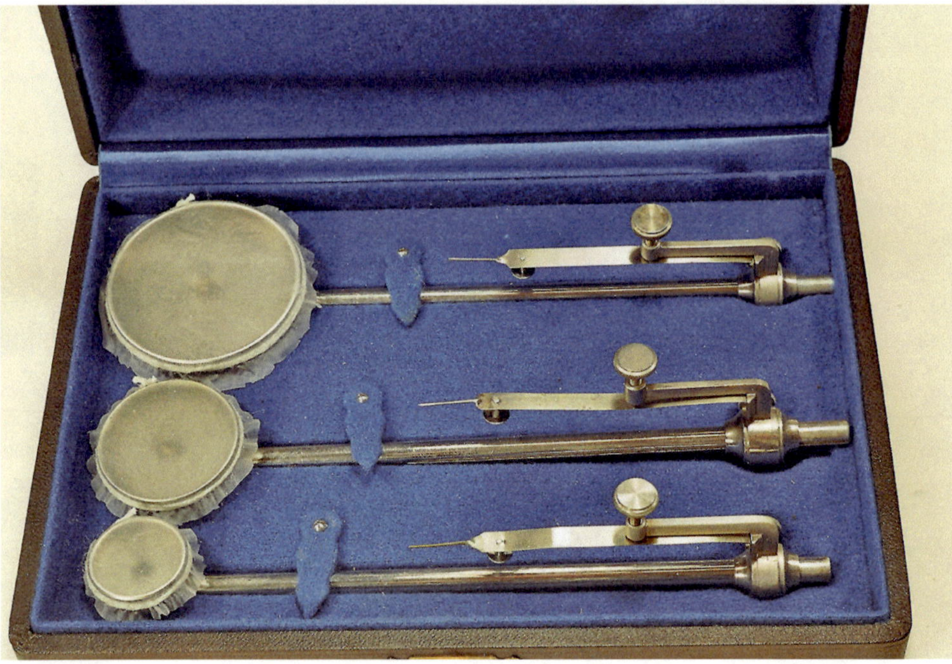

Diese MAREYschen Kapseln haben verschiedene Kapsel-Durchmesser und unterscheiden sich dadurch in ihrer oberen Grenzfrequenz.

Für die eigentliche Messaufgabe wird ein kalottenförmiges Metallplättchen, das an einer weichen Blattfeder befestigt ist, durch Verschieben der Halterungsstütze auf die Mitte der Membran aufgelegt. Die Auflagekraft ist mit einer Rändelschraube einstellbar.

Auf den kleinen Dorn am Ende der Blattfeder lässt sich ein Strohzeiger aufstecken, der die Membranbewegungen auf der Kymographen-Trommel aufzeichnet.

Im folgenden Bild ist eine dieser Kapseln am Stativ befestigt.

Lit.: Zimmermann, E.: Wissenschaftliche Apparate. Leipzig, Berlin 1928, S. 281–283.

2 – 14.1 Kleine MAREYsche Kapsel am Stativ

1.2 - 40.1 | H | 30120-001

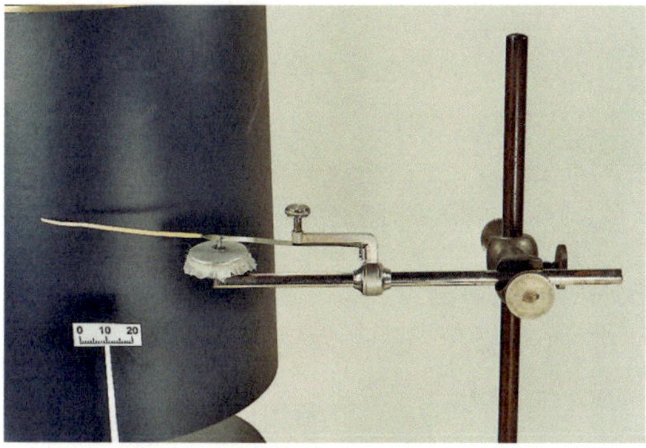

Der zu messende Wechseldruck wird über einen Schlauch am rechten Rohrende zugeführt. Das Rohr dient außerdem als Träger für die verstellbare Hülse, an der die Blattfeder befestigt ist. Das kalottenförmige Metallplättchen liegt auf der Membranmitte.

Lit.: Zimmermann, E.: Wissenschaftliche Apparate. Leipzig, Berlin 1928, S. 281–283.

2 – 15 Schreibkapsel nach SCHNEIDER

Hamburg, 1913

1.2 - 39 | H | 30119-000

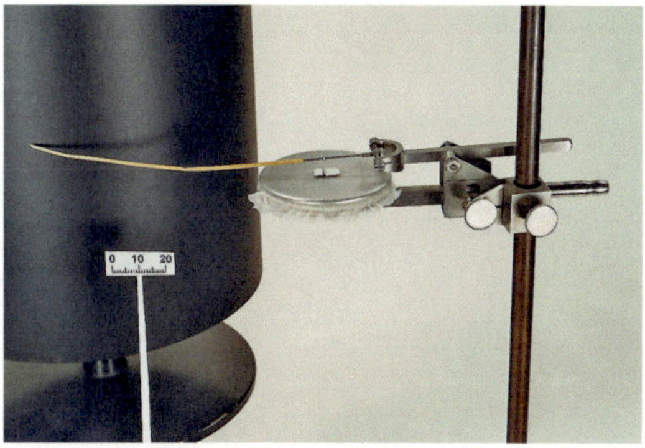

Über eine Metallkapsel ist eine dünne Gummimembran gespannt, auf deren Mitte ein leichtes Metallplättchen geklebt ist. Über ein kurzes Verbindungsstück lenkt es den Strohzeiger aus, dessen Ende die berußte Trommel berührt.

Luftdruckänderungen in der Kapsel werden so in Zeigerausschläge umgewandelt.

Einstellschrauben und -hebel ermöglichen die genaue Fixierung der Schreibspitze an der Rußtrommel.

Lit.: Zimmermann, E.: Wissenschaftliche Apparate. Leipzig, Berlin 1928, S. 281–283. Wethlo, F.: Erfahrungen mit Schreibkapseln. Bonner IGEP-Tagung, 1930, S. 1–4.

2–16 Schreibkapsel nach MAREY

Fa. Verdin, Paris

1.2 - 37 | H | 30117-000

Über eine Metallkapsel ist eine dünne Gummimembran gespannt, auf deren Mitte eine leichte Metallscheibe lose aufliegt. Sie lenkt über ein kurzes Verbindungsstück den einarmigen Hebel aus, auf den ein Strohzeiger aufgesteckt ist.

Das Übersetzungsverhältnis ist groß, der Abstand zwischen Verbindungsstück und Hebellager beträgt 2,5 mm. Mit der unteren Stellschraube lässt sich die Ruhelage des Strohzeigers verändern.

Mit der rechten Stellschraube wird über ein Schneckenradgetriebe der Strohzeiger horizontal geschwenkt und die Andruckkraft am berußten Papier geändert.

Die mittlere Rändelschraube dient zur Befestigung der Schreibkapsel am Stativ.

Lit.: Zimmermann, E.: Wissenschaftliche Apparate. Leipzig, Berlin 1928, S. 281–283.

2–17 Schreibkapsel nach GANSKE

Julius Ganske, Berlin, 1913

1.2 - 34 | H | 30114-000

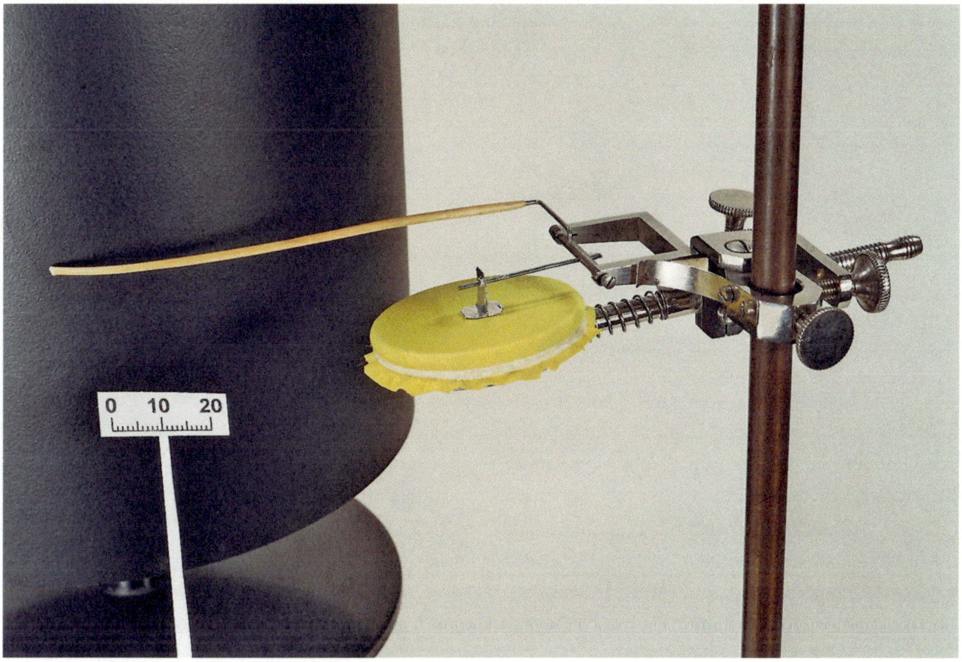

Für die Aufzeichnung akustischer Vorgänge mit großen Amplituden-Bereichen dienen Schreibkapseln, deren Schreibzeiger sich seitlich am Kapselgehäuse befindet.

Dazu dient ein Mechanismus an einem einarmigen Hebel. Auf der Membranmitte befindet sich ein leichter ⊥ -förmiger Steg, in dessen Bohrung der eine Hebelarm hineinragt. Er dreht die waagerechte, in Spitzen gelagerte Welle, an deren Ende, d.h. unsymmetrisch, sich der andere Hebelarm befindet. Auf diesem Hebelarm wird der eigentliche Schreibarm (in der Regel ein Strohzeiger) aufgesteckt.

Mit zwei Rändelschrauben lassen sich das Übersetzungsverhältnis und der Abstand der Schreibspitze zum berußten Papier justieren.

Die flache konstruktive Ausführung dieser Schreibkapsel erlaubt es, an einem Stativ mehrere Kapseln übereinander zu befestigen.

Durch die seitliche Anbringung des Schreibarmes können große Amplituden übertragen werden, ohne dass er die darüber befindliche nächste Kapsel berührt.

Lit.: Ganske, J.: Neue pneumatische Schreibkapsel. Med.-päd. Monatszeitschrift für die ges. Sprachheilkunde, 20 (1910), S. 94–96. Ganske, J.: Illustriertes Verzeichnis von Apparaten für die experimentelle Phonetik. Verlagsdruckerei Zehlendorf bei Berlin, 1918, S. 7. Panconcelli-Calzia, G.: Über einige Änderungen an der Schreibkapsel nach Ganske. VOX (1919), H. 1/2, S. 27–28.

2 – 18 Schreibkapsel nach MAREY

Fa. E. Zimmermann, Leipzig, 1913

1.2 - 36 | H | 30116-000

Die Kapsel ist bei diesem von MAREY konstruierten Modell senkrecht angeordnet. Dadurch entfällt eine statische Membranauslenkung durch die Masse des Zeiger-Mechanismus.

Dieser akustisch-mechanische Wandler besteht aus einer Metallkapsel, über deren offenen Rand eine dünne Gummimembran gespannt ist. Auf die Mitte dieser Membran ist eine leichte Aluminiumscheibe geklebt. Diese Scheibe bewegt über einen Winkelhebel den Zeigermechanismus, der den aufgesteckten Strohzeiger auslenkt.

Der Schall wird über einen Schlauch zugeführt, der auf den Ansatzstutzen gesteckt wird. Der beim Aufstecken des Schlauches entstandene Überdruck kann vor Beginn der Messung durch den seitlichen Hahn ausgeglichen werden, um den Zeiger in seine Ausgangsstellung zu bringen.

Lit.: Wethlo, F.: Erfahrungen mit Schreibkapseln. Bonner IGEP-Tagung, 1930, S. 1–4. Zimmermann, E.: Wissenschaftliche Apparate. Leipzig, Berlin 1928, S. 281–283.

2 – 18.1 Detail: Kapsel und Hebelmechanismus

1.2 - 36.1 | H | 30116-001

Hier sind die konstruktiven Einzelheiten detaillierter zu erkennen, insbesondere der Hebelmechanismus.

Mit der Rändelschraube links unten lässt sich die Höhe des Hebellagers und damit die Mittellage des Zeigers definiert einstellen.

2 – 19 Große MAREYsche Kapsel mit Tintenschreibfeder

1.2 - 12 | B | 30017-000

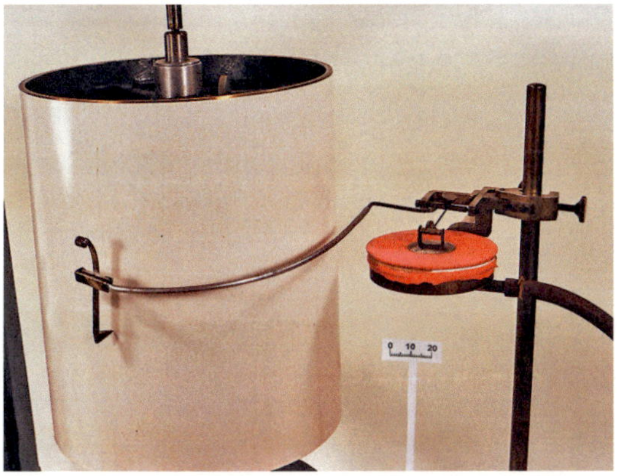

Über eine Metallkapsel ist eine dünne Gummimembran gespannt, auf deren Mitte eine leichte Metallscheibe geklebt ist. Ein kurzes gabelförmiges Verbindungsstück bewegt das eine Ende vom drehbar gelagerten Hebelarm, an dessen anderem Ende die mit Tinte gefüllte Schreibspitze befestigt ist. Luftdruckveränderungen in der Kapsel werden in Zeigerausschläge umgewandelt. Einstellschrauben und -hebel ermöglichen die genaue Fixierung der Schreibspitze an der Papiertrommel.

An diesem Hebelarm ist der drehbare Schreibhebel für Tintenschrift befestigt. Das kleine (obere) Gegengewicht drückt die Spitze des mit Tinte gefüllten dreieckigen Behälters gleichmäßig an das Papier.

Lit.: Zimmermann, E.: Wissenschaftliche Apparate. Leipzig, Berlin 1928, S. 281–283 u. S. 291. Panconcelli-Calzia, G.: Ein Hebel zur Registrierung mit geraden Ordinaten. Pflügers Archiv für die ges. Physiologie, 207 (1924), H. 4, S. 425–428.

2 – 19.1 Detail: Tintenschreibfeder von einer großen MAREYschen Kapsel

1.2 - 12.1 | B | 30017-001

Am Ende des gekrümmten Hebelarmes der MAREYschen Kapsel ist ein kleiner keilförmiger Tintenbehälter mit Schreibspitze so befestigt, dass er durch das oben sichtbare Gegengewicht mit sehr geringer Andruckkraft an die Papierbahn auf der Kymographentrommel angelegt werden kann.

2 – 20 Kehltonschreiber nach PANCONCELLI-CALZIA/SCHNEIDER

Fa. Zeyn, Hamburg, 1918

1.2 - 38 | H | 30063-000

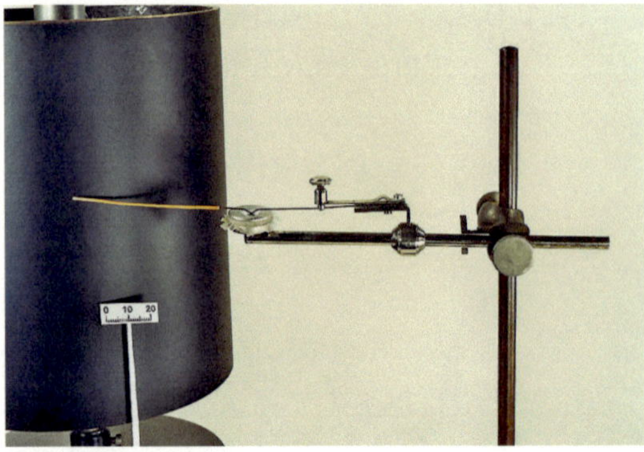

Für die Aufzeichnung von Kehltönen waren Schreibkapseln mit möglichst hoher oberer Grenzfrequenz notwendig.

Die hier abgebildete Schreibkapsel erfüllte – nach der vorliegenden zeitgenössischen Literatur – am besten diese Forderung.

Der Durchmesser der sehr dünnen Membran auf der Metallkapsel ist deutlich kleiner (18 mm) als bei den sonst üblicherweise eingesetzten Schreibkapseln.

Der federnd befestigte einarmige Schreibhebel berührt nur mit einer halbrunden Ausbiegung die Membran-Mitte. Zwischen Membran und Ausbiegung legte man lose ein leichtes kreisförmiges Aluminiumplättchen, weil eine Verklebung die Steifigkeit unerwünscht vergrößert. Der Schreibhebel aus dünnem Federdraht ist in einem Röhrchen eingelötet, das mit einem Winkel an der zylindrischen, verschiebbaren Hülse befestigt ist.

An der oberen Stellschraube wird der Schreibhebel definiert an das dünne Aluminiumplättchen auf der Membran angedrückt.

Lit.: Schneider, C.: Beschreibung eines neuen Kehltonschreibers nach Calzia-Schneider. VOX (1916), H. 1, S. 1–3. Panconcelli-Calzia, G.: Der Kehltonschreiber Calzia-Schneider. Zeitschrift für Laryngologie, Rhinologie [...] u. ihre Grenzgebiete, 12 (1914), H. 3, S. 339–343. Schneider, C.: Verbesserungen an einem Kehltonschreiber. VOX (1935), H. 1–6, S. 36–40. Fröschels, E.; Hajek, L.; Weiss, D.: Der Kehltonschreiber von Pancocelli-Calzia u. Schneider. In: Abderhalden, E. (Hrsg.): Handbuch der biolog. Arbeitsmethoden: Abt. V, Teil 7 (2. Hälfte). Berlin, Wien: Urban & Schwarzenberg, 1937, S. 1490.

2 – 20.1 Schatulle mit sechs Kehltonschreibern nach PANCONCELLI-CALZIA/SCHNEIDER

Fa. Zeyn, Hamburg, 1918

1.2 - 38.1 | H | 30118-000

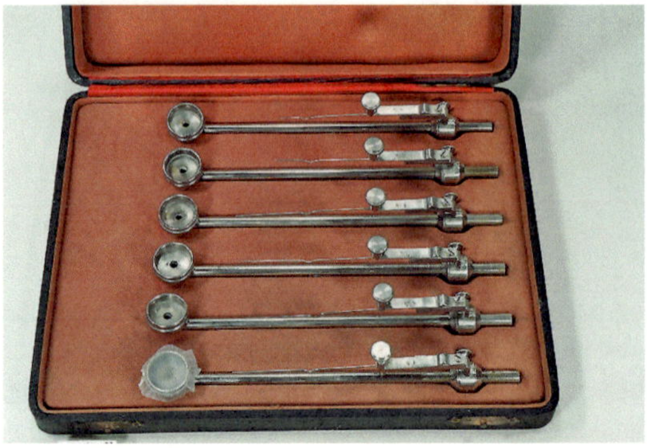

Die Schatulle enthält sechs baugleiche derartige Wandler, von denen lediglich einer mit einer Gummimembran bespannt ist. Der Schreibhebel aus dünnem Federdraht ist in einem Röhrchen eingelötet, das mit einem Winkel an der zylindrischen, verstellbaren Hülse befestigt ist.

Solange die Schreibkapseln nicht benutzt wurden, bewahrte man sie im zusammengeschobenen Zustand ohne Schreibzeiger in dieser Schatulle auf.

2 – 21 Kehltonschreiber mit Strohzeiger

1.2 - 18 | B | 30022-000

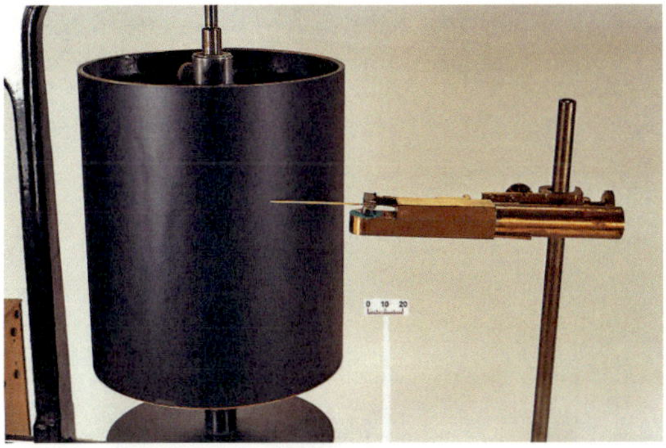

Dieser Kehltonschreiber ist ein akustisch-mechanischer Wandler, dessen obere Grenzfrequenz höher liegt als bei den bisher beschriebenen MAREYschen Kapseln (2 - 12; 2 - 13). Dies gelingt dadurch, dass das Volumen der Kapsel kleiner als sonst üblich ist (Innendurchmesser ~ 15 mm), die Membran dünner ist und die bewegten Massen kleiner sind. Als Schreibzeiger wurden sehr dünne Strohhalme verwendet. Dieser Strohhalm steckt auf einem kurzen Draht, der den Anfang des Hebels bildet.

Beim hier abgebildeten Modell ist das Hebellager sehr dicht neben den winkelförmigen Verbindungsstücken zur Membranmitte, so dass ein großes Hebel-Übersetzungsverhältnis zustande kommt, d. h. kleine Druckänderungen erzeugen noch auswertbare Zeigerausschläge.

Im Bild ist rechts unter dem zylindrischen Anschlussrohr ein dünnes Röhrchen in das Innere der Kapsel geführt. Es dient dem Ausgleich des atmosphärischen Luftdruckes, ist jedoch für Wechseldrücke höherer Frequenz unwirksam.

Die Rändelschrauben dienen zur Befestigung am Stativ und zum Justieren der Schreibspitze.

Lit.: Zimmermann, E.: Wissenschaftliche Apparate. Leipzig, Berlin 1928, S. 142–143. Panconcelli-Calzia, G.: Das Hamburger experimentalphonetische Praktikum. Hamburg: O. Meissner, 1922, S. 33 ff.

2 – 21.1 Detail: Kleine MAREYsche Kapsel

1.2 - 18.1 | B | 30022-001

Der abgebildete akustisch-mechanische Wandler besteht aus einem Hohlraum (mit Schlauchanschluss), auf dem eine Gummimembran aufgeklebt ist. Auf der Membranmitte ist ein kleiner Doppelwinkel aus Aluminiumfolie befestigt, durch dessen Bohrung ein kurzer, leichter Hebelstab (Draht) gesteckt ist. Rechts hinter dem Doppelwinkel befindet sich das Hebellager. Auf das Drahtende steckt man einen dünnen Strohhalm, dessen schräg geschnittene Spitze die berußte Papierbahn vom Kymographen berührt und darauf den zu analysierenden Vorgang registriert.

2 – 22 Kehltonschreiber mit Schweinsborste

1.2 - 19 | B | 30023-000

1.2 - 21 | B | 30297-000

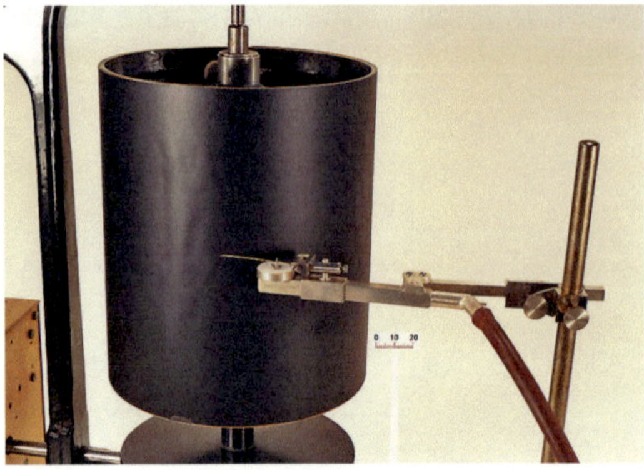

Auch dieser Kehltonschreiber ist ein akustisch-mechanischer Wandler, dessen obere Grenzfrequenz deutlich höher liegt, als bei den beschriebenen Modellen (2 - 12; 2 - 13).

Dies gelingt dadurch, dass das Volumen der Kapsel kleiner ist, als sonst üblich (Innendurchmesser ~ 15 mm), die Membran dünner ist und die bewegten Massen kleiner sind. Als Schreibzeiger wurde hier eine Schweinsborste verwendet, die in einem Röhrchen festgeklemmt ist.

Auch bei dem hier abgebildeten Modell ist das Hebellager sehr dicht neben dem winkelförmigen Verbindungsstück zur Membranmitte, so dass ein großes Hebelübersetzungsverhältnis zustande kommt, d. h. kleine Druckänderungen erzeugen noch auswertbare Zeigerausschläge.

Das rechte Hebellager lässt sich auf dem waagerechten, hohlen Vierkant-Ausleger verschieben; damit ist der Übertragungsfaktor (= Schreibspitzenauslenkung/Druckänderung) veränderbar. Das Vierkantrohr stellt die Verbindung zwischen Kapsel und Schlauchanschlussstutzen her. Ein dünnes Röhrchen am Schlauchanschlussstutzen dient zum Ausgleich des atmosphärischen Luftdruckes, es ist für Wechseldrücke höherer Frequenz unwirksam.

Die Rändelschrauben dienen zur Befestigung der Kapsel am Stativ und zur Feinjustierung der Schreibspitze.

Lit.: Zimmermann, E.: Wissenschaftliche Apparate. Leipzig, Berlin 1928, S. 142–143. Panconcelli-Calzia, G.: Das Hamburger experimentalphonetische Praktikum. Hamburg: O. Meissner, 1922, S. 33 ff.

2 – 22.1 Detail: Kleine MAREYsche Kapsel

1.2 - 19.1 | B | 30023-001

Der hier gezeigte akustisch-mechanische Wandler besteht aus einem kleinen Hohlraum (mit Schlauchanschluss), auf dem eine Gummimembran aufgeklebt ist. Der auf der Membranmitte befestigte Doppelwinkel besteht aus Aluminiumfolie. Zwischen die beiden Winkel ist eine elastische Einlage mit einer kleinen Öffnung geklemmt, durch die eine Schweinsborste gesteckt ist. Diese Schweinsborste ist ein Hebel, dessen Drehlager rechts erkennbar ist. Das Ende der Schweinsborste dient als Schreibspitze auf dem berußten Papier des Kymographen.

2 – 23 Kehltonschreiber nach KRUEGER-WIRTH

Fa. E. Zimmermann, Leipzig, 1910

1.2 - 32 | H | 30112-000

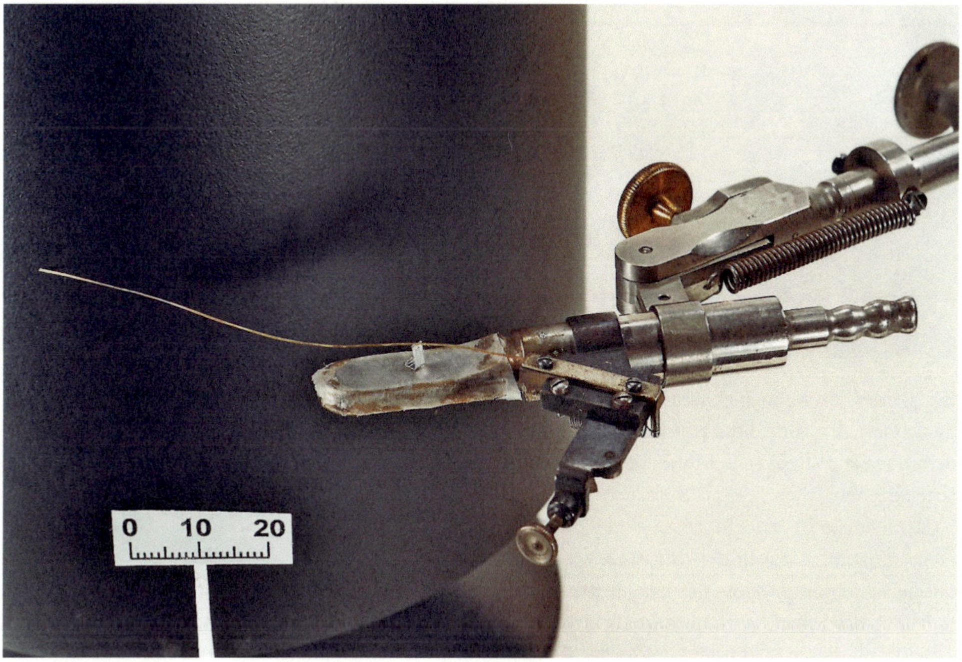

Zur Aufzeichnung der vom Kehlkopf erzeugten Schwingungen setzt man auf die Halswand eine Kehlton-Aufnahmekapsel (siehe 2 - 31) als mechanisch-akustischen Wandler.

Dessen Ausgangssignal gelangt über einen Verbindungsschlauch zum Kehlton-Schreiber, der die Wechseldruck-Vorgänge über eine Schreibkapsel auf dem Kymographenpapier aufzeichnet.

Die hierbei auftretenden Wechseldrücke sind so klein, dass zur Aufzeichnung besonders hoch empfindliche Schreibkapseln erforderlich sind: Dazu dient sowohl ein möglichst kleines Kapselvolumen mit ovaler Öffnung als auch eine besonders dünne Membran und ein sehr leichter Schreibzeiger, in der Regel eine Schweinsborste.

Wegen ihrer geringen Biegesteifigkeit kam es häufig zu frequenzabhängigen Verfälschungen bei der kymographischen Aufzeichnung.

Auf der ovalen Membran ist ein leichter L-förmig gebogener Steg befestigt, in dessen obere Kerbe die Schweinsborste federnd hineingedrückt wird. Der Abstand zwischen diesem Steg und der Borstenbefestigung kann man um ±3 mm verändern, indem man die vorn sichtbare Stellschraube dreht (spielfreier Zahnstangen-Trieb). Damit lässt sich die Hebelübersetzung ändern. Die hintere, größere Stellschraube dient dazu, die Borstenspitze definiert an das berußte Papier heranzuführen.

Lit.: Zimmermann, E.: Wissenschaftliche Apparate. Leipzig, Berlin 1928, S. 142.

2–24 Stimmtonschreiber nach ROUSSELOT (Oreille inscriptrice)

1.2 - 45 | H | 30123-000

Bei diesem akustisch-mechanischem Wandler handelt es sich um eine Ausführungsform, die sich von anderen derartigen Wandlern (z. B. MAREYschen Kapseln) unterscheidet.

Die Membran ist über ein schräg angeschnittenes Rohrende gespannt, trägt in der Mitte ein Metallplättchen mit gelochtem Steg, durch den der leichte nadelförmige Hebelarm des Schreibmechanismus gesteckt ist.

Die Form dieser Membran kommt der Anatomie des menschlichen Gehörganges und des Trommelfells nahe. Der große Querschnitt des Ansatzstutzens und des darüber gesteckten Schlauches zur Kehlton-Aufnahmekapsel verbessert den übertragenen Frequenzbereich dieser Anordnung.

Mit der rechten Rändelschraube lässt sich das Lager des Schreibhebels in vertikaler Richtung verstellen und erlaubt so eine Justierung des Zeiger-Endes (im vorliegenden Fall eines Strohhalmes).

Lit.: Poirot, J.: Die Untersuchung der Sprechbewegungen. Die Phonetik. In: Tigerstedt, R. (Hrsg.): Handbuch der physiologischen Methoden, Bd. 3, 6. Abt. Leipzig: S. Hirzel, S. 90. Zimmermann, E.: Wissenschaftliche Apparate. Leipzig, Berlin 1928, S. 37. Scripture, E. W.: Differential diagnosis of nervous diseases by speech inscriptions. VOX (1921), H. 1/2, S. 16–23. Fröschels, E.; Hajek, L.; Weiss, D.: Verschiedene Sprach- und Kehltonschreiber. In: Abderhalden, E. (Hrsg.): Handbuch der biolog. Arbeitsmethoden: Abt. V, Teil 7 (2. Hälfte). Berlin, Wien: Urban & Schwarzenberg, 1937, S. 1486–1490.

2–24.1 Detail: Rohrstutzen mit Membran

1.2 - 45.1 | H | 30123-001

Aus dem hier gezeigten Bild sind die konstruktiven Einzelheiten des Gerätes genauer zu erkennen, insbesondere der verstellbare Schlitten für das Hebellager des Zeigers.

2–25 MAREYsche Kapsel mit Äquilibriergewicht

1.2 - 42 | H | 30177-000

Um den Zeiger der MAREYschen Kapsel im Gleichgewicht einzustellen, befindet sich am anderen Hebelarm ein kleines Gegengewicht, das verschiebbar angeordnet ist.

Lit.: Zimmermann, E.: Wissenschaftliche Apparate. Leipzig, Berlin 1928, S. 283.

2 – 26 Kehltonschreiber mit verstellbarem Hebellager

1.2 - 57 | H | 30269-000

2 – 25.1 Detail: Kapsel mit Hebel und Äquilibriergewicht, Anschluss-Stutzen mit eingebautem Entlüftungshahn

1.2 - 42.1 | H | 30177-001

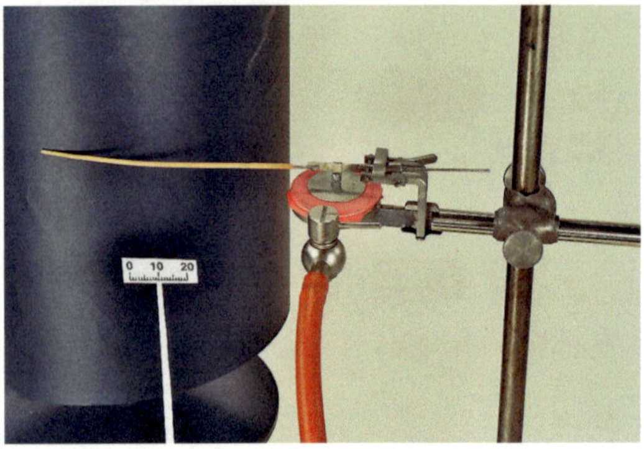

Mit dem kleinen Absperrhahn wird zu Versuchsbeginn der Druckausgleich erzeugt und damit die Gummimembran in die Ausgangslage gebracht.

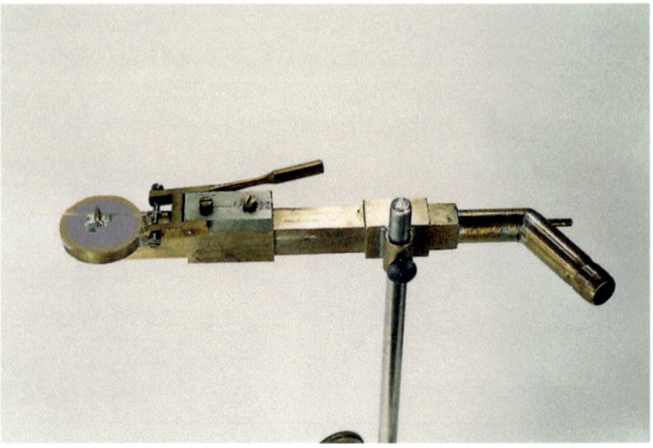

Zum Prinzip des Kehltonschreibers siehe 2 - 23.

Die vom Kehlkopf erzeugten Schwingungen haben relativ hohe Frequenzen. Die hierbei auftretenden Wechseldrücke sind so klein, dass zur Aufzeichnung besonders hoch empfindliche Schreibkapseln erforderlich sind. Dazu dienen sowohl ein möglichst kleines Kapselvolumen als auch eine besonders dünne Membran (0,05 mm) und ein sehr leichter Schreibzeiger, in der Regel eine Schweinsborste. Wegen ihrer geringen Biegesteifigkeit kam es häufig zu frequenzabhängigen Verfälschungen bei der kymografischen Aufzeichnung.

Die hier gezeigte Kehltonschreiber-Kapsel zeichnet sich dadurch aus, dass das Drehlager der als Hebel dienenden Schweinsborste besonders einfach verstellbar ist. An der axial verschiebbaren Hülse mit dem Hebellager erkennt man einen kleinen Griff, mit dem die Höhe des Hebellagers verändert werden kann. Dadurch lässt sich die Spitze der Schweinsborste einfacher auf dem berußten Papier der Kymographentrommel justieren.

2-27 Aufnahmekapsel nach BRONDGEEST

1.2 - 35 | H | 30115-000

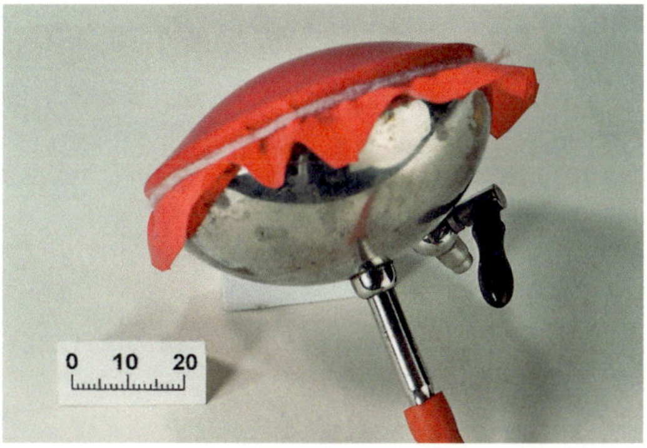

Die abgebildete Aufnahmekapsel dient vorwiegend zur Messung der Kehlkopfbewegungen und -schwingungen.

Bei derartigen Messaufgaben ist die großflächige Ankopplung der Aufnehmermembran an die vordere Halswand problematisch, weil mit den bei Kapseln üblichen ebenen Membranen eine form- und kraftschlüssige Ankopplung nicht gelingt.

Im Innern dieser Kapsel befindet sich ein kleines, abgeschlossenes Luftkissen, in das über einen seitlich angebrachten Stutzen mit Absperrhahn Luft eingeblasen werden kann. Über dieses relativ weiche Luftkissen ist die eigentliche Aufnehmermembran gespannt, die dadurch deutlich nach oben gewölbt ist.

Das verbleibende relativ kleine Volumen zwischen dem Luftkissen, der Aufnehmer-Membran und dem Aufnehmergehäuse ist das eigentliche Wandler-Volumen, dessen Änderungen (d. h. Druckänderungen) über den angeschlossenen Schlauch gemessen werden.

Lit.: Ganske, J.: Illustriertes Verzeichnis von Apparaten für die experimentelle Phonetik. Verlagsdruckerei Zehlendorf bei Berlin, 1918, S. 10.

2-27.1 Detail: Kapsel mit Luft gefülltem Polsterballon

1.2 - 35.1 | H | 30115-001

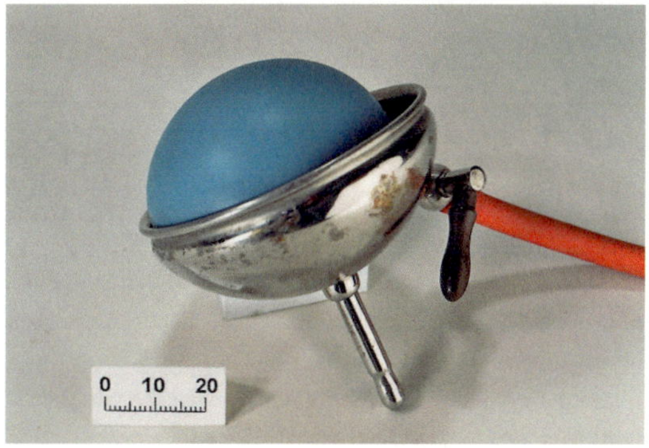

Beim vorliegenden Bild ist die Aufnehmer-Membran entfernt worden. Damit ist das gefüllte Luftkissen zu erkennen.

Es wird über den zusätzlich angeschlossenen Schlauch mit Luft soweit gefüllt, dass es eine ballonartige Aufwölbung der später darüber gespannten Aufnahme-Membran erzeugt.

2–28 Blasebalgkapsel

(Akustisch-mechanischer Wandler mit kleinem Faltbalgen)

1.2 - 33 | H | 30113-000

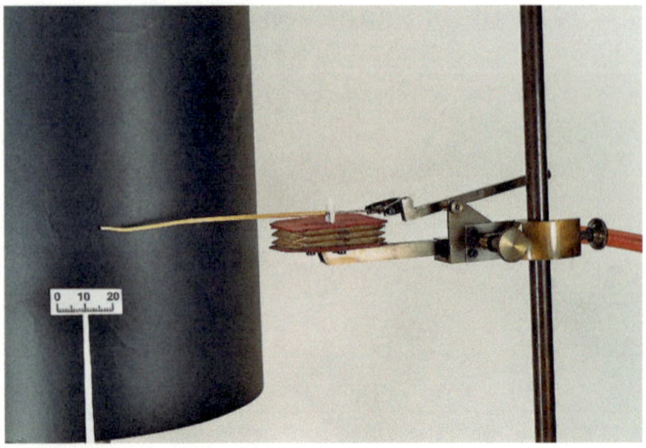

Diese Schreibkapsel besteht aus einem Faltbalgen, der von den über einen Schlauch zugeführten Wechseldrücken bewegt wird.

Der Schreibhebel steckt auf einem einarmigen Hebel mit Spitzenlagerung. Der Abstand zwischen dem Lager und dem Steg auf dem oberen Faltbalgendeckel ist in weiten Grenzen variabel einstellbar. Dadurch kann die Kapsel an sehr verschiedene Aufgabenstellungen (Amplituden-Bereiche) angepasst werden.

Infolge der großen zu bewegenden Masse des Faltbalgens lassen sich nur tieffrequente Vorgänge aufzeichnen, zum Beispiel Atembewegungen bei Zwerchfell- oder Brustatmung. Mit der vorderen Halteschraube kann der Abstand des Schreihebels an der Kymographen-Trommel eingestellt werden.

Lit.: Fröschels, E.; Hajek, L.; Weiss, D.: Schreibvorrichtung, Schreibkapseln (Kap. 6). In: Abderhalden, E. (Hrsg.): Handbuch der biolog. Arbeitsmethoden: Abt. V, Teil 7 (2. Hälfte). Berlin, Wien: Urban & Schwarzenberg, 1937, S. 1409–1410.

2–29 Polygraph

1.2 - 22 | B | 30025-000

Als Polygraph bezeichnete man Registrierapparate, die es möglich machten ohne Trommel, wie bei einem Kymographen, gleichzeitig mehrere Kurven in Ruß- oder Tintenschrift nebeneinander zu schreiben. Diese Geräte wurden durch ein Federwerk angetrieben und in der phonetischen Feldforschung auch als Reise-Registrierapparate eingesetzt. Es war möglich, an einem Stativ-Stab bis zu drei unterschiedlich große MAREYsche Kapseln und einen Zeitmarkengeber (Sekundenpendel) zu befestigen. Die Vorschubgeschwindigkeit des Registrierpapiers war in Stufen wählbar.

Das hier abgebildete Gerät zur 2-kanaligen Aufzeichnung von phonetischen Wechseldrücken ist ein modifizierter Nachbau eines derartigen Polygraphen. Es besitzt einen elektrischen Antrieb für den Papiervorschub über Zahnritzel. Am Stativ sind über der Registrierpapierbahn zwei große MAREYsche Kapseln mit tintengefüllten Schreibspitzen befestigt. Die Papierbreite beträgt 140 mm.

Lit.: Zimmermann, E.: Wissenschaftliche Apparate. Leipzig, Berlin 1928, S. 227–231.

2–30 Kehlton-Aufnahmekapsel

1.2 - 20 | B | 30024-000

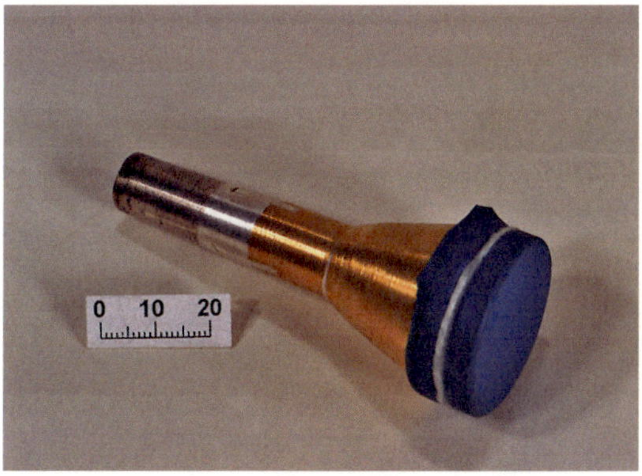

Die Kehlton-Aufnahmekapsel ist ein mechanisch-akustischer Wandler, mit dem die mechanischen Schwingungen des Schildknorpels am menschlichen Hals von außen aufgenommen und in akustische Wechseldrücke umgewandelt werden. An den Anschlussstutzen kommt der Verbindungsschlauch zur MAREYschen Kapsel, die die Wechseldrücke in registrierbare Schreibzeiger-Auslenkungen wandelt.

Das hier gezeigte Gerät ist ein Replikat, das für die Ausstattung des unter 1 – 2 vorgestellten Messplatzes angefertigt wurde.

Lit.: Panconcelli-Calzia, G.: Das Hamburger experimentalphonetische Praktikum. Hamburg: O. Meissner, 1922, S. 32 ff.

2–31 Drei Kehlton-Aufnahmekapseln

1.2 - 74 | H | 30136-000, 30376-000, 30377-000

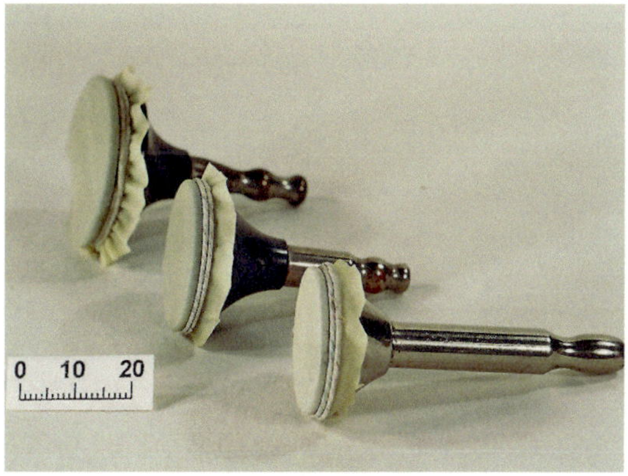

Für die Registrierung von Kehltönen auf der Kymographen-Trommel benötigt man Aufnahme-Kapseln, die die Schwingungen des Schildknorpels am menschlichen Hals von außen aufnehmen und in akustische Wechseldrücke umwandeln.

An den jeweiligen Anschlussstutzen kommt ein Schlauch, der zum akustisch-mechanischen Wandler führt, mit dem die Wechseldrücke in registrierbare Schreibzeiger-Auslenkungen umgewandelt werden.

Die Membran der Kehlton-Aufnahmekapsel wird mit der Hand seitlich an der Halswand an den Schildknorpel gedrückt.

Lit.: Panconcelli-Calzia, G.: Das Hamburger experimentalphonetische Praktikum. Hamburg: O. Meissner, 1922, S. 32–34. Panconcelli-Calzia, G.: Der Kehltonschreiber. Zeitschrift für Laryngologie, Rhinologie […] u. ihre Grenzgebiete, 7 (1914), H. 3, S. 339–343. Schneider, C.: Verbesserungen an einem Kehltonschreiber. VOX (1935), H. 1–6, S. 36–40.

2–32 Mundtrichter

1.2 – 5 | B | 30011-000, 30378-000, 30597-000, 30598-000

Der Mundtrichter wird bei der Untersuchung des Phonationsstromes eingesetzt und fest an die Mundöffnung angepresst.

Das seitliche Röhrchen am linken Trichter dient als Ventil für die austretende Atemluft bzw. als Anschlussstutzen für einen Schlauch, der in das Ohr geführt wird, um das in den Trichter Gesprochene deutlich mithören zu können.

Lit.: Panconcelli-Calzia, G.: Das Hamburger experimentalphonetische Praktikum. Hamburg: O. Meissner, 1922, S. 35 ff.

2–33 Nasenolive

1.2 – 11 | B | 30016-000

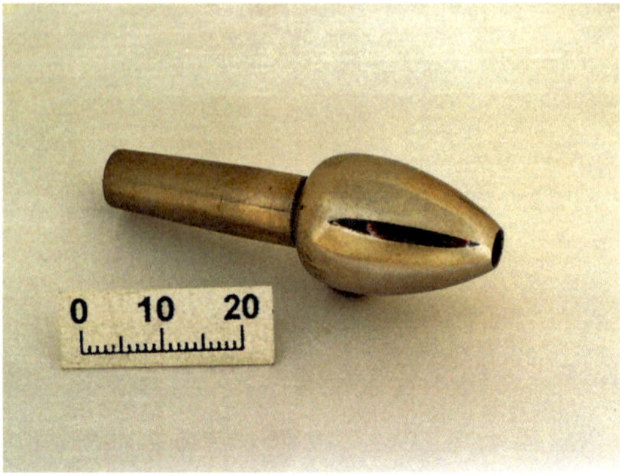

Die Nasenolive dient zur Aufnahme des nasalen Phonationsstromes.

Auf den Anschlussstutzen wird der Schlauch zur MAREYschen Kapsel am Kymographen gesteckt.

Lit.: Panconcelli-Calzia, G.: Das Hamburger experimentalphonetische Praktikum. Hamburg: O. Meissner, 1922, S. 53 ff.

2 – 34 Nasenoliven-Paar mit Verbindungsrohr

1.2 - 71 | H | 30233-000
1.2 - 71.1 | H | 30342-000

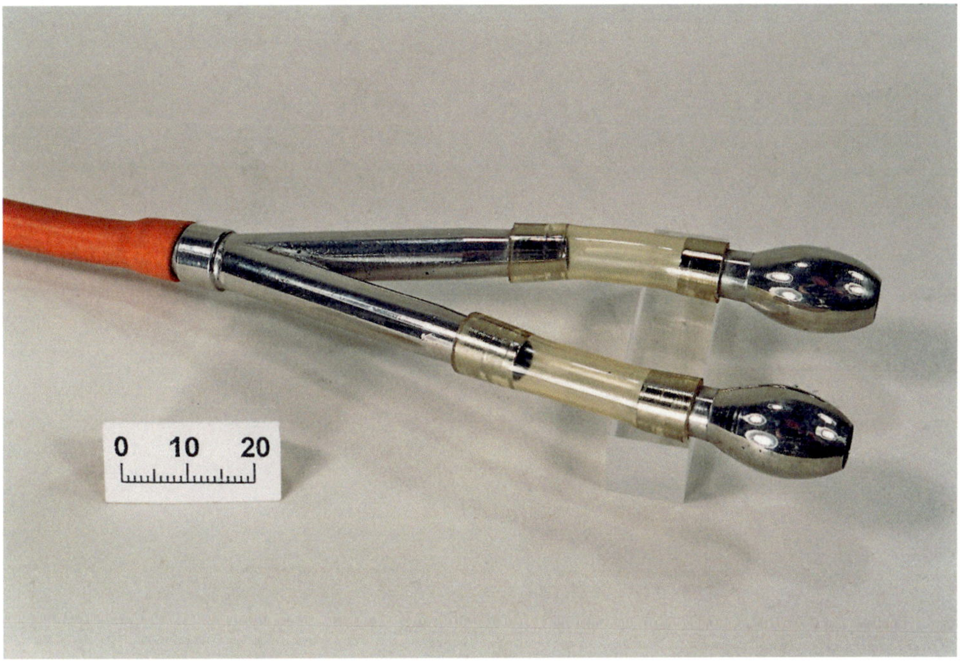

Beim Sprechen wird in der Regel entweder ein oraler, ein nasaler oder ein kombinierter Phonationsstrom erzeugt.

Im Deutschen gibt es die drei Nasallaute [m], [n] und [ng]. Bei diesen Lauten ist das Gaumensegel gesenkt und der Phonationsstrom geht durch die Nase.

In der Experimentalphonetik interessierte der zeitliche Verlauf dieses Phonationsstromes bzw. der Velumbewegung. Beide ließen sich im einfachsten Fall dadurch messen, dass man eine Nasenolive mit Anschlussstutzen in ein Nasenloch steckte (vgl. 2 - 33).

Bei der hier gezeigten Anordnung sind zwei gleichartige Nasenoliven über kurze Schlauchstücke in einem Verbindungsrohr zusammengeführt worden.

Lit: Panconcelli-Calcia, G.: Das Hamburger experimentalphonetische Praktikum. Hamburg: O. Meissner, 1922, S. 53 ff.

2–35 Universalstativ

Firma Zimmermann, Leipzig, 1910

1.2 - 16 | B | 30021-000, 1.2 - 30 | H | 30108-000

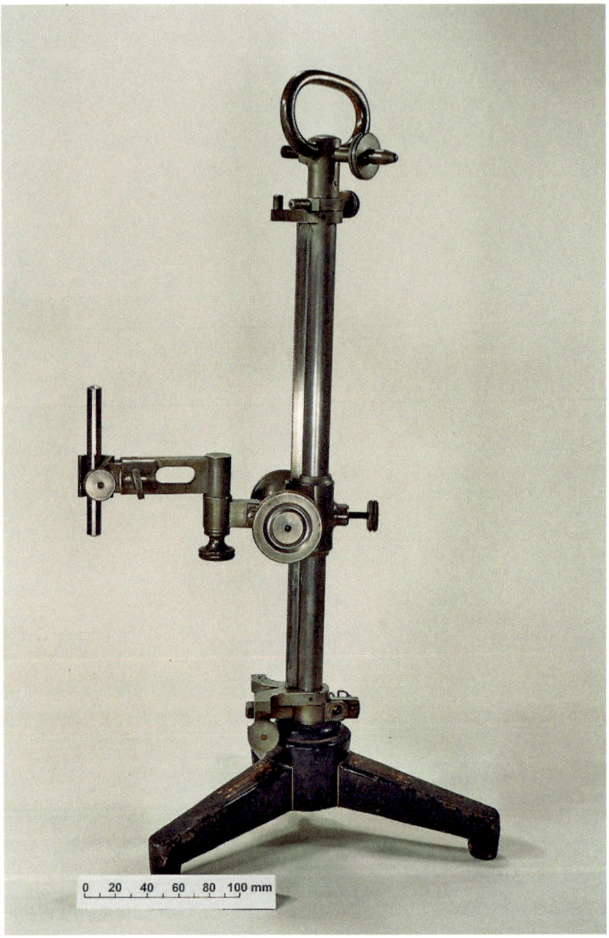

Für kymographische Aufzeichnungen müssen alle Wandler und weiteres Registrierzubehör so neben der Trommel aufgestellt werden, dass die Schreibspitzen der Geräte gleichmäßig die berußte Papierbahn berühren. Diese Forderungen erfüllt das abgebildete Universalstativ.

Auf einem schweren Dreifuß ist eine Stativsäule mit einer darüber gesteckten drehbaren Zylinderhülse befestigt. Diese Hülse trägt eine Zahnstange, an der der eigentliche Geräteträger – ein vertikaler Rundstab – in seiner Höhe verstellbar angebracht ist. Der Geräteträger ist außerdem schwenkbar befestigt. Dadurch ist es möglich, alle Wandler in größerem Abstand von der Trommel mit dem berußten Papier zu montieren.

Anschließend schwenkt man die Wandler in ihre Arbeitsstellung. Zur Feinjustierung der Wandlerlage konnte die Hülse (mit Zahnstange und Geräteträger) außerdem mit der unten sichtbaren Rändel-Stellschraube im Mikrometerbereich gedreht werden.

Lit.: Zimmermann, E.: Wissenschaftliche Apparate. Leipzig, Berlin 1928, S. 301. Zimmermann, E.: Wissenschaftliche Apparate – Liste 200. Leipzig, Berlin 1937, S. 27.

2 – 36 Zwei Ventile für Druckausgleich in Schlauchverbindungen und ein T-Schlauchverbinder

1.2 - 14 | B | 30019-000

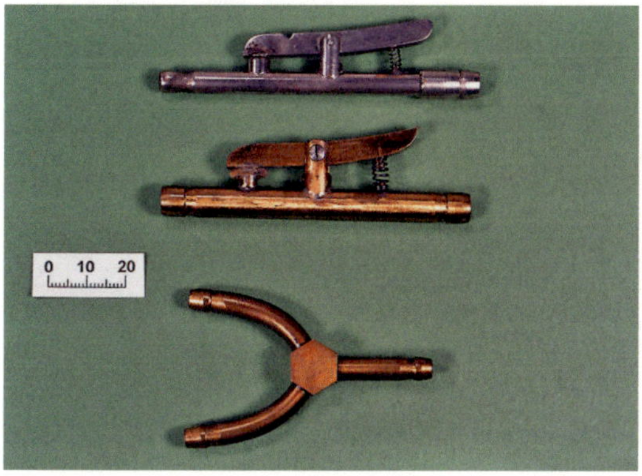

Beim Zusammenstecken von Schläuchen und Aufnehmern bzw. mechanisch-akustischen Wandlern (z. B. MAREY-schen Kapseln, vgl. 2 – 12) entsteht unvermeidlich im Schlauchinneren ein statischer Überdruck. Er muss vor Beginn jeder Messung und Registrierung ausgeglichen werden.

Dazu dienen die beiden oben abgebildeten Ventile mit beidseitigen Schlauchanschlussstutzen.

2 – 37 Pneumatischer Fußschalter

1.2 - 72 | H | 30134-000

Für die Fernsteuerung von Schall-Aufzeichnungs- und Wiedergabegeräten mit Federwerksantrieb wurde erfolgreich das pneumatische Prinzip eingesetzt. Dazu diente der hier gezeigte pneumatische Fußschalter.

Beispielsweise hat das Antriebssystem des Parlographen (vgl. 4 – 5) einen Pneumatik-Zylinder, der über einen dünnen Schlauch mit dem Fußschalter verbunden ist.

Ein Kolben im Inneren des Zylinders betätigt nach einem kurzen Druckimpuls ein Klinkenrad, das den Walzenantrieb des Parlographen ein- bzw. anschließend – beim erneuten Betätigen des Fußschalters – wieder auskuppelt. (Vgl. 4 – 5.3 und 4 – 5.4).

2 – 38 Luftpumpe zur Anregung von künstlichen Kehlkopfmodellen

1.2 - 73 | H | 30135-000

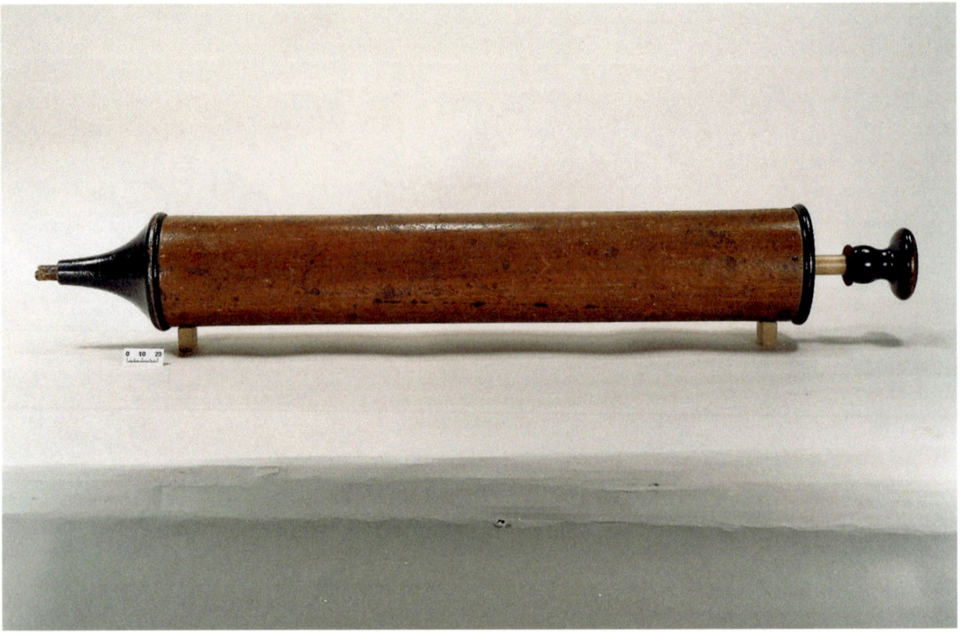

In einem Hohlzylinder aus Hartholz lässt sich von Hand der Kolben mit der Dichtungs-Manschette bewegen.

Mit dem erzeugten Luftdruck wurden beispielsweise Zungenpfeifen oder Kehlkopfmodelle für Demonstrationszwecke angeregt.

2 – 39 Pumpen

1.2 – 6 | B | 30012-000, 30358-000, 30359-000, 30362-000, 30363-000, 30372-000

Derartige Luftpumpen werden für die Anregung von Stimmlippen-Modellen (WETHLOsche Posterpfeifen) verwendet.

2 – 40 Druckdose zur Erzeugung statischer Luftdrücke

1.2 - 56 | H | 30131-000

Um akustisch-mechanische Wandler zu kalibrieren, benötigt man eine Einrichtung, die es gestattet, definierte Drücke zu erzeugen.

Mit der vorliegenden Druckdose lassen sich nur statische Luftdrücke erzeugen.

Die luftdicht verlötete Kapsel hat einen konzentrisch gewellten Deckel, der in weiten Grenzen nahezu linear verformt werden kann. Das geschieht durch eine mit der Kurbel angetriebene Schraubspindel. Am Anschlussstutzen wird die erzeugte Druckluft in einen Schlauch geleitet, an dessen anderem Ende sich der akustisch-mechanische Wandler (Schreibkapsel) und ein U-Rohr-Manometer (s. 2 – 47 bzw. 2 – 48) befinden.

2-41 Blasebalg zur Stimmpfeifenanregung nach LIORET

1.2 - 43 | H | 30122-000

Für phonetische Präzisionsmessungen bei Tonhöhenuntersuchungen benötigte der Experimentator einen Vergleichston mit lang anhaltend konstanter Frequenz zur Aufzeichnung von Zeitmaßstäben auf dem Registrierpapier des Kymographen.

Die Frequenz einer Stimmpfeife hängt u.a. wesentlich vom Anblasdruck ab. Deshalb war dafür ein Blasebalg erforderlich, der über längere Zeiträume einen konstanten Anblasdruck erzeugt.

Das abgebildete Gerät erfüllt diese Forderung. Es besteht aus zwei gestaffelt angeordneten Blasebälgen mit einem zwischengeschalteten Ventil. Der untere Blasebalg wird mit der Hand am hölzernen Griff bedient und füllt außerdem den darüber befindlichen zweiten Balg. Dessen Deckplatte ist mit zwei Gewichtsstücken beschwert, die beim Füllen angehoben werden. Nachdem der zweite Balg gefüllt ist, schließt sich das Klappenventil und durch die gleich bleibende Gewichtskraft wird der benötigte konstante Anblasdruck erzeugt.

Auf den Anschlussstutzen (oben links) wird der Schlauch zu einer Stimmpfeife gesteckt.

In der Literatur erwähnt G. PANCONCELLI-CALZIA, dass er für seine Forschungen eine Stimmtonpfeife mit $f = 100$ Hz als Normalfrequenzquelle benutzte.

Lit.: Panconcelli-Calzia, G.: Die Verwendung der Tintenschrift am Lioretgraphen und ihre Bedeutung für linguistische Forschungen. VOX (1913), H. 2, S. 107–112.

2 – 42 Verschiedene Pendelchronographen

1.2 - 25.1 | Ch | 30028-000, 30029-000, 30353-000, 30604-000

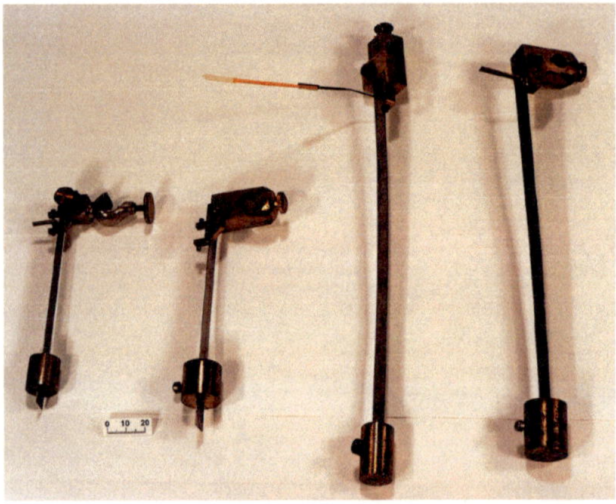

Pendelchronographen sind Geräte zur Zeitmarkenerzeugung bei kymographischen Aufzeichnungen.

Die unterschiedlichen Längen der Stahlfedern bzw. auch die verschiedenen Stellungen der Massestücke erlauben es unterschiedliche Schwingungsfrequenzen zu erzeugen.

Derartige Pendelchronographen eignen sich nur für niedrige Frequenzen (0,4 Hz bis 1 Hz), z. B. als Zeitmarken zur Aufzeichnung und Ausmessung von Atemvolumen- und Atembewegungskurven. (Vgl. 5 - 25 Gürtel-Pneumograph).

Lit.: Panconcelli-Calzia, G.: Das Hamburger experimentalphonetische Praktikum. Hamburg: O. Meissner, 1922, S. 9.

2 – 42.1 Pendelchronograph (am Stativ)

1.2 - 25 | Ch | 30603-000

Dieses Bild zeigt einen der Pendelchronographen im Einsatz.

Eine horizontal schwingende Biegefeder wird in der Nähe ihrer Einspannung von einem Taststift berührt, der über einem Hebel den Schreibzeiger auslenkt.

Er erzeugt auf der berußten Trommel eines Kymographen periodische Zeitmarken.

Die hier abgebildete Ausführungsform hat eine Periodendauer $T = 1$ s. Das am Ende festgeschraubte Massestück ist verstellbar und dient zur Kalibrierung.

Lit.: Panconcelli-Calzia, G.: Das Hamburger experimentalphonetische Praktikum. Hamburg: O. Meissner, 1922, S. 9.

2 – 43 Chronometer nach JAQUET

1.2 - 3 | B | 30009-000

1.2 - 44 | H | 30287-000

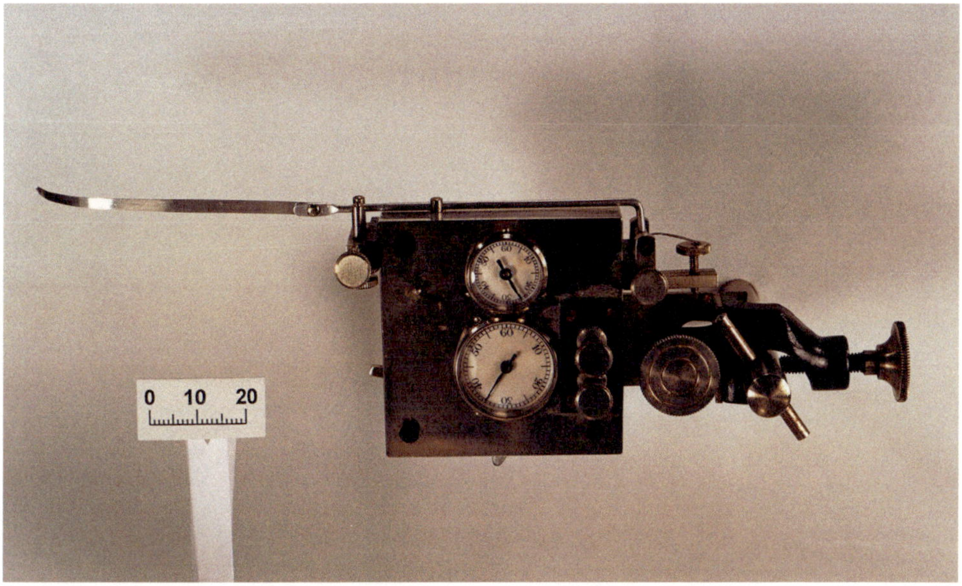

Gerät für die Zeitmarkenerzeugung und -aufzeichnung bei kymographischen Registrierungen.

Ein Federwerk treibt eine mechanische Uhr mit Ankerhemmung an, deren Periodendauer $T = 0{,}2\,\mathrm{s}$ beträgt. Über einen Abtastmechanismus wird der waagerechte Schreibhebel mit dem Zeiger auf und ab bewegt. Es lassen sich 2 Pulsfrequenzen wählen: 5 Hz und 1 Hz.

Der Uhrzeiger von der oberen Skala dreht sich in 60 s einmal, derjenige der unteren Skala zeigt die Minuten an.

An zwei Klemmschrauben lassen sich die Drähte zur elektrischen Pulserzeugung (max. 2 V) anschließen.

Lit.: Zimmermann, E.: Wissenschaftliche Apparate. Leipzig, Berlin 1928, S. 170 – 171.

2 – 44 Metronom, älteres Modell

1.2 - 49.1 | H | 30126-000

2 – 45 Metronom nach MÄLZEL

Firma GEWA

1.2 - 49.2 | H | 30127-000

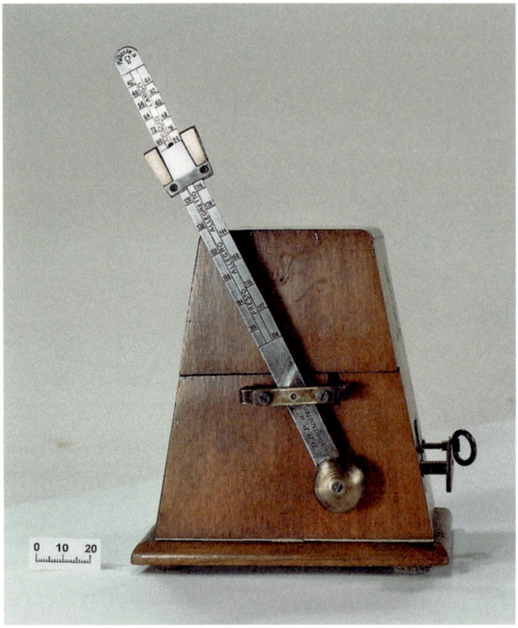

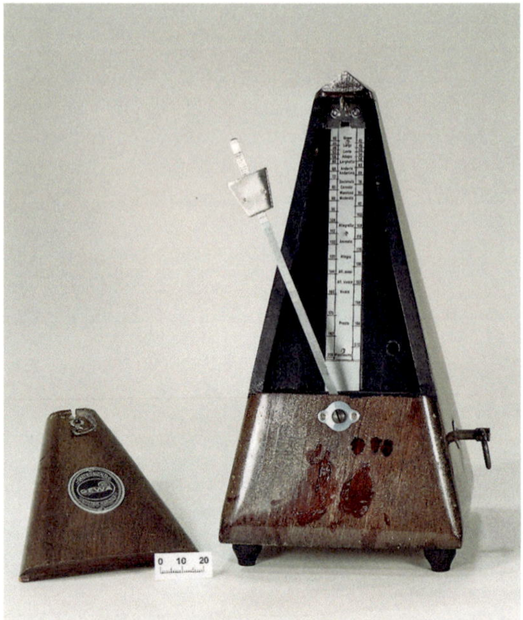

Für die musikalische Aufführungspraxis hat es sich bewährt, einheitliche Tempoangaben einzuführen. Dafür wurde von JOHANN NEPOMUK MÄLZEL (Wien) 1813 das Metronom konstruiert. Es erzeugt eine gleichmäßige Schlagfolge, die als Tempovorgabe dient.

Ein Federwerk treibt das Pendel an. Das daran befestigte Massestück lässt sich in vertikaler Richtung auf dem Hebelarm verschieben und erlaubt es, eine Schlagfolge mit definierter Frequenz zu erzeugen.

Auf dem Hebelarm ist eine Skala mit der Zahl der Schlagfolgen und den musikalischen Tempobezeichnungen angebracht: Von 40 bis 208 Schläge/min entsprechend von Largo bis Presto.

Das Metronom fand auch Eingang in die experimentelle Phonetik z. B. zur Messung der Sprechgeschwindigkeit bei logopädischen Übungen.

Das hier gezeigte neuere Modell beruht auf dem gleichen Prinzip. Die Skala mit den musikalischen Tempobezeichnungen ist bei gleichem Schlagfolgebereich von 40 bis 208 Schlägen/min feiner unterteilt.

Beispielsweise stehen im Bereich von 56 bis 112 Schlägen/min folgende Tempobezeichnungen: Adagio, Largetto, Andante, Andantino, Sostenuto, Commodo, Maestoso, Moderato und Allegretto.

2–46 Taschenmanometer nach SAHLI

1.2 - 4 | B | 30010-000

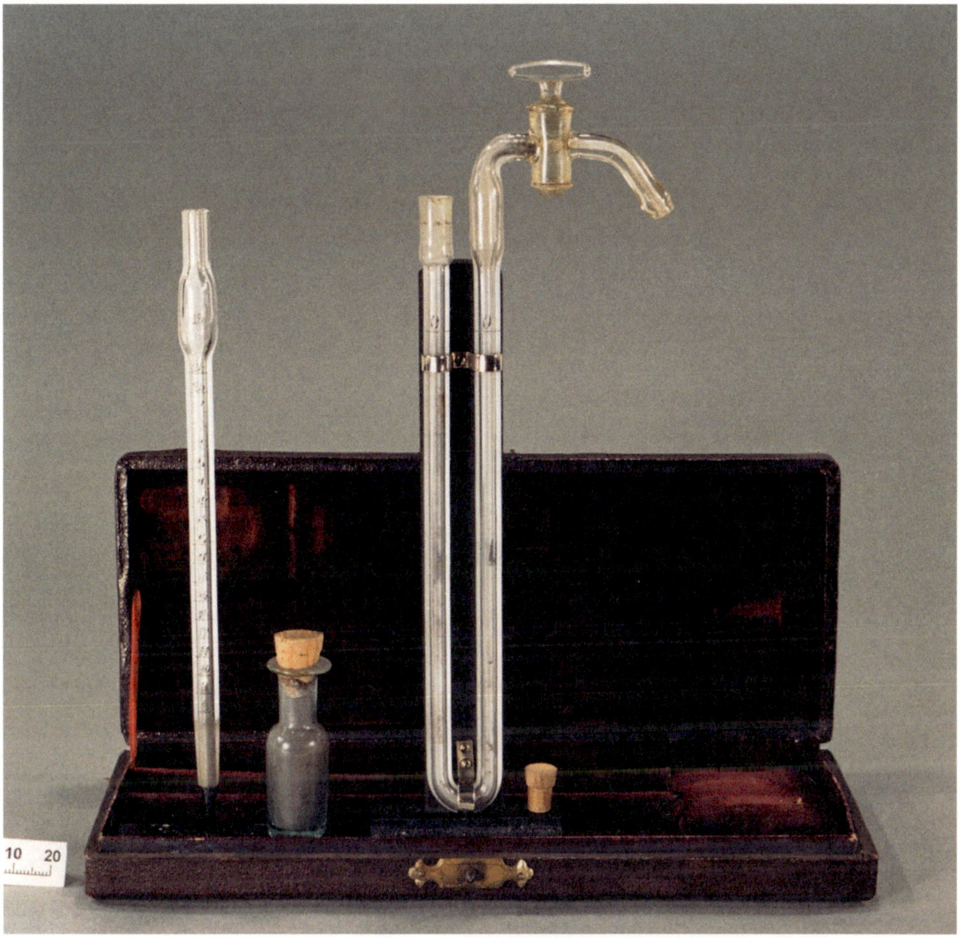

Gerät zur Kalibrierung von MAREYschen Kapseln.

Zur Erzeugung von quasistatischen Drücken diente ein (nicht abgebildeter) Gummiball, dessen Schlauchende mit einem T-Rohrstück sowohl an das Manometer als auch an eine MAREYsche Kapsel angeschlossen wurde.

Man erzeugte definierte Drücke (z. B. 8 mm WS) und registrierte auf dem Rußpapier eines Kymographen den Zeigerausschlag.

Zum Füllen des U-Rohres mit Quecksilber diente die Pipette (links), deren untere Öffnung in die quecksilbergefüllte Flasche hineinpasst.

Lit.: Zimmermann, E.: Wissenschaftliche Apparate. Leipzig, Berlin 1928, S. 289. Panconcelli-Calzia, G.: Das Hamburger experimentalphonetische Praktikum. Hamburg: O. Meissner, 1922, S. 17–21.

2-47 U-Rohr-Manometer

Franz Hugersdorff, Leipzig, 1919

1.2 - 54 | H | 30129-000

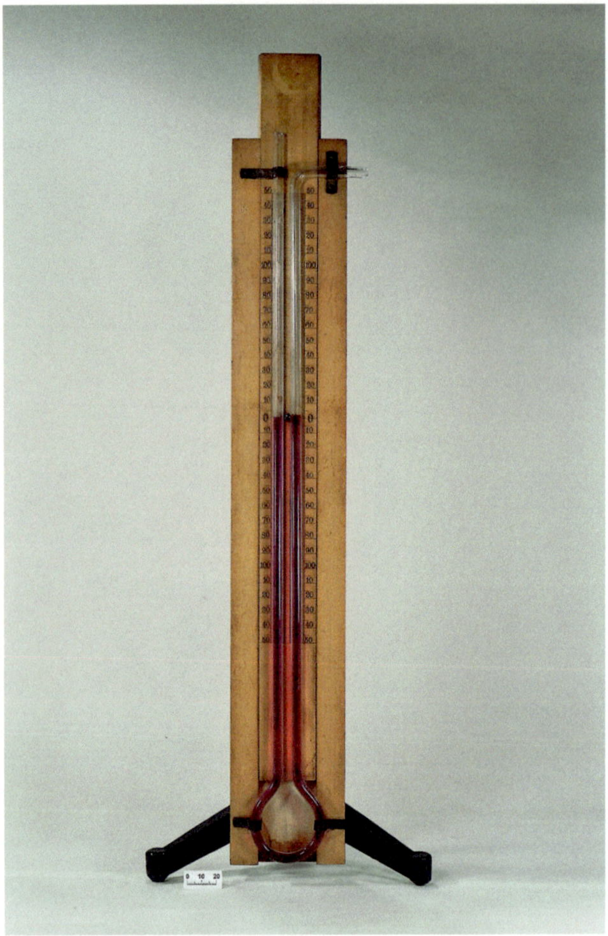

Die einfachste Form eines Druckmessgerätes besteht aus einem flüssigkeitsgefüllten, U-förmig gebogenen Rohr. Das eine Ende des Rohres ist offen, am anderen Ende wird über eine Schlauch- oder Rohrverbindung der zu messende Druck zugeführt.

Die Längendifferenz zwischen den beiden Wasserhöhen ist linear mit der Differenz zwischen dem zu messenden und dem Atmosphärendruck verknüpft.

Das Rohr ist entweder mit Wasser oder Quecksilber gefüllt, im vorliegenden Fall mit gefärbtem Wasser. Die Längenskala ist verschiebbar in einer Schwalbenschwanzführung hinter dem U-Rohr angebracht. Damit lässt sich je nach Messaufgabe der Bezugspunkt einstellen.

In der experimentellen Phonetik wird ein einstellbarer konstanter und definierter Luftdruck benötigt, um den statischen Übertragungsfaktor von akustisch-mechanischen Wandlern (z. B. MAREYschen Kapseln oder anderen Schreibkapseln) zu messen. Der Übertragungsfaktor beschreibt den Zusammenhang zwischen dem Druck am Kapsel-Eingang und der Membranauslenkung.

1 mm Wassersäule (mm WS) = 9,806 Pa,

1 mm Quecksilbersäule (mm Hg) = 133,3 Pa.

2 – 48 U-Rohr-Manometer

Carl G. R. Bodien, Hamburg IV

1.2 - 55 | H | 30130-000

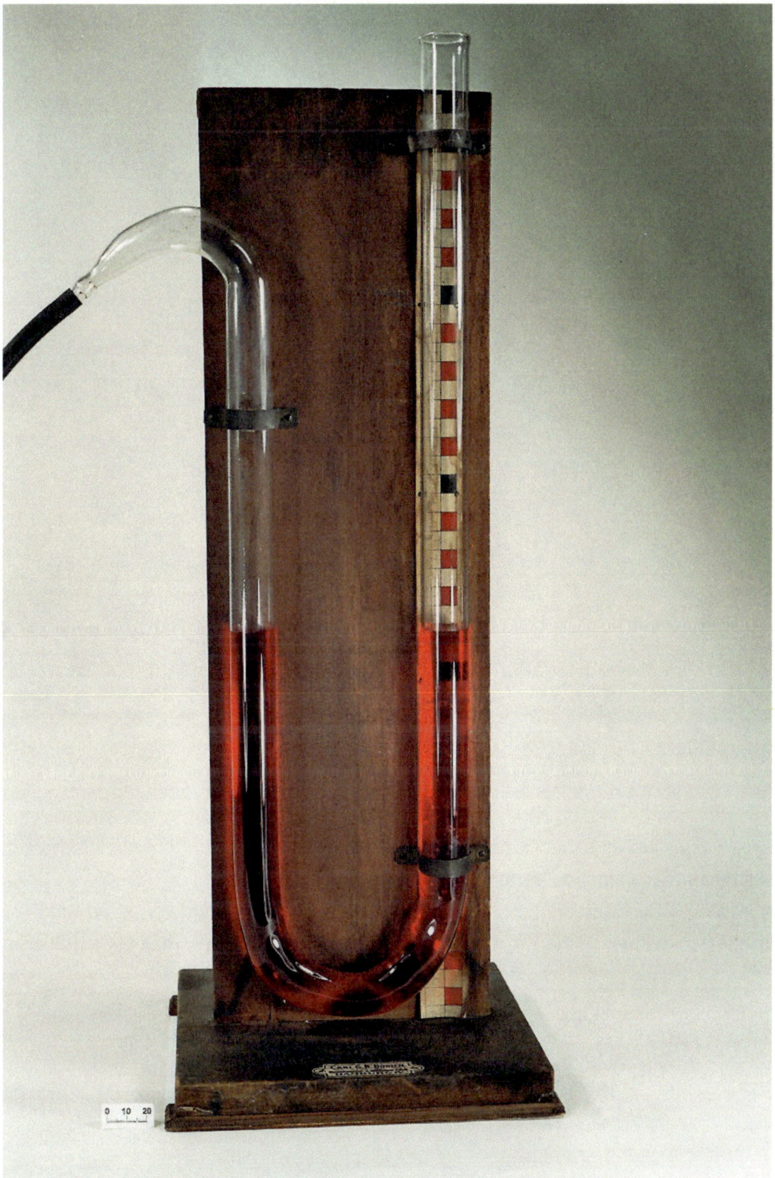

Die Funktionsweise des Gerätes ist in 2 – 47 beschrieben.

Der Querschnitt des Glasrohres ist hier erheblich größer als beim vorangehenden Gerät.

Die seitlich angebrachte Skala ist für Demonstrationszwecke mit größerer Beschriftung versehen.

2 – 49 Experimentier-Manometer

Firma Dreyer, Rosenkranz & Droop GmbH, Hannover

1.2 - 53 | H | 30128-000

Die Druckwandlerkapsel befindet sich im Gehäuse, der Anschlussstutzen ist darunter zu erkennen. Das Gerät steht auf einem massiven Stativfuß. Der Messbereich reicht von –250 bis +250 cm Wassersäule (WS), das entspricht –24,5 bis +24,5 hPa.

1 mm WS = 9,806 N/m² = 9,806 Pa
10² Pa = 1 mbar

2 – 50 Experimentier-Manometer

1.2 - 15 | B | 30020-000

1.2 - 52 | H | 30291-000

Die Druckwandlerkapsel befindet sich in dem Gehäuse unter der Skala.

Der Messbereich reicht von –200 mm WS bis +400 mm WS, das entspricht –19,6 hPa bis +39,2 hPa.

2 – 51 Hand-Tachometer

Th. Horn, Leipzig, 1928

1.2 - 46 | H | 30124-000

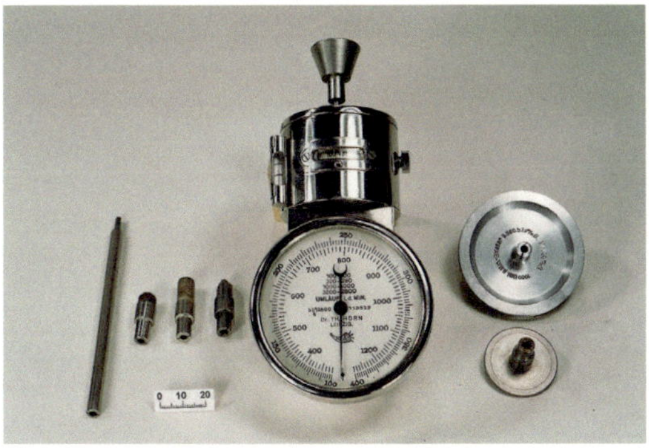

Für Präzisions-Messungen von Umdrehungsgeschwindigkeiten, beispielsweise von Federwerksmotoren der Kymographen, ist es notwendig, vor Beginn der Untersuchungen ein einfaches Hand-Tachometer verfügbar zu haben.

Das vorliegende Gerät erlaubt es, die Messwelle sowohl an einem Wellenstutzen als auch mit entsprechenden Reibrädern radial an umlaufende Wellen anzukoppeln.

Für das Ankoppeln an Wellenstutzen gibt es die links im Bild erkennbaren unterschiedliche Koppelstücke (zylindrisch oder kegelförmig).

Der Gesamt Messbereich umfasst 100 bis 12800 Umdrehungen/Minute in vier mechanisch umschaltbaren Messbereichen. Dieser Umschaltmechanismus ist so konstruiert, dass die Tachometer-Messwelle unterschiedlich tief in das Gehäuse eingedrückt und eingerastet werden kann. Dazu dient die Lagerung der Tachometer-Messwelle in einem Schlitten, der durch Federkraft nach außen gedrückt wird.

2 – 52 Umdrehungszähler (1912)

1.2 - 47 | H | 30125-000

1.2 - 52 | H | 30291-000

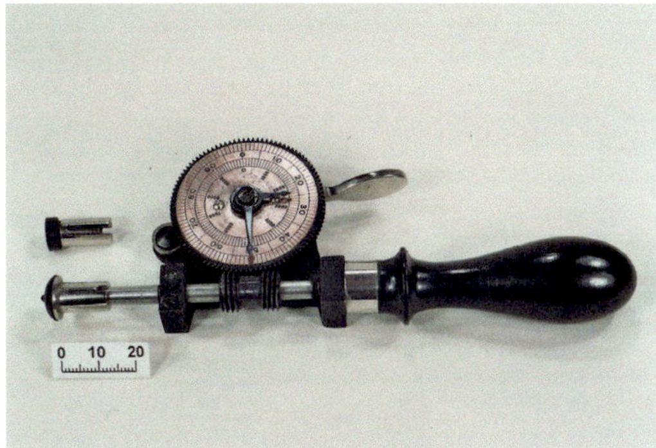

Für die Messung von Umdrehungsgeschwindigkeiten kann man im einfachsten Falle die Umdrehungszahlen in einer definierten Zeitspanne Δt ermitteln: $\omega = n/\Delta t$.

Die Messwelle mit einem passend gewählten auswechselbaren Koppelstück wird an die umlaufende Welle angedrückt. Die zwei Zahlenräder mit einer Zählscheibe werden dann über ein Schneckenradgetriebe angetrieben.

Das Schneckenrad ist auf der Welle axial verschiebbar befestigt. Damit lassen sich wahlweise sowohl rechts- als auch linksdrehende Vorgänge zählen.

Kapitel 3

Geräte zur Kurvenauswertung

Jede periodische Zeitfunktion lässt sich nach FOURIER darstellen als Summe von Sinus- und Cosinusfunktionen, deren Argumente ganzzahlige Vielfache vom Kehrwert der Periodendauer sind. Die dazu erforderlichen mathematischen Rechenvorschriften werden mit mechanischen Hilfsmitteln nachgebildet. Das dazu erfundene Gerät ist der harmonische Analysator nach MADER. Zwei derartige Geräte werden hier vorgestellt.
Um Kymogramme mit aufgezeichneten Zeitfunktionen, z. B. von gesprochenen Lauten quantitativ auswerten zu können, waren zahlreiche Mess- und Korrekturgeräte in Gebrauch. Derartige Aufzeichnungen mussten so ausgemessen werden, dass sich aus periodischen Längenmessungen die Frequenzen der akustischen Vorgänge ermitteln ließen. Die Anforderungen an die Präzision dieser Längenmessungen waren hoch, weil nur dann Fragen z. B. nach Tonhöhen-Änderungen im Bereich von wenigen Hz zuverlässig beantwortet werden konnten. Ein Kymogramm musste häufig zunächst optisch vergrößert werden und die dann dafür eingesetzten Messmittel waren Mikroskope, Mikrometer-Schrauben und Messschieber.

Der Zusammenhang zwischen gemessener Frequenz und empfundener Tonhöhe wird durch eine logarithmische Funktion beschrieben. Für die Auswertung von Kymogrammen nach diesen Kriterien gibt es einen so genannten Tonhöhen-Messapparat, von dem zwei Exemplare vorgestellt werden.
Neben der Auswertung graphischer Aufzeichnungen gab es in der frühen Entwicklungsphase der experimentellen Phonetik auch bereits die direkte Ausmessung der auf einer Phonographen-Walze als Vertiefungen eingeschriebenen Schallschwingungen. In der Sammlung befindet sich das entsprechende Gerät nach BOEKE.

3 – 1 Harmonischer Analysator nach MADER 1910

2 – 1 | B | 30031-000

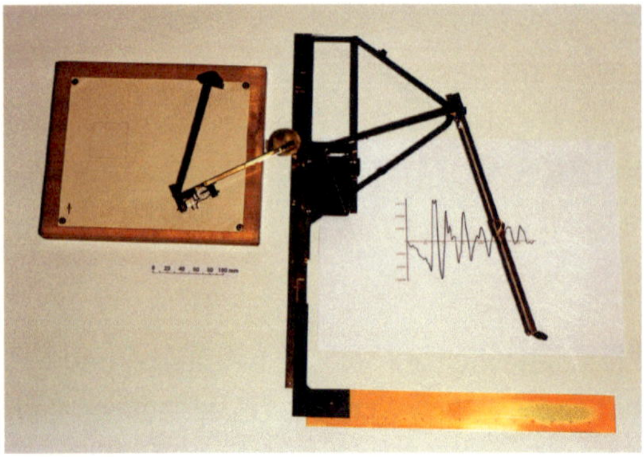

Dieses Bild zeigt die Gesamtanordnung mit einer Zeitfunktion aus der Phonetik (Vokal a) als Beispiel. Der zu analysierende Kurvenzug mit der Periodenlänge p wird mit einem Fahrstift abgetastet, sein Fahrweg über einen Winkelhebel auf eine Zahnstange übertragen, von deren Auslenkung ein Zahnrad gedreht wird. Der Abstand des Fahrstiftes vom Gelenk des Winkelhebels ist identisch mit der Periodenlänge p, die einer Umdrehung des Zahnrades entspricht. Damit wird mechanisch die Multiplikation des zu analysierenden Kurvenzuges mit sin ωt nachgebildet. Um die FOURIERkoeffizienten zu bestimmen, muss anschließend das Integral über eine Periode gebildet werden. Diese Integration erfolgt mechanisch mit dem links abgebildeten Polarplanimeter, an dessen Reibrad mit Zählwerk der Flächeninhalt (d. h. das Flächenintegral) des vollständig umfahrenen Kurvenzuges abgelesen wird. Dieser Zahlenwert ist dann der (erste) FOURIERkoeffizient. Die FOURIERkoeffizienten höherer Ordnung lassen sich mit jeweils kleiner werdenden Zahlrädern ermitteln. Das Gerät besitzt Zahnräder bis zur 9. Ordnung.

Das abgebildete Gerät wurde von O. MADER 1909 beschrieben und industriell von Gebr. Störzl, München gefertigt.

Lit.: Mader, O.: Ein einfacher harmonischer Analysator beliebiger Basis. Elektrotechnische Zeitschrift (1909), H. 39, Sonderdruck, S. 1–5. Willers, A.: Mathematische Maschinen und Instrumente. Berlin: Akademie-Verlag, 1951, S. 194–201. Mehnert, D.; Hoffmann, R.: Schallerzeugung, Schallaufzeichnung und Schallanalyse mit historischen phonetischen Instrumenten. Studientexte zur Sprachkommunikation 29. Dresden: w. e. b. Universitätsverlag, 2003, S. 77–91.

3 – 1.1 Detail: Ableseeinheit vom Polarplanimeter zum harmonischen Analysator.

2 – 1.1 | B | 30031-002

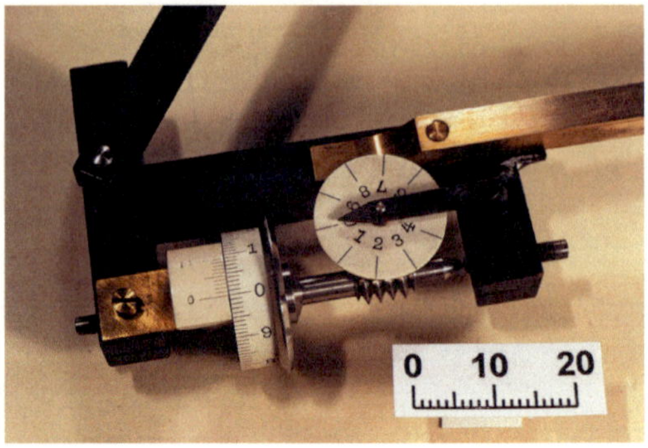

Das Reibrad mit keilförmiger Schneide rollt über das Papier, es dreht sich auch dann, wenn seine Achse schräg zur Rollrichtung orientiert ist, dann allerdings langsamer. Die Ablesung des Integralwertes ist auf vier Stellen möglich, am rechten Rand liest man die Tausender, am Reibradzylinder die Hunderter und Zehner, am Nonius die Einer.

3 – 1.2 Detail: Zahnrad mit Planimeterstift vom Harmonischen Analysator

2 - 1.2 | B | 30031-003

Zahnstange und Zahnrad für die zweite Harmonische mit eingesetztem Planimeterstift in der Bohrung S (entspricht der Berechnung des FOURIERkoeffizienten für *x(t)* = sin *ωt*). Wird dieser Planimeterstift in die Bohrung C, d. h. um 90° weitergedreht, eingesetzt, dann lässt sich der zweite FOURIERkoeffizient (entsprechend *x(t)* = cos *ωt*) bestimmen.

3 – 1.3 Mechanischer harmonischer Analysator nach MADER

2 - 1.3 | B | 30031-001

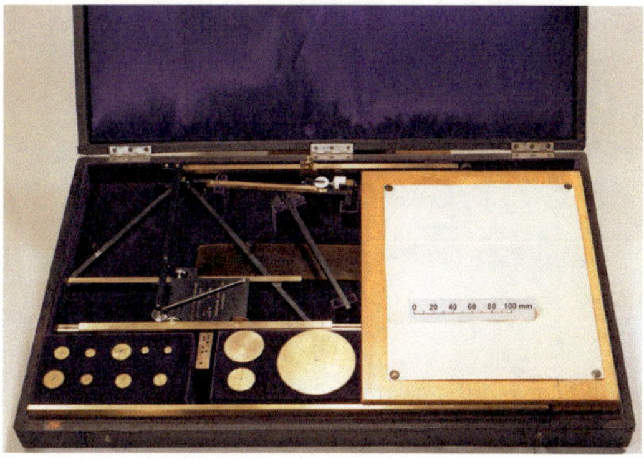

Das zerlegte Gerät befindet sich in einem ausgepolsterten Transportkasten, der für alle Bestandteile vorgeformte Fächer hat.

Es gibt neun Zahnräder, damit ist es möglich, von periodischen Funktionen die FOURIERkoeffizienten von der ersten bis zur neunten Harmonischen zu analysieren. Das größte hat 240 Zähne. Die folgenden kleineren haben ganzzahlige Teile der Zähnezahl des größten, d. h. 120 (für die 2. Harmonische), 80 (für die 3. Harmonische) usw. bis 30 Zähne (für die 8. Harmonische).

Zwei zusätzliche Zahnräder müssen zwischengeschaltet werden, um die 7. und 9. Harmonische ermitteln zu können (weil 240 nur durch 2, 3, 4, 5, 6 und 8 teilbar ist).

Am oberen Rand des Kastens erkennt man das Polarplanimeter.

3 – 2 Harmonischer Analysator nach MADER

Ausführung mit 35 Zahnrädern

Firma Gebrüder Störzl, München, 1910

2 - 10 | H | 30300-000

2 - 2 | B | 30032-000

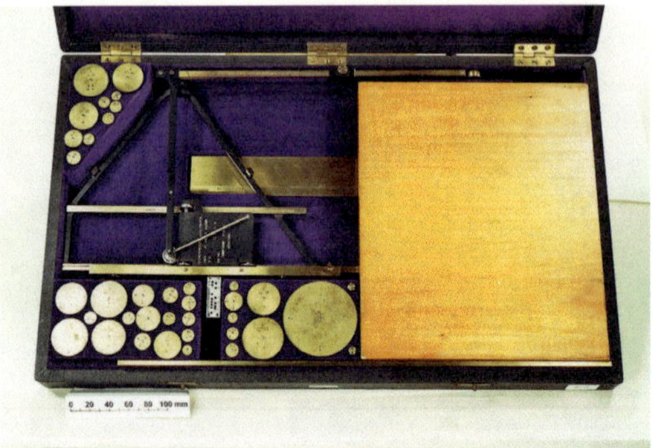

Das hier gezeigte Gerät unterscheidet sich von jenem, das unter 3 - 1 beschrieben ist dadurch, dass es damit möglich ist, eine höhere Anzahl von FOURIERkoeffizienten zu ermitteln.

Dazu ist eine größere Anzahl von Zahnrädern verfügbar, außerdem werden in der Regel Kombinationen aus mehreren Zahnrädern und Verbundzahnrädern eingesetzt.

Prinzipiell gibt es zwei Gruppen von Zahnrädern, die sich im Modul unterscheiden.

Lit.: Mader, O.: Ein einfacher harmonischer Analysator beliebiger Basis. Elektrotechnische Zeitschrift (1909), H. 39, Sonderdruck, S. 1–5. Willers, A.: Harmonische Analysatoren und Stieltjes-Planimeter. In: Mathematische Maschinen und Instrumente. Berlin: Akademie-Verlag, 1951, S. 194–201. Mehnert, D.; Hoffmann, R.: Schallerzeugung, Schallaufzeichnung und Schallanalyse mit historischen phonetischen Instrumenten. Studientexte zur Sprachkommunikation 29. Dresden: w. e. b. Universitätsverlag, 2003, S. 77–91.

3 – 2.1 Detail: Zahnstange mit aufgesetztem Zahnradpaar

2 - 2.1 | B | 30032-001

Für die Analyse von Kurvenverläufen im Bereich oberhalb der 9. Harmonischen sind andere Kombinationen von Zahnrädern oder sogar Verbundzahnräder erforderlich.

Im gezeigten Beispiel sind jene Zahnräder aufgesetzt, die für die Analyse der 23. Harmonischen notwendig sind.

3 – 3 Polarplanimeter mit Nadelpol zum Analysator nach MADER (1910)

2 - 3 | B | 30033-000

2 - 4 | B | 30034-000; 2 - 11| H | 30301-000, 30302-000, 30394-000

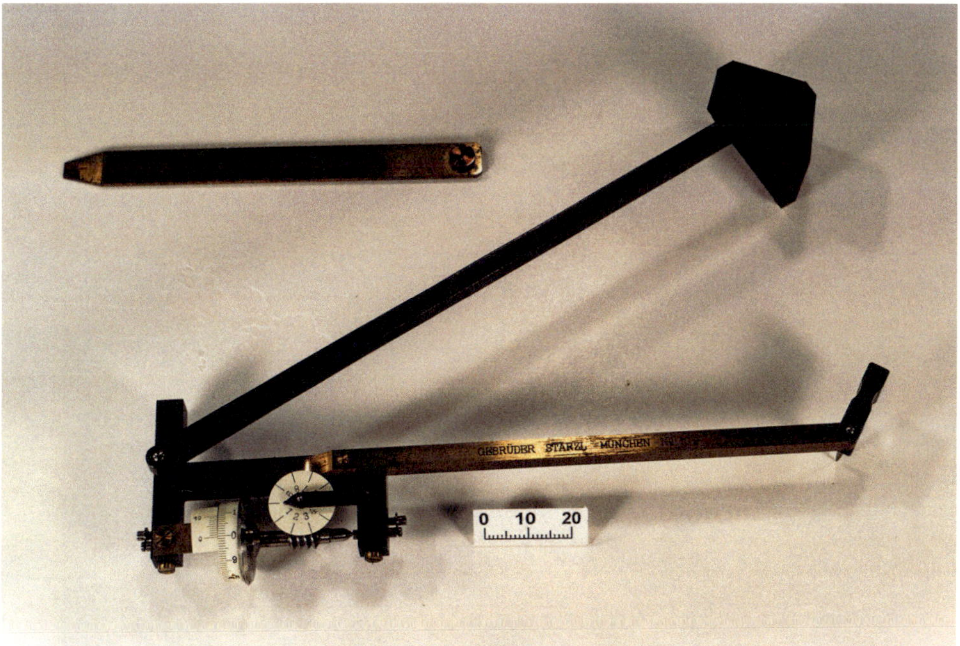

Dieses Instrument dient zur Ausmessung von unregelmäßig geformten Flächen, es besteht aus zwei beweglichen Teilen.

Die Bewegung des Fahrstiftes, den man auf der Begrenzungslinie dieser Flächen entlangfährt, wird auf ein Messrad übertragen, an dessen Skalen der Flächeninhalt abgelesen werden kann.

Auf diese Weise kann man z. B. die Größe der Zungenberührungsfläche im Palatogramm ausmessen.

Planimeter dienen zur grafischen Ermittlung von unregelmäßig geformten Flächen. Der Pol-Arm (oben) ist an einem Ende drehbar gelagert. Mit einem Fahrstift, am rechten Ende des Fahrarms, fährt man auf der Begrenzungslinie der Fläche entlang. Die Bewegung dieses Fahrstiftes wird auf ein Reibrad übertragen, an dessen drei Skalen der Flächeninhalt abgelesen werden kann.

Ein derartiges Polarplanimeter ist Bestandteil des harmonischen Analysators n. MADER (3 – 1), es wird auch eingesetzt zur Auswertung von Palatogrammen (vgl. 5 - 5.1).

Lit.: Willers, A.: Polarplanimeter. In: Mathematische Maschinen und Instrumente. Berlin: Akademie-Verlag, 1951, S. 138 – 146,

3 – 4 Messprojektor zur Kurvenauswertung und Messschieber

1.2 - 23 | Ch | 30026-000

1.2 - 24 | Ch | 30027-000

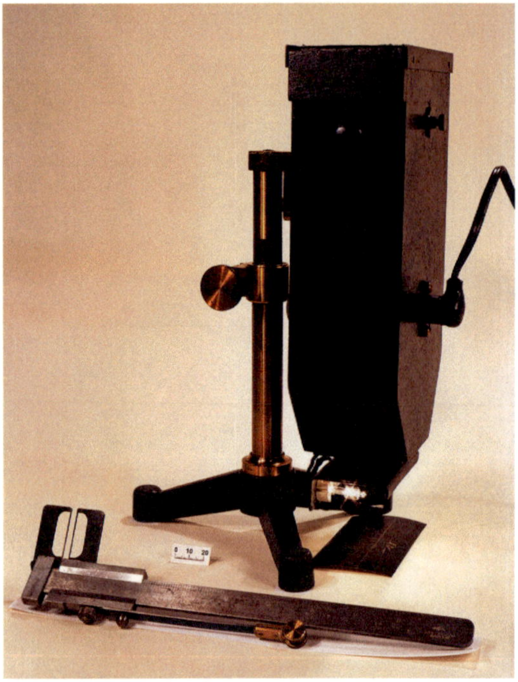

Optisches Vergrößerungsgerät zur genauen mechanischen Ausmessung von kymographischen Aufzeichnungen.

Die auszumessende Rußkurve liegt unter dem Objektiv und wird von zwei seitlich angebrachten Niedervolt-Lampen beleuchtet.

Das achtfach vergrößerte Bild wird auf der Mattscheibe des Messprojektors abgebildet und dort mit dem Messschieber, einer speziellen mit zwei Schneiden versehenen Schiebelehre mit Nonius, ausgemessen.

Im folgenden Bild ist oben die Mattscheibe (55 mm x 125 mm) und außerdem das Stativ mit dem Feintrieb zum Scharfeinstellen zu sehen.

Lit.: Wethlo, F.: Phonetische Tonhöhenmessungen mittels Schablonen. Archiv Ohr- usw. Heilkunde und Zahn-, Hals- usw. Heilkunde, 165 (1954), S. 163–167. Fröschels, E.; Hajek, L.; Weiss, D.: Auswertung von Sprech- und Singkurven. In: Abderhalden, E. (Hrsg.): Handbuch der biolog. Arbeitsmethoden: Abt. V, Teil 7 (2. Hälfte). Berlin, Wien: Urban & Schwarzenberg, 1937, S. 1494.

3 – 4.1 Messprojektor Draufsicht

1.2 - 23.1 | Ch | 30026-001

Die Mattscheibe hat die Abmessungen 55 mm x 125 mm.

3–5 Linienzeichner

1.2 - 7 | B | 30013-000

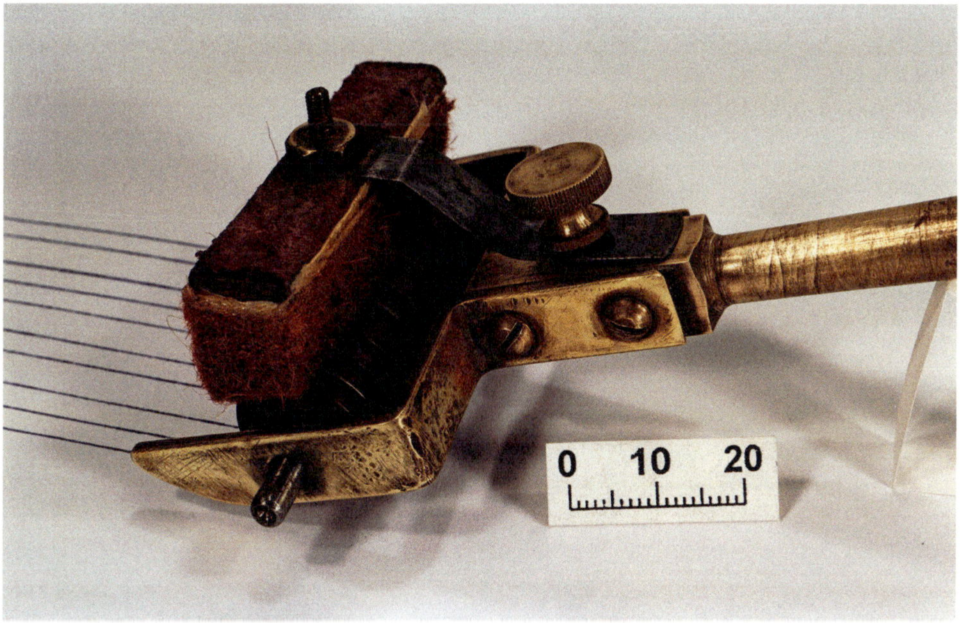

Diese Druckwalze dient zum kontinuierlichen Vorzeichnen von parallelen Linien, deren Abstände einer Skala von Halbtonschritten entsprechen. Damit sind musikalische Tonstufungen für die Auswertung von kymographischen Tonhöhenaufzeichnungen möglich.

Der Schaumgummikörper ist mit farbiger Tinte getränkt.

Lit.: Wethlo, F.: Vereinfachte phonetische Tonhöhenmessung. In.: Zeitschrift für Phonetik 4 (1950), H. 1/2, S. 123–126. Wethlo, F.: Phonetische Tonhöhenmessung mittels Schablonen. Archiv Ohr- usw. Heilkunde und Zahn-, Hals- usw. Heilkunde, 165 (1954), Seite 163–167.

3 – 6 Kurvenkorrektor nach PANCONCELLI-CALZIA/SCHNEIDER

C. Schneider, Hamburg 1911

2 - 13 | H | 30138-000

Die Aufzeichnungen von Schwingungsvorgängen auf einer Kymographen-Trommel mit akustisch-mechanischen Wandlern sind konstruktionsbedingt immer bogenförmig.

Die Schreibspitze am Ende des Zeigers bewegt sich auf einem Kreisbogen, dessen Mittelpunkt das Hebellager ist. Bei kleinen Zeigerlauslenkungen ist der dadurch verursachte Unterschied zwischen den Maximalamplituden eines Kreisbogens und der ihm entsprechenden Geraden (Sekante) gering.

Er wird bei der Auswertung vernachlässigt. In bestimmten Anwendungsfällen sind die aufgezeichneten Amplituden jedoch groß, z. B. bei der Registrierung von Atembewegungen.

Mit Hilfe des abgebildeten Kurvenkorrektors können die bogenförmigen Aufzeichnungen entzerrt werden. Eine Abtastspitze (wie im Bild erkennbar, mit einem kleinen schwarzen Griff versehen) wird mit der Hand über die aufgezeichnete Kymographenkurve geführt. Dazu dient das im Bild erkennbare Schubkurbel-Getriebe: Zwei senkrecht zueinander angeordnete Gleitschlitten auf Rundstäben sind über einen Hebelarm (mit verstellbarer Länge) so miteinander verkoppelt, dass die bogenförmige Bewegungen der Abtastspitzen in lineare Bewegungen des Schreibstiftes umgeformt werden.

Der dünne Bleistift (im Bild hinten) lässt sich mit einem aufgesteckten zylindrischen Massestück beschweren, um deutlichere Aufzeichnungen zu erhalten.

Lit.: Wethlo, F.: Die Ausmessung Mareyscher Kurven und ihre mechanische Korrektur. Med.-pädagog. Monatszeitschrift für die gesamte Sprachheilkunde (1911), Sonderdruck, S. 1–7.

3 – 7 Synchronisator nach PANCONCELLI-CALZIA

C. Schneider, Hamburg, 1911

2 - 14 | H | 30139-000

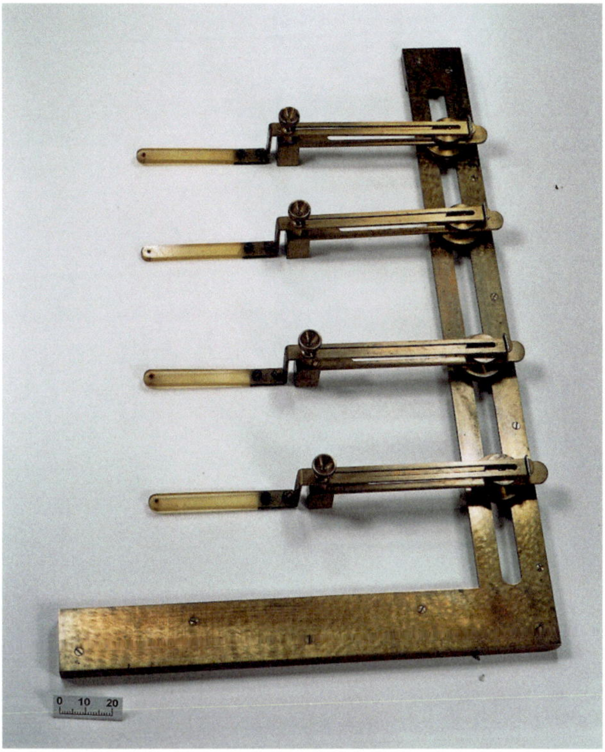

Bei kymographischen Aufzeichnungen lassen sich die Zeitfunktionen von mehreren Wandlern zeitgleich registrieren, um funktionelle Zusammenhänge der beobachteten physiologischen und akustisch-phonetischen Vorgänge zu untersuchen.

Beispielsweise wurden von einer Versuchsperson die Zeitfunktionen der Brustatmung, der Bauchatmung, des erzeugten Stimmtones und einer Normalfrequenz als Zeitmaßstab aufgezeichnet.

Bei derartigen Untersuchungen interessiert vor allem die korrekte zeitliche Zuordnung der einzelnen Vorgänge.

Die bei der Aufzeichnung eingesetzten Wandler sind am Experimentierstativ übereinander und in unterschiedlicher Lage befestigt. Außerdem unterscheiden sich die Wandler in ihrem konstruktiven Aufbau, z. B. hinsichtlich der Schreibhebellänge und des Abstandes des Hebellagers von der vertikalen Bezugslinie.

Zur genauen Auswertung derartiger Kurvenscharen muss zunächst der Startpunkt jeder einzelnen Aufzeichnung gekennzeichnet werden, um für den gesamten darauf folgenden Zeitverlauf korrekte Zuordnungen der verschiedenen Ereignisse zu finden.

Das abgebildete Gerät erlaubt es außerdem, vier derartige Kurven auszuwerten. Dazu werden die links erkennbaren Abtastspitzen am Ende der durchsichtigen Kunststoffstreifen auf den Startpunkt ($t = 0$) der jeweiligen Kymographenkurve eingestellt. Die linken Rändelschrauben erlauben es, die geschlitzten Blechstreifen so einzustellen, dass sie mit der Schreibhebellänge des zugeordneten Wandlers übereinstimmen. Mit den rechten Rändelmuttern lassen sich die Abstände der zugeordneten Schreibhebelspitzen von der Stativachse nachbilden. Auf diese Weise können alle vier Zeitfunktionen eines Kymogramms synchronisiert werden.

Der stabile Führungswinkel wird dazu parallel zu der unteren Papierkante bewegt.

3 – 8 Proportions-Messwinkel nach FÜRSTENBERG

C. Schneider, Hamburg

2 - 15 | H | 30214-000

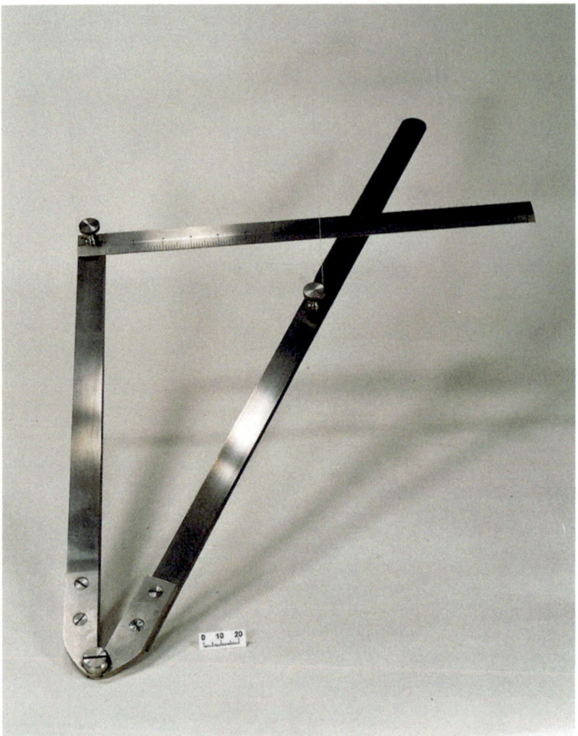

Das Gerät dient als Hilfsmittel zur Ermittlung der relativen Lautdauern aus kymographischen Aufzeichnungen von Lautelementen innerhalb von Wörtern oder Sätzen.

Zwei Metallschenkel sind um einen Scheitelpunkt (im Bild unten) drehbar gelagert. Am linken Schenkel ist ein Metallstreifen mit Maßstab so befestigt, dass er mit dem linken Schenkel einen rechten Winkel bildet. Der Winkel zwischen den beiden Schenkeln lässt sich so einstellen, dass auf dem (waagerechten) Maßstab beispielsweise eine Zahl gewählt werden kann, die der Anzahl der Phoneme im jeweils zu untersuchenden Lautbeispiel entspricht.

Das Kymogramm mit diesem Lautbeispiel wird nun so unter den Messwinkel gelegt, dass seine Abszisse parallel zum Maßstab liegt und außerdem die Länge des Lautbeispiels genau zwischen die Innenkanten der beiden Metallschenkel passt.

Durch einfache Subtraktionen der am Maßstab abgelesenen Zahlenwerte können die Längen der einzelnen Phoneme innerhalb des Lautbeispiels ermittelt werden. Aus diesen so ermittelten Längen lassen sich die relativen Lautdauern ermitteln.

Kymogramme haben meist unterschiedliche Zeitachsen-Längen, will die Umdrehungsgeschwindigkeiten der Aufzeichnungstrommel vom Experimentator frei gewählt werden können (je nach der Dauer des aufgezeichneten Lautbeispiels). Um derartige Aufzeichnungen so auszuwerten, dass die gemessenen Lautdauern vergleichbar werden, ist das beschriebene Hilfsgerät ein nützliches und zeitsparendes Mittel.

Lit.: Fürstenberg, A.: Zur Methode der relativen Lautdauermessungen. VOX (1929), H. 1, S. 2–4. Heinitz, W.: Die Bewertung der Dauer in phonetischen Aufnahmen. VOX (1921), H. 4, S. 153.

3–9 Proportionszirkel nach SCHNEIDER

Phonet. Laboratorium Universität Hamburg, um 1919

2 - 24 | H | 30146-000

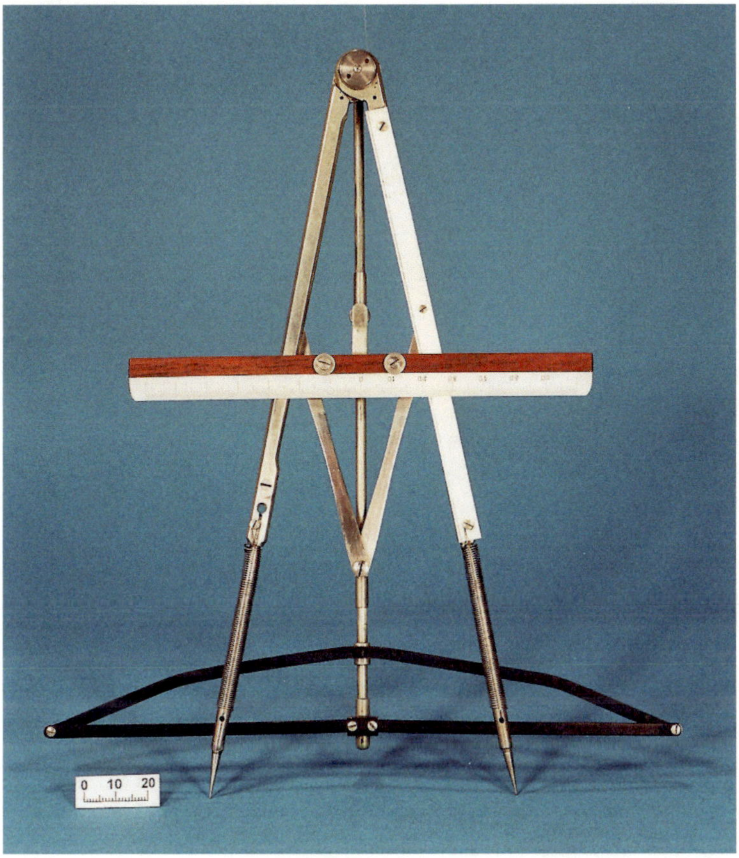

Für die möglichst genaue Ausmessung von Kymogrammen mit Zeitfunktionen von Schallvorgängen benötigt man ein Hilfsmittel, mit dem der ebenfalls auf jedem Kymogramm aufgezeichnete Zeitmaßstab so übertragen werden konnte, dass durch einfache Proportionsbeziehungen beliebige Zeitdifferenzen abgelesen werden konnten.

Der hier gezeigte Proportionszirkel trägt auf einem dritten mittleren Arm einen verschiebbaren horizontalen Maßstab mit Millimetereinteilung. Man stellt die beiden Zirkelspitzen auf die Endpunkte der zu unterteilenden Strecke ein. Danach verschiebt man auf dem dritten Schenkel den beweglichen Quermaßstab soweit, dass zwischen den beiden Messschenkeln eine gut unterteilbare Anzahl von Millimetern (z.B. 20 oder 30 mm) liegt. Diese Stellung des Maßstabes wird arretiert.

Greift man jetzt mit den Zirkelspitzen eine beliebige kürzere Strecke ab, so kann man direkt am Quermaßstab ablesen, in welchem Verhältnis die abgegriffene Strecke zur ursprünglichen steht.

Lit.: Schneider, C.: Proportionszirkel für Zeitmessung unabhängig von der jeweiligen Mantelgeschwindigkeit des Kymographions. VOX (1920), H. 2/3, S. 30–31. Panconcelli-Calzia, G.: Die Phonoposoto- und Phonotopometrie – ein Einheitsmaß für die Bestimmung der Stimmhaftigkeit auf rechnerischem Wege oder durch den Proportionszirkel nach Schneider. VOX (1919), H. 1/2, S. 18–26.

3 – 10 Messtisch nach LIORET

Fa. Henri Lioret, Paris, 1913

2 - 23 | H | 30145-000

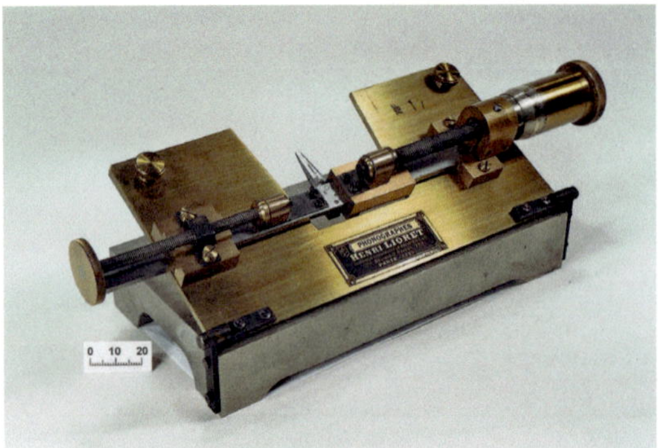

Aus der Periodendauer, d. h. aus dem zeitlichen Abstand zwischen zwei benachbarten Maxima bzw. Minima einer auf Rußpapier aufgezeichneten, quasiperiodischen Zeitfunktion lässt sich bei bekannter Papiervorschub-Geschwindigkeit die Frequenz $f = 1/T$ (T = Periodendauer) ermitteln.

Der Messtisch nach LIORET ist für genaue Messungen der Abstände zwischen den Maxima bzw. Minima einer kymographischen Aufzeichnung bestimmt.

Das Gerät besteht aus einer massiven Grundplatte und einer darauf befestigten schwenkbaren Platte, auf der die Messeinrichtung befestigt ist. Das Kymogramm wird zur Auswertung zwischen beide Platten gelegt (siehe 3 - 10.1).

Zwei Stahlspitzen sind mit Spindelschrauben horizontal verstellbar angeordnet. Mit der Einstellung der linken Schraube lässt sich der Anfangspunkt der Messung wählen. Der Abstand zwischen linker und rechter Spitze lässt sich mit einer Mikrometerteilung auf ± 0,01 mm genau ablesen.

Lit.: Panconcelli-Calzia, G.: Das Hamburger experimentalphonetische Praktikum. Hamburg: O. Meissner, 1922, S. 49.

3 – 10.1 Messtisch nach LIORET geschlossen

2 - 23.1 | H | 30145-001

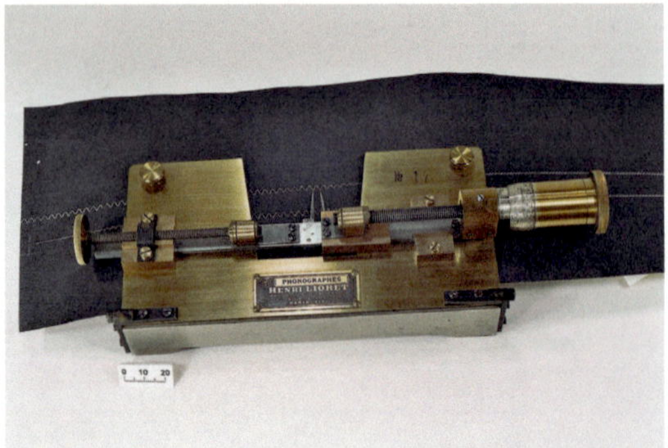

In dieser Abbildung ist in den nun geschlossenen Messtisch ein Kymogramm zur Ausmessung eingelegt.

Das Originalgerät ist für das Praktikum im Phonetischen Laboratorium der Universität Hamburg in mehrfacher Ausfertigung nachgebaut worden. Von diesen Repliken sind 9 Stück in der Sammlung vorhanden:

2 - 23.1 | H | 30409-000 bis

2 - 23.1 | H | 30417-000

3 – 11 Koordinaten-Messtisch

Fa. Zimmermann, Leipzig u. Berlin

2 - 26 | H | 30148-000

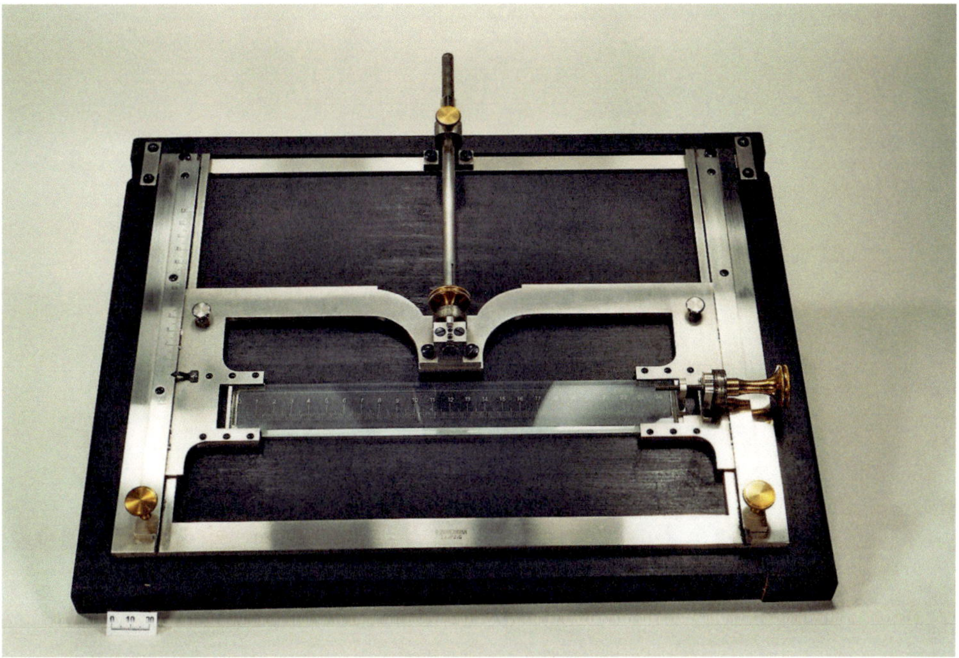

Aus dem zeitlichen Abstand zwischen zwei benachbarten Maxima bzw. Minima einer auf Rußpapier aufgezeichneten quasiperiodischen Zeitfunktion lässt sich die Periodendauer bei bekannter Papiervorschub-Geschwindigkeit die Frequenz $f = 1/T$ (T = Periodendauer) ermitteln.

Der Koordinaten-Messtisch ist für genaue Messungen der Abstände zwischen den Maxima bzw. Minima der Abstände einer kymographischen Aufzeichnung bestimmt.

In einem stabilen Stahlrahmen ist ein Messschlitten mit Glaslineal in Ordinatenrichtung verschiebbar angeordnet. Der Glasmaßstab kann mit der rechts erkennbaren Mikrometerschraube mit 0,01 mm Teilung in Abzissenrichtung bewegt werden.

An dem mittleren Rundstab befindet sich eine weitere Mikrometerschraube, mit der eine Feineinstellung in Ordinatenrichtung auf ± 0,01 mm möglich ist.

Das auszumessende Kymogramm wird unter den aufklappbaren Stahlrahmen gelegt und parallel zum Glasmaßstab ausgerichtet. Die Teilung des Glasmaßstabes ist an dessen Unterseite angebracht, dadurch wird eine parallaxenfreie Ablesung sichergestellt.

Lit.: Zimmermann, E.: Wissenschaftliche Apparate. Leipzig, Berlin 1928, S. 299.

3 – 12 Messtisch nach DIEL

2 - 18 | H | 30142-000

Die Messung von Frequenzen war eine der zentralen Aufgaben bei der Auswertung von Kymogrammen. Aus der Periodendauer, d. h. dem zeitlichen Abstand zwischen zwei benachbarten Maxima oder Minima einer auf Rußpapier aufgezeichneten quasi-periodischen Zeitfunktion lässt sich bei bekannter Papiervorschub-Geschwindigkeit die Frequenz $f = 1/T$ (T= Periodendauer) ermitteln.

Den Experimentalphonetiker interessieren bei der Wahrnehmung des kontinuierlichen Sprachsignals sowohl der Verlauf der Stimmton-Grundfrequenz als auch kleinste Änderungen dieser Frequenz innerhalb von Zeitabschnitten von nur wenigen Periodendauern.

Aus diesem Grund war es unumgänglich, möglichst präzise derartige Frequenzunterschiede, d. h., Unterschiede der Periodendauer zu messen.

Zur Auswertung der kymographischen Aufzeichnungen wurden u. a. Messmikroskope eingesetzt.

Der hier gezeigte Messtisch besteht aus einem Kreuztisch mit dem Kymogramm-Ausschnitt und dem darüber angebrachten Mikroskop mit einem Okular-Schraubenmikrometer (Messokular).

In der Bildebene des Messokulars befindet sich eine kleine Glasplatte mit eingeätzter Intervalleinteilung (z. B. mit 0,1 mm Abständen). Mit diesem Messokular misst man nicht das Objekt selbst, sondern das von ihm in der Okularebene entworfene Bild.

Mit der gezeigten Anordnung ist es möglich, Längen im Bereich von 0,01 mm sicher ablesen zu können. Daraus folgt, dass man beispielsweise die Stimmton-Grundfrequenz von 200 Hz mit einer Messunsicherheit von ±1 Hz messen kann.

Lit.: Fröschels, E.; Hajek, L.; Weiss, D.: Auswertung von Sprech- und Singstimmen. In: Abderhalden, E. (Hrsg.): Handbuch der biolog. Arbeitsmethoden: Abt. V, Teil 7 (2. Hälfte). Berlin, Wien: Urban & Schwarzenberg, 1937, S. 1492–1494.

3 – 13 Messtisch nach GUTZMANN

Fa. Julius Ganske, Berlin-Zehlendorf, 1918

2 - 19 | H | 30143-000

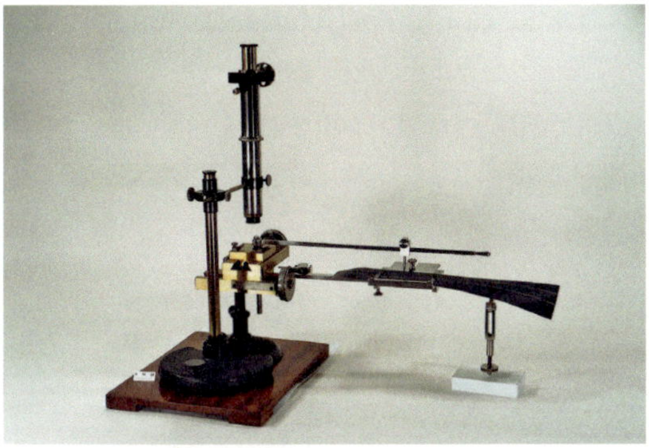

Die Aufzeichnungen von Schwingungsvorgängen auf dem Papier einer Kymographen-Trommel mit akustisch-mechanischen Wandlern sind konstruktionsbedingt immer bogenförmig.

Die Schreibspitze am Ende des Zeigers vom Wandler bewegt sich auf einem Kreisbogen, dessen Mittelpunkt das Hebellager ist. Diese mängelbehaftete bogenförmige Aufzeichnung ist bei kleinen Zeigerauslenkungen vernachlässigbar.

Bei Aufzeichnungen von Schwingungsvorgängen mit großen Amplituden muss man aus dem Kymogramm die Zeigerlänge bestimmen können. Dann ist es möglich, die Abstände der Kurven-Maxima bzw. Kurven-Minima korrekt zu ermitteln.

Der hier gezeigte Messtisch wird an dem Kreuztisch eines Mikroskopes angesetzt. Hier handelt es sich um den Messtisch nach DIEHL (vgl. 3 – 12). Der Hebelarm mit einer Abtastspitze lässt um den am Kreuztisch befestigten Lagerstift schwenken. Zunächst findet man die Hebellänge (= Abstand der Abtastspitze vom Lagerstift) aus dem Radius einer bogenförmigen Aufzeichnung bei stillstehender Kymographen-Trommel. Nur mit der Abzissenteilung des Kreuztisches vom Mikroskop erfolgt anschließend die Messung der Abstände zwischen den aufgezeichneten Maxima bzw. Minima.

Lit.: Gutzmann, H.: Aus der Praxis der experimentellen Phonetik. VOX (1913), S. 33–40. Ganske, J.: Firmen-Katalog 1918, S. 12.

3 – 13.1 Detail: Kreuztisch und angeschraubter Messtisch

2 - 19.1 | H | 30143-001

Die rechts im Bild erkennbare Tastspitze befindet sich an einer verschiebbaren und mit einer Rändelschraube feststellbaren Klemmvorrichtung.

Der Abstand dieser Tastspitze vom Hebellager (links im Bild auf der Platte des Kreuztisches) soll übereinstimmen mit derjenigen Hebellänge, die bei der kymographischen Aufzeichnung benutzt worden ist. Man findet diese Hebellänge aus dem Radius einer bogenförmigen Aufzeichnung bei stillstehender Kymographen-Trommel. Die eingravierte Längenskala auf dem kantigen Führungsstab erlaubt die Ablesung des genannten Radius in cm.

Die Lage des Kreuztisches lässt sich mit den beiden Stellschrauben verändern. Die Skalenteilungen an den Stellrädern erlauben Ablese-Unsicherheiten in der Größenordnung von 0,005 mm.

Es sind somit auch Messungen von Periodenlängen im Kymogramm möglich.

3 – 14 Tonhöhen-Schablone nach SCHNEIDER

2 - 16 | H | 30140-000

2 - 17 | H | 30566-000, 30567-000, 30569-000, 30570-000

In der experimentellen Phonetik spielt die Messung der Tonhöhe und des Tonhöhenverlaufes von Sprachsignalen eine wesentliche Rolle.

Aus den aufgezeichneten Kymogrammen lassen sich durch Auszählung der Schwingungen deren Frequenzen messen. Die exakte Zuordnung dieser gemessenen Frequenzen zu den musikalischen Tonhöhenstufungen ist zur empfindungsrichtigen Beurteilung erforderlich.

Das WEBER-FECHNERsche Gesetz besagt: Die Empfindungsstärke ist proportional dem Quotienten aus den physikalisch gemessenen Reizstärken.

Die hier gezeigte Schablone dient dazu, eine diatonische Skala in Halbtonschritten zu zeichnen. Die in zwei Scharnieren schwenkbar angeordnete Metallklappe hat Markierungsstifte, deren Abstände in der Halbton-Schrittfolge angeordnet sind. Das zu markierende Papier legt man darunter und drückt die Metallklappe kurzzeitig darauf.

Lit.: Schneider, C.: Beschreibung eines konstruktiv veränderten und erweiterten Tonhöhen-Messapparates nach E. A. Meyer u. eines Tonhöhen-Spitzen-Markierapparates. VOX (1913), H. 4, S. 193–201. Wethlo, F.: Vereinfachte Phonetische Tonhöhenmessung. Zeitschrift für Phonetik 4 (1950), H. 1–2, S. 123–126. Wethlo, F.: Phonetische Tonhöhenmessung mittels Schablonen. Archiv Ohr- usw. Heilkunde und Zahn-, Hals- usw. Heilkunde, 165 (1954).

3 – 14.1 Tonhöhen-Schablone nach SCHNEIDER, geöffnet

2 - 16.1 | H | 30140-001

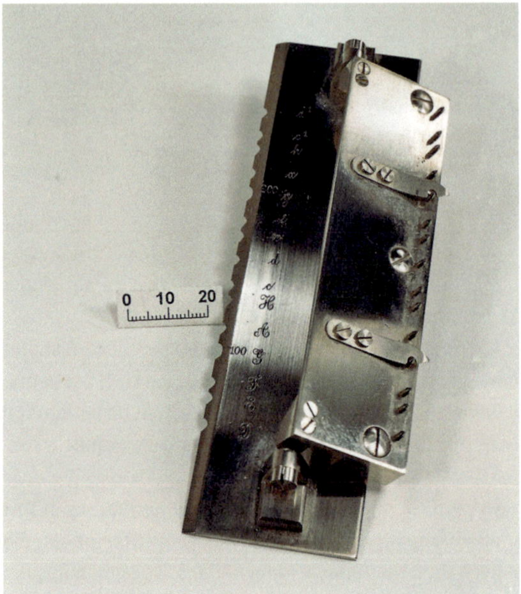

Für die Auswertung und Interpretation von Tonhöhenverläufen, die mit dem Tonhöhen-Messgerät von E. A. MEYER (3 - 16) gewonnen wurden, benutzte man die hier gezeigte Schablone.

Wenn man die Klappe mit den Markierungsstiften öffnet, kann man an der sichtbaren Halbtonskala die Zuordnung zu den entsprechenden Frequenzen ablesen.

Die Teilung der Halbtonskala ist an die Schablone des Tonhöhen-Messgerätes nach E. A. MEYER angepasst.

3 – 15 Tonhöhen-Schablone nach SCHNEIDER

2 - 17 | H | 30141-000, 30565-000, 30568-000

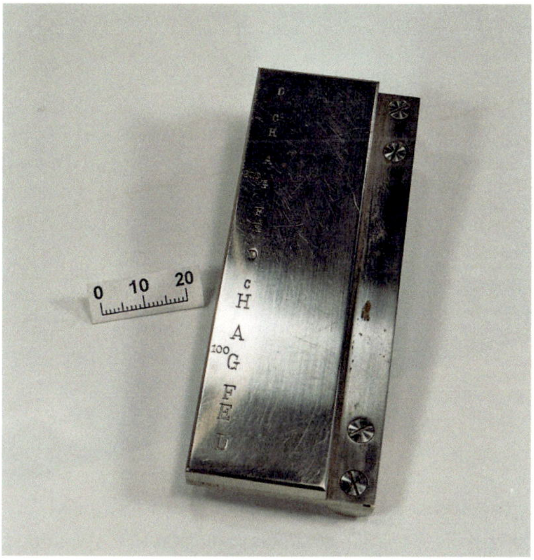

Das Gerät ist einfacher aufgebaut als das unter 3 - 14 beschriebene und leichter handhabbar.

Lit.: Schneider, C.: Beschreibung eines konstruktiv veränderten und erweiterten Tonhöhen-Messapparates nach E. A. Meyer und eines Tonhöhen-Spitzen-Markierapparates. VOX (1913), H. 4, S. 193–201. Wethlo, F.: Vereinfachte phonetische Tonhöhenmessung. Zeitschrift für Phonetik 4 (1950), H. 1–2, S. 123–126. Wethlo, F.: Phonetische Tonhöhenmessung mittels Schablonen, Phonetische Tonhöhenmessung mittels Schablonen. Archiv Ohr- usw. Heilkunde und Zahn-, Hals- usw. Heilkunde, 165 (1954). Stilke, A.: Theorie des Tonhöhen-Meßapparates nach E. A. Meyer und C. Schneider. VOX (1913), H. 3, S. 152–163.

3 – 15.1 Tonhöhen-Schablone nach C. SCHNEIDER (Ansicht von unten)

2 - 17.1 | H | 30141-001

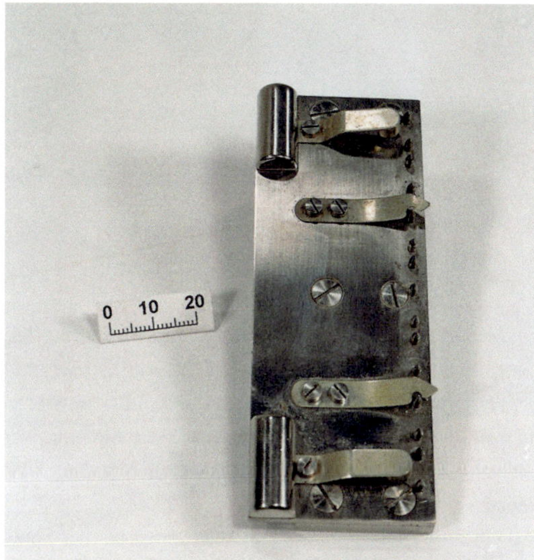

Das hier gezeigte Gerät ist nicht aufklappbar.

3-16 Tonhöhen-Messapparat nach E. A. MEYER (1911)

2 - 28 | H | 30149-000

2 - 29| H | 30305-000

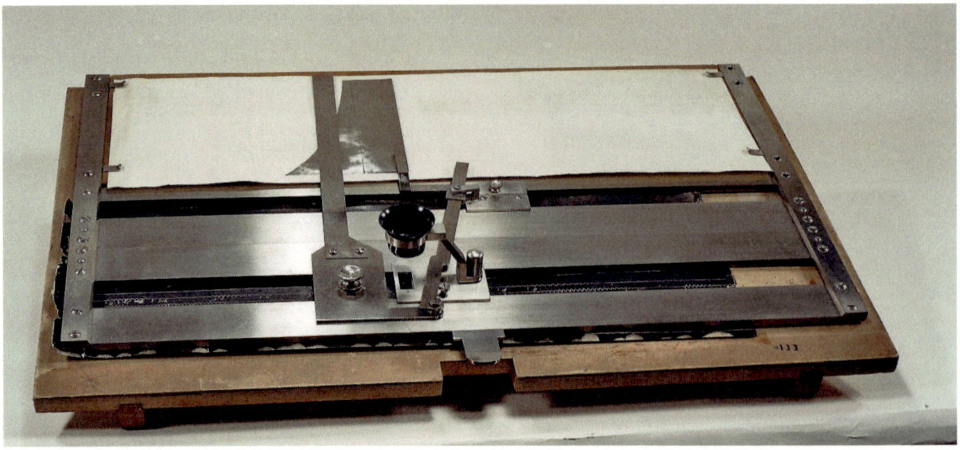

Zur Ermittlung der Grundfrequenz eines stimmhaften Sprachsignalabschnittes wurde zunächst ein Kymogramm der Zeitfunktion auf Rußpapier geschrieben. Die Frequenzmessung wird damit zurückgeführt auf eine Messung der Periodendauer, d. h. im Kymogramm auf die Messung einer Periodenlänge.

Da interessierende Tonhöhen-Änderungen bei der Sprache innerhalb kürzester Zeitintervalle stattfinden, ist man darauf angewiesen, jede einzelne Periodenlänge zu messen. Zunächst wurden derartige Längenmessungen mit Messschiebern (3 – 4), bzw. mit Präzisionsmessschrauben (3 - 10) und verschiedentlich auch mit mikroskopischer Vergrößerung (3 - 12) vorgenommen. Bei bekanntem Zeitmaßstab (z. B. von der gleichzeitig von einer Stimmgabel mit 100 Hz aufgezeichneten Schwingung) kann aus $f = 1/T$ die gesuchte Frequenz berechnet werden. Derartige Verfahren sind außerordentlich zeitaufwendig.

Zur Rationalisierung derartiger Tonhöhenmessungen wurde von E. A. MEYER das im Bild gezeigte Gerät entwickelt. Es erlaubt eine Ablesung der Periodenlänge im Kymogramm mit der Lupe und eine mechanisch umgerechnete Angabe der Tonhöhe.

Der gesamte Messapparat ist auf einem stabilen Grundbrett montiert. Darauf befinden sich drei leicht verschiebbare Schlitten, die in einem oberen und einem unteren Schienenpaar mit federnd angedrückten Rollen sich waagerecht verschieben lassen. Der linke, untere Linealwagen trägt ein senkrechtes Lineal, das an seiner unteren Platte eine Einteilung für die Größe der Übersetzung hat (s. Bild 3 - 16.1). Dieser Linealwagen ist mit einem Schablonenwagen, der sich zwischen den oberen Führungsschienen bewegen lässt, durch eine (im Bild 3 - 16 schräg nach oben gerichtete) Stange verbunden. Das untere Ende der Stange ist um eine senkrechte Achse drehbar gelagert, die am Linealwagen befestigt ist. Das obere Ende der Stange gleitet in einer Muffe, die ebenfalls um eine senkrechte Achse drehbar gelagert ist. Dadurch werden Bewegungen des Linealwagens auf den oberen Schablonenwagen vergrößert übertragen.

Der obere Wagen trägt an einem waagerechten Lineal eine Metallschablone, deren linke Seite von einer logarithmischen Kurve gebildet wird. Dieser Wagen kann von dem Linealwagen so weit nach rechts rücken, bis die Verbindungsstange durch einen Anschlagstift (s. Bild 3 - 16.1) des unteren Index-Wagens arretiert wird. In diesem Wagen ist eine kleine Glasplatte mit einem vertikalen Index-Strich eingelassen.

Rückt der Index-Wagen nach rechts, so kann infolge der Übersetzung durch die Verbindungsstange der Schablonenwagen diese Bewegung in vergrößertem Maße mitmachen.

Unter den Index-Wagen legt man das auszuwertende Kymogramm, unter die obere Schablone ein Papier zur Aufzeichnung der Kreuzungspunkte. Zur Auswertung wird der Strich des Index-Wagens z. B. auf die erste Maximal-

Amplitude der Zeitfunktion eingestellt und der Linealwagen dicht herangefahren.

Die Maße der beweglichen Elemente sind so gewählt, dass beim Zusammenschieben der beiden unteren Wagen die linke Kante des senkrechten Lineals mit der Asymptote der logarithmischen Kurve am Schablonenwagen zusammenfällt.

Anschließend wird der Index-Wagen um eine Periode weiter nach rechts zur zweiten Maximal-Amplitude gerückt, wobei der Schablonenwagen diese Bewegung wieder im vergrößerten Maßstab mitmacht.

Dadurch schiebt sich die logarithmische Schablonenkurve unter die linke Kante des senkrechten Lineals; man markiert mit einem Stift den Kreuzungspunkt der beiden mit einem senkrechten Strich. Dessen unteres Ende ist der festgestellte Punkt für die Tonhöhe der zuerst gemessene Periodenlänge.

Durch mehrfache Wiederholung der beschriebenen Prozedur erhält man eine Punktfolge (d. h. von den Strich-Enden), die miteinander verbunden, die gesuchte Tonhöhenkurve darstellt.

Das Gerät und das Verfahren waren so effektiv, dass die Auswertung von Tonhöhen-Aufzeichnungen um 80% verkürzt werden konnte gegenüber den bis dahin gebräuchlichen Methoden.

Lit.: Meyer, E. A.: Ein neues Verfahren zur graphischen Bestimmung des musikalischen Akzents. Monatszeitschrift für die gesamte Sprachheilpädagogik (1911), S. 227–243. Stilke, A.: Theorie des Tonhöhen Messapparates nach E. A. Meyer und C. Schneider. VOX (1913), H. 3, S. 152–163. Fröschels, E.; Hajek, L.; Weiss, D.: Untersuchungsmethoden der Stimme und Sprache. In: Abderhalden, E. (Hrsg.): Handbuch der biologischen Arbeitsmethoden. Abt. V, Teil 7 (2. Hälfte). Berlin, Wien: Urban u. Schwarzenberg, 1937, S. 1497–1499. Mehnert, D.: Prosodieforschung zu Beginn des 20. Jahrhunderts – Tonhöhenmess- und Analysierverfahren mit historischen phonetischen Apparaten. Studientexte zur Sprachkommunikation 44. Dresden: TUD press, 2007, S. 28–45.

3 – 16.1 Detail: Linealwagen für die Einstellung des Übersetzungsverhältnisses (5, 7 oder 10)

2 - 28.1 | H | 30149-00

Index-Wagen mit Ableselupe und Schablonenwagen (oben) mit den erkennbaren Hebelgelenken.

3 – 17 Tonhöhen-Messapparat nach E. A. MEYER mit Komparator (1911)

2 - 30 | H | 30264-000

Das hier gezeigte Gerät ist ein Versuchsmuster, das mit zwei Ergänzungen zu dem unter 3 - 16 beschriebenen Apparat versehen worden ist.

Vor der vorderen Führungsschiene der Tonhöhen-Messeinrichtung ist eine 50 cm lange Gewindespindel angebracht. Die Spindel mit 15 cm Durchmesser hat einen Schraubengang mit einer Steigung von 1 mm. Das rechts angebrachte Handrad (mit Kurbel) hat eine Kreisteilung mit 100 Teilstrichen auf dem Umfang.

An die Gewindespindel kann mit einer geeigneten Klaue der verschiebbare Indexwagen angekoppelt werden. Diese Ankopplung ist mit einfachen Handgriffen lösbar, der Indexwagen lässt sich dann an eine andere zu untersuchende Stelle des Kymogrammes verschieben und dort erneut einkoppeln.

Mit dieser Ein- und Auskoppelmöglichkeit können die Periodenlängen des Lautabschnittes in einem Kymogramm auf seiner ganzen Länge in frei wählbaren Zeitabschnitten sehr präzise gemessen werden.

Dank des Feingewindes der Komparatorspindel und der Feinteilung am Umfang des Handrades lassen sich Längendifferenzen auf ± 0,01 mm genau ablesen.

Der beschriebene Ein- und Auskoppelmechanismus fehlt in dem hier gezeigten Versuchsmuster. Jedoch ist er in der unten genannten Literaturstelle skizziert und ausführlich beschrieben worden.

In die vorderste Schiene des Gerätes ist unterhalb der Gewindespindel ein Maßstab graviert. Er diente zur örtlichen Lokalisierung von interessierenden Abschnitten des Lautsignals auf dem jeweils untersuchten Kymogramm.

Das Gerät ist außerdem zusätzlich erweitert worden um eine gespannte Stahlsaite mit einem vom Spindelantrieb verstellbaren Stahlsteg. Die präzise Einstellung dieses Steges erlaubt es, bei bekannter Grundfrequenz der Stahlsaite andere Teiltöne zu erzeugen und deren Frequenz mit geringer Messunsicherheit mittelbar anzugeben.

Die Spannung der Stahlsaite lässt sich mit der links erkennbaren Spannschraube (mit Kurbel) einstellen.

Lit.: Meyer, E. A.: Ein neues Verfahren zur graphischen Bestimmung des musikalischen Akzents. Monatszeitschrift für die ges. Sprachheilpädagogik (1911), S. 227–243. Schneider, C.: Beschreibung eines konstruktiv veränderten und erweiterten Tonhöhen-Messapparates nach E. A. Meyer und eines neuen Tonhöhen-Spitzen-Markierungsapparates. VOX (1913), H. 4, S. 193–201.

3 – 17.1 Detail: Spindelantrieb mit Ableseskala

2 - 30.1 | H | 30264-001

Das Handrad hat auf seinem Umfang 100 eingravierte Teilstriche. Damit ist es möglich, den Abstand zwischen zwei Messpunkten auf dem untersuchten Kymogramm auf ± 0,01 mm genau einzustellen.

3 – 17.2 Detail: Stahllineal mit Monochord-Reiter und Ableselineal

2 - 30.2 | H | 30264-002

Die Gewindespindel mit ihrer Steigung von 1 mm erlaubt ihre Verwendung für weitere Präzisions-Messaufgaben.

An dem hier beschriebenen Tonhöhen-Messapparat ist ein präzise geführter Schlitten so montiert worden, dass der daran befestigte Stahlsteg eines Monochords definiert bewegt werden kann. Damit lassen sich Teiltöne der gespannten Stahlsaite reproduzierbar und messbar einstellen.

3 – 18 BOEKEsches Gestell mit eingefügter Wachswalze

2 - 22 | H | 30144-000

In der experimentellen Phonetik hat es sich als zweckmäßig erwiesen, aufgezeichnete Schallereignisse möglichst direkt am Tonträger (z. B. an der Phonographenwalze oder an der Schallplatte) auszuwerten, ohne den Umweg über akustisch-mechanische Wandler (z. B. Kapseln) zu beschreiten.

BOEKE ist es 1891 erstmals gelungen, direkt an der Walze die Glyphen (= Spuren der Aufzeichnung) auszumessen.

Dazu ist es notwendig, sowohl geeignete Beobachtungseinrichtungen (z. B. Mikroskope) als auch präzise und reproduzierbare Längenmessverfahren einzusetzen. Das BOEKEsche Gestell ist ein markantes Beispiel für derartige Anordnungen zur Auswertung von Schallaufzeichnungen auf Phonographen-Wachswalzen.

Die Wachswalze ist auf einer Welle befestigt, die über ein großes Zahnrad mit Schneckenradantrieb gedreht wird. Wenn das Handrad (rechts vorn) um eine Umdrehung gedreht wird, hat die Welle sich 1 ° weiter gedreht. Mit einem zusätzlich angebrachten Nonius können weitere Winkelteile abgelesen werden. Einzelheiten sind im Bild 3 - 18.1 erkennbar.

Die auf Wachswalze aufgenommene Schallschwingung wird mit einem Mikroskop betrachtet. Aus den messbaren Abständen zwischen zwei aufeinander folgenden Maxima oder Minima der hier aufgezeichneten Tiefenschrift (vgl. 4 - 6.1 Mikrofotografie: Schallaufzeichnung mit Tiefenschrift) lässt sich bei bekannter Aufzeichnungsgeschwindigkeit die Periodendauer des Schalls bestimmen.

Bei der Tiefenschrift des Phonographen nach EDISON

bewegt sich die Nadel senkrecht zur Wachsoberfläche. Sie gräbt also eine V-förmige tiefenmodulierte Rille in die Wachswalze. Große Schallamplituden erzeugen auf der Walzenoberfläche eine breitere Rille als kleine.

Das Stativ mit dem Mikroskop ist auf einem Schlitten befestigt, der mit dem linken Handrad in Richtung der Walzenachse verschoben werden kann.

Durch einen Schlitz in der hinter der Walze erkennbaren Lichtquelle wird der auszumessende Teil der Walzenoberfläche streifend beleuchtet. Im auftreffenden Licht sind die feinen Konturen der Phonographenrille deutlicher erkennbar und genauer messbar.

Zur Anfertigung einer maßstabsgerechten Zeichnung des Mikroskopbildes dient eine optische Einrichtung, die es gestattet, sowohl das Bild und die anzufertigende Zeichnung zu betrachten.

Dazu ist das Okular des Mikroskops mit einem Zeichenprisma ausgerüstet. Bringt man das Auge dicht an das Prisma, so sieht man gleichzeitig die auszumessende Rille im Sehfeld des Mikroskops und den Zeichenstift auf dem daneben befindlichen kleinen Zeichenbrett. Das Zeichenpapier wird mit einer weiteren Lichtquelle (ebenfalls mit verstellbarer Schlitzbreite) beleuchtet. Um die Helligkeitsunterschiede zwischen dem sehr lichtschwachen Mikroskopbild und der hellen Zeichenpapierfläche auszugleichen, lassen sich wahlweise zwei Graugläser in den Strahlengang des Zeichenprismas einschwenken (vgl. 3 - 18.3).

Lit.: Boeke, J. D.: Mikroskopische Phonogrammstudien. Archiv für die gesamte Physiologie der Menschen und Tiere, 50 (1891), S. 297–318. Boeke, J. D.: Mikroskopische Phonogrammstudien II. Archiv für die gesamte Physiologie der Menschen und Tiere, 76 (1899), S. 497–516. Zimmermann, E.: Apparat zur Messung der Phonographeneindrücke nach Boeke. Wissenschaftliche Apparate. Leipzig, Berlin 1928, S. 145. Mehnert, D.; Dietzel, R.: Von Glyphen zu Tonhöhen und Intensitäten – das Boekesche Gestell, ein historisches Auswertegerät. Studientexte zur Sprachkommunikation 52. Dresden: TUD press, 2009, S. 192–208.

3 – 18.1 Detail: rechte Seite mit Nonius-Teilung

2 - 22.1 | H | 30144-001

Bei Drehung des Handrades (vorn unten) um 360 ° dreht sich die nach hinten gehende Welle um 1 ° weiter. Am Nonius (im Bild oben) sind Winkelteile ablesbar.

3 – 18.2 Detail: Ansicht von links

2 - 22.2 | H | 30144-002

Im Bild sind das Mess-Mikroskop und die Lampe für die Beleuchtung der auszumessenden Wachswalze zu erkennen.

3 – 18.3 Detail: Mess-Mikroskop

2 - 22.3 | H | 30144-003

Das Bild zeigt von links oben das Mess-Mikroskop mit dem Strahlenteiler-Okular und den beiden ausgeschwenkten Graugläsern.

3 – 19 Schraffierapparat (1913) (sog. Riefler)

2 - 25 | H | 30147-000

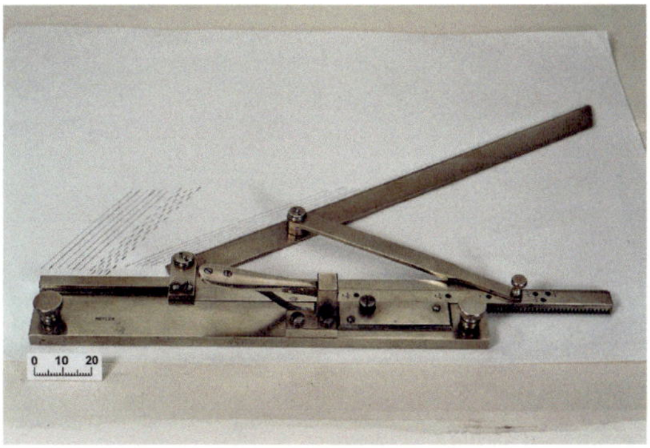

Zum Zeichnen von regelmäßigen Schraffuren bewährt sich das vorliegende Hilfsmittel.

Eine stabile Grundplatte wird auf das Zeichenpapier gelegt und bleibt mit den Spitzen von zwei Dornen unverrückbar fixiert. Die Dorne lassen sich mit den Rändelschrauben (links und rechts in der Grundplatte) in ihrer Höhe verstellen und somit an die Papierdicke anpassen.

In einer Nutenführung der Grundplatte wird ein Schlitten spielfrei geführt. Der Schlitten hat seitlich eine Antriebsschiene mit Sägezähnen, in die die Klinke des Fortschalt-Mechanismus eingreift. Diese federnde Klinke wird durch Niederdrücken einer Hebeltaste bedient. Dadurch bewegt sich der Schlitten mit dem Zeichenlineal schrittweise nach rechts.

Das Zeichenlineal kann sowohl senkrecht zum Schlitten als auch mit verschiedenen, wählbaren Schraffurwinkeln schräg eingestellt werden.

3 – 20 Rechenscheibe mit logarithmischer Teilung

Hermann Burte, Hamburg

2 - 27 | H | 30260-000

Das Prinzip des Rechenstabes beruht darauf, dass eine Multiplikation durch Logarithmierung der beiden Multiplikanden (Faktoren, Multiplikatoren) auf eine Addition von deren Logarithmen zurückgeführt wird.

Je länger die Skalen des Rechenstabes sind, desto höher ist die Einstell- und Ablesegenauigkeit.

Die gezeigte Rechenscheibe hat einen Durchmesser von 155 mm, das entspricht einer Skalenlänge von 530 mm. Sie ist einfacher handhabbar als ein entsprechender Rechenstab.

Kapitel 4

Schallaufzeichnungs und -wiedergabegeräte

Im Jahr 1877 gelang es THOMAS ALVA EDISON, eine Maschine zu konstruieren, die es erstmals erlaubte, Schall direkt aufzuzeichnen und auch wiederzugeben. Der EDISON-Phonograph war für die Phonetik das erste brauchbare Gerät, das es ermöglichte, Sprache und akustische Phänomene des Sprachschalls detailliert zu untersuchen.
Sprache ist bekanntlich ein „flüchtiges Signal", d. h. gesprochene Sprache ist einmalig, sobald sie die Lippenebene des Sprechers verlässt, ist sie nach Bruchteilen von Sekunden verschwunden. Mit dem Phonographen konnte nun die bisher nur subjektive Bewertung von Sprache objektiviert werden, weil damit Sprachbeispiele beliebig oft wiederholbar waren und für die unterschiedlichsten Fragestellungen eingesetzt werden konnten.
Für die Experimental-Phonetiker bestand auch die Möglichkeit, mit derartigen Geräten selber Sprach- und Musikaufnahmen vorzunehmen und sie danach wissenschaftlich auszuwerten.

Von diesem Prinzip machte das erste industriell gefertigte Diktiergerät – der Parlograph – Gebrauch.
Um den Wirkungsgrad der Schallabstrahlung von derartigen Wiedergabegeräten zu vergrößern, wurden so genannte Starkton-Kapseln eingesetzt, bei denen ein extern erzeugter gleichmäßiger Luftstrom von den Auslenkungen der Abtastspitze gesteuert wird.
Um die experimentelle Auswertung von Schallaufzeichnungen zu erleichtern, gab es z. B. Hilfsmittel, mit denen wiederholte Abtastungen möglich waren.

4 – 1 EDISON-Phonograph Excelsior V 201 mit Schalltrichter (1905)

3 – 1 | B | 30035-000

3 – 10 | H | 30306-000

Der EDISON-Phonograph war für die Phonetik das erste brauchbare Gerät, das es ermöglichte, Sprache und akustische Phänomene des Sprachschalls detailliert zu untersuchen.

Nach dem Prinzip von EDISON schreibt dieser Phonograph Schallschwingungen mittels einer Membran und eines daran befestigten Schneidstichels in die umlaufende Wachswalze in Tiefenschrift.

Wenn der Schneidstichel gegen einen Abtastsaphir ausgetauscht wird, kann diese Aufnahme sofort wieder abgehört werden.

Die Umdrehungsgeschwindigkeit der Wachswalze war in Grenzen einstellbar, der Antrieb erfolgte durch einen Federwerksmotor.

Die Spieldauer einer Wachswalze lag bei 2 bis 3 Minuten.

Zwei Walzen für derartige Edison-Phonographen sind unter 4 – 6 zu finden.

Lit.: Belle, H.: Spreekmachines, Stichting Historisch Geluidsarchief. Haarlem: Elma Edities Nederland, 1989.

4 – 1.1 Detailaufnahme

3 – 1.1 | B | 30035-001

Im Bild ist links das Gehäuse mit dem Federwerk und dem Kugel-Fliehkraftregler zu erkennen, darüber die Leitspindel zum axialen Antrieb der Schalldose (mit dem aufgesteckten Schalltrichter).

4 – 1.2 Detailaufnahme

3 - 1.2 | B | 30035-002

Ansicht von rechts, Mitte Fliehkraftregler mit Bremsscheibe und Ein- und Ausschalthebel.

Hinten rechts ist der Aufnahmezylinder für die Wachswalze erkennbar.

4 – 1.3 Transportgehäuse

3 - 1.3 | B | 30035-003

Das stabile Holzgehäuse des Gerätes diente zum sicheren Transport (Masse = 7 kg).

Der Deckel ist die Grundplatte des Gerätes, das sich ohne Trichter umgekehrt im Gehäuse befindet. Zum Gebrauch wird diese Grundplatte auf den dann offenen Holzkasten gestellt und beiderseits mit ihm verriegelt.

4–2 EDISON-Phonograph GEM (1902)

3 - 2 | B | 30036-000

Dieses Gerät ist als kleinster EDISON-Phonograph auf den Markt gebracht worden.

Die Spieldauer betrug 2 Minuten (spätere GEM-Modelle hatten Spieldauern bis 4 Minuten).

Funktionsweise: Vgl. EDISON-Phonograph V 201 (4–1).

Der Trichter ist kegelförmig, spätere Phonographen hatten demgegenüber Trichter, deren Querschnitt sich nach einer Exponentialfunktion erweitert.

Lit.: Belle, H.: Spreekmachines, Stichting Historisch Geluidsarchief. Haarlem: Elma Edities Nederland, 1989.

4 – 3 EDISON-Standard-Phonograph (1901)

3 – 3 | B | 30037-000

Funktionsweise: Vgl. Edison-Phonograph Excelsior V 201 (4 – 1).

Der Schalltrichter ist im unteren Teil kegelförmig und oben wie eine Bass-Tuba aufgeweitet. Wegen seiner Größe wird er von einem abschraubbaren Bügel gehalten. Die Abspieldauer beträgt 2 min.

4 – 3.1 Detail: Abtast-Saphir

3 – 3.1 | B | 30037-001

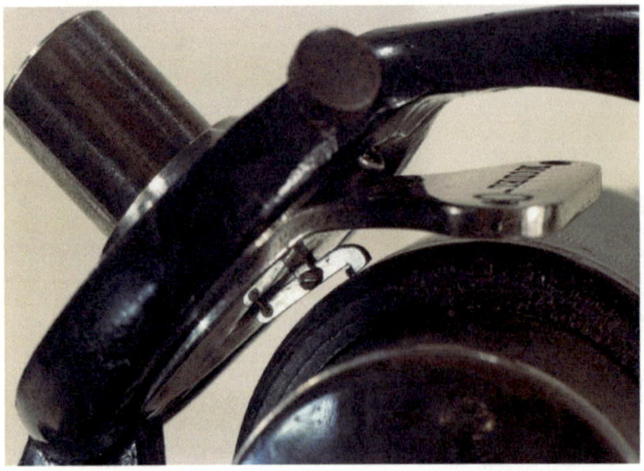

Dieses Gerät diente zum Abspielen von Phongraphen-Wachswalzen mit Tiefenschrift. Der Abtast-Saphir am Ende des zweiarmigen Hebels gleitet in der Wachsrille und überträgt die vertikalen Auslenkungen auf eine Glimmer-Membran, an die der Schalltrichter angekoppelt ist.

4 – 3.2 Detail: Rädergetriebe

3 – 3.2 | B | 30037-002

Das erkennbare Rädergetriebe dient zum Antrieb der Spindel für den Vorschub der Wiedergabe-Dose.

4 – 3.3 Detail: Gewindespindel

3 - 3.3 | B | 30037-003

Die Gewindespindel mit dem eingekuppelten Gewindestück dient zum Vorschub der Wiedergabe-Dose, deren Haltearm auf einem glatten Führungsstab in Längsrichtung leicht verschiebbar ist.

Wenn man die Abtastspitze an den Anfang der Wachswalze stellen will, kuppelt man den Vorschub durch leichtes Ausschwenken des Gewindestückes aus und verschiebt ihn zum Anfang.

4 – 4 EDISON-Fireside-Phonograph (1909)

3 - 4 | B | 30038-000

Der Schalltrichter hat eine kegelförmige Querschnittsform, die am Ende aufgeweitet ist.

Spieldauer: Ursprünglich 2 Minuten, später 4 Minuten. Ab 1912 wurden die Wachswalzen von Zelluloid-Walzen abgelöst.

4 – 4.1 Detail: Antriebsmechanismus

3 - 4.1 | B | 30038-001

In Bildmitte erkennt man das gekapselte Federgehäuse, davor den Fliehkraftregler und den Stellhebel zum Ein- und Ausschalten des Antriebes.

4 – 5 Parlograph 1910

Lindström-AG, Berlin

3 - 6 | BTU | 30039-000

Das Gerät basiert auf dem von EDISON erfundenen Prinzip des Phonographen. Es ist das erste industriell gefertigte Diktiergerät, das ebenfalls Tiefenschrift auf Wachswalzen speichert (parlieren – reden, plaudern).

Zum Diktieren diente ein Sprechrohr (biegsamer Schlauch) mit Mundtrichter; am Gerät ist links eine Gabel sichtbar, in die das unbenutzte Sprechrohr eingehängt wurde.

Zur Schallwiedergabe diente der kegelförmige Trichter, dessen Anfang auf den Rohrstutzen der Schalldose aufgesteckt werden musste. Die Abtastspitze des mechanisch-akustischen Wandlers ist für die Schallaufnahme genau senkrecht zur Walzenoberfläche orientiert, zur Schallwiedergabe mehr tangential orientiert (s. Bilder 4 – 5.1 Aufnahme und 4 – 5.2 Wiedergabe).

Die Wachswalzen hatten einen Durchmesser von 58 mm und eine Länge von 155 mm. Die Laufzeit beträgt etwa 10 Minuten. Die Umdrehungsgeschwindigkeit der Walze ist stufenlos einstellbar. Der Aufnahmedorn für die Wachswalzen ist leicht konisch geformt. Der im Bild links hinten erkennbare Hebel erlaubt es, die Wachswalze einfach vom Aufnahmedorn herunter zu schieben.

An der Vorderseite ist an dem Schriftzug eine runde Öffnung zu erkennen. Dahinter befindet sich der Rohrstutzen zum Anschluss des Schlauches einer pneumatischen Fernbedienung (Einzelheiten hierzu im Bild 4 – 5.3).

4 – 5.1 Detail: Abtastsystem

3 - 6.1 | BTU | 30039-001

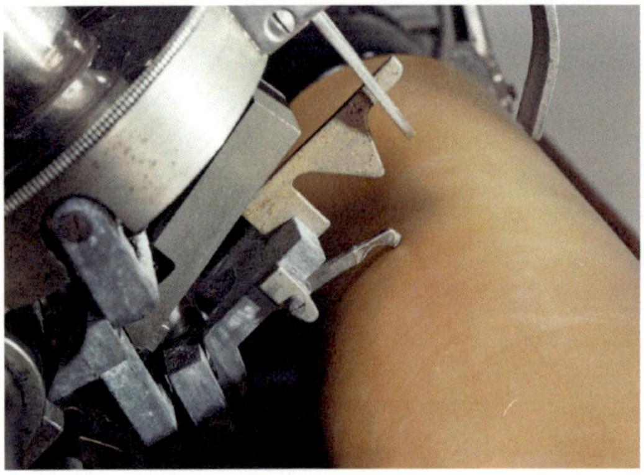

Dieses Bild zeigt das Abtastsystem auf der Walze in Aufzeichnungstellung.

4 – 5.2 Detail: Abtastsystem

3 - 6.2 | BTU | 30039-002

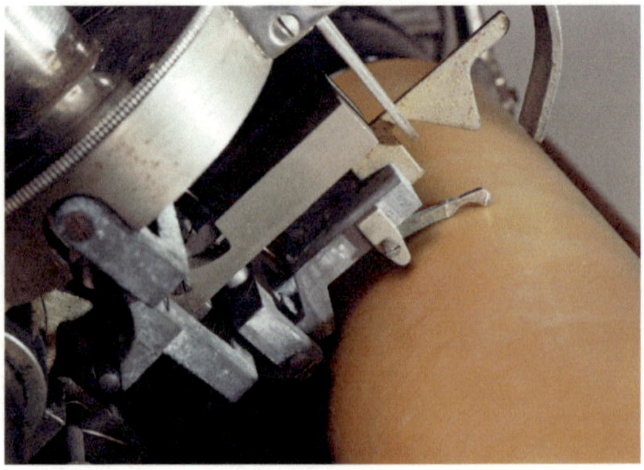

Diese Bild zeigt das Abtastsystem auf der Walze in Wiedergabestellung.

4 – 5.3 Detail: Antriebssystem

3 - 6.3 | BTU | 30039-003

In dem gekapselten Federgehäuse befinden sich die Antriebsfedern; damit ist die doppelte Federlänge verfügbar und 10 Minuten Spieldauer erreichbar.

Über den Federwerken erkennt man eine Gewindespindel. Die Lage dieser Spindel zeigt den zeitlichen Zustand des Federwerkes an, das heißt, wie viel Abspieldauer noch vorhanden ist.

Unten links erkennt man den Fliehkraftregler, links den Antriebsriemen mit der Spannrolle und die Einkupplungsvorrichtung.

Links oben im Bild befindet sich ein Pneumatik-Zylinder mit dem Anschlussstutzen für den Schlauch zur Fernbedienung. Der im Zylinder bewegliche Kolben betätigt ein Klinkenrad, mit dem der Walzenantrieb ein- und anschließend wieder ausgekuppelt wird.

4 – 5.4 Detail: Pneumatik-Zylinder mit Klinkenrad

3 - 6.4 | BTU | 30039-004

Das im Bild 4 – 5.3 beschriebene Antriebssystem des Diktiergerätes Parlograph lässt sich mit dem hier gezeigten Pneumatik-Zylinder über einen Schlauch, an dessen Ende sich ein kleiner Gummiball befindet, fernbedienen. Das Federwerk wird über ein Klinkenrad (im Bild unter dem Pneumatik-Zylinder zu erkennen) ein- oder ausgeschaltet.

Im Bild ist erkennbar, dass der Kolben durch einen kurzen Druckanstieg ausgelenkt worden ist, das Klinkenrad ist um eine Zahnlänge gedreht worden, das Federwerk ist eingeschaltet. Bei einem erneuten kurzen Druckanstieg kann das Federwerk in vergleichbarer Weise angehalten werden.

4 – 5.5 Parlograph in Aufnahmefunktion

3 - 6.5 | B_{TU} | 30039-005

Das Bild zeigt den Parlographen mit dem in der Gabel eingehängten Sprechrohr mit Einsprechtrichter und Gummischlauch.

Die diktierende Person hielt den Gummischlauch kurz unterhalb der Einsprechöffnung so, dass sie mit der Hand einen Gummiball (in einem Netz) umschloss. Vom Gummiball führt ein dünner Verbindungsschlauch zum Pneumatikzylinder im Geräte-Inneren. Er dient zur pneumatischen Fernbedienung des Gerätes; siehe 4 – 5.3 und 4 – 5.4.

Der Einsprechtrichter ist nicht mehr vorhanden und wurde für diese Fotografie durch eine Leihgabe ergänzt.

4 – 6 Wachswalzen für EDISON-Phonograph und Transporthülsen

5 - 18 | B | 30073-000, 30386-000 bis 30392-000

Diese Wachswalzen haben folgende Abmessungen: Außendurchmesser 57 mm, Länge 110 mm.

Zur besseren Lösung der Wachswalzen vom Aufnahmedorn des Phonographen haben diese innen eine spiralförmige Wulst und sind außerdem leicht konisch geformt. Die Spieldauer der Walzen beträgt 2 bis 4 Minuten.

Zum Abspielen derartiger Walzen dienen die EDISON-Phonographen, z. B. 4 – 1, 4 – 2, 4 – 3 und 4 – 4.

Panconcelli-Calzia, G.: Die Vervielfältigung von Wachswalzen. VOX (1925 u. 1926), H. 1, S. 17–19.

4 – 6.1 Mikrofotografie: Schallaufzeichnung mit Tiefenschrift

5 - 18.1 | B | 30073-001

Beim Schallaufzeichnungsvorgang wird der Schneidstichel senkrecht zur Walzenoberfläche ausgelenkt. Es entsteht damit die so genannte Tiefenschrift.

Durch extrem flache Beleuchtung der Walzenoberfläche erscheinen die Vertiefungen in den Rillen dunkel. Je größer die Schallamplitude, desto tiefer gräbt sich der Stichel in die Walzenoberfläche ein. Tiefe Frequenzen erzeugen Rillenformen mit langen Perioden (z. B. im rechten Drittel des Bildes) und hohe umgekehrt (etwa in Bildmitte).

Der Rillenabstand beträgt 0,2 mm.

Im Gegensatz dazu wird bei der Schallplatte, wie sie von EMIL BERLINER erfunden wurde, der Schneidstichel seitlich ausgelenkt; es entsteht dabei die so genannte Seitenschrift.

Lit.: Schumann, R.: Einrichtung für Mikrophotographien von Glyphen auf Wachswalzen. VOX (1921), H. 1/2, S. 55–57.

4 – 7 Wachswalzen für Parlograph und Transporthülse

5 - 19 | B_{TU} | 30074-000, 30393-000

Diese Wachswalzen haben folgende Abmessungen: Außendurchmesser 58 mm, Länge 155 mm.

Zur besseren Lösung der Wachswalzen vom Aufnahmedorn des Parlographen haben diese innen eine spiralförmige Wulst und sind außerdem innen leicht konisch geformt.

Die Spieldauer der Parlograph-Wachswalzen beträgt etwa 10 Minuten.

Zur Funktionsweise des Phonographen vergleiche 4 – 5.

4-8 LIORET-Graphe

H. Lioret, Paris um 1887

1.2 - 69 | H | 30133-000

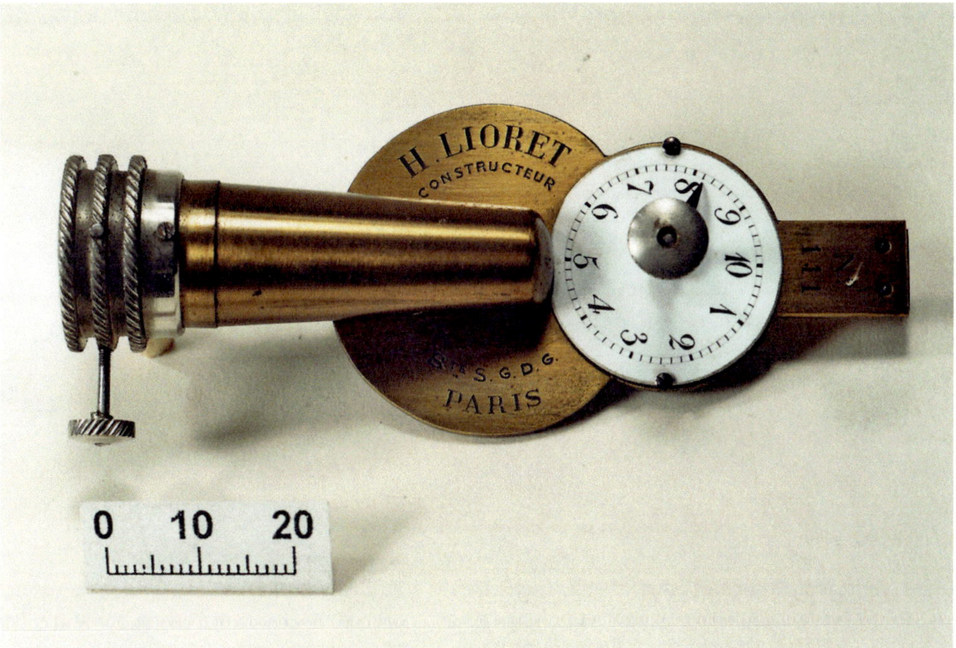

Die Mehrzahl der seinerzeit gebauten EDISON-Phonographen hatte eine Schalldose, die von einer Zugspindel in axialer Richtung über die Walze geführt wurde.

Im Gegensatz dazu baute H. LIORET vereinfachte Phonographen, die auf eine Zugspindel verzichteten. Die Schalldose befand sich am Eingang eines langen Schalltrichters, dessen Trichteröffnung an einer vertikalen Achse drehbar gelagert war. Damit bewegte sich die Schalldose am Trichteranfang auf einem Kreisbogen mit großem Radius. Dadurch erreichte man, dass die Seitenkräfte auf die Abtastspitze der Schalldose gering gehalten werden konnten.

Die hier gezeigte LIORET-Graphe-Kapsel trägt am Ende eines biegeweichen Messingblechstreifens die Abtastnadel (Saphir), die in der Rille der Phonographenwalze geführt wird. Die Rückseite der Nadel berührt eine kreisförmige, harte Membran (vermutlich aus Glimmer oder Zelluloid) und erzeugt in der Kapsel Schalldrücke.

Am linken Ende des kegelförmigen Anschluss-Stutzens war entweder ein Schalltrichter befestigt oder ein Übertragungsschlauch, der zu einer MAREYschen Kapsel (2 - 16) führte. Die Hebelauslenkungen des Zeigers der MAREYschen Kapsel ließen sich auf dem berußten Papier auf einer Kymographen-Trommel aufzeichnen.

Dieses Verfahren war in der Frühzeit der experimentellen Phonetik eine Methode zur direkten Übertragung von glyphischen Aufnahmen (Wachswalzen) auf berußtes Papier.

Lit.: Jüttemann, H.: Phonographen und Grammophone. 4. erw. Aufl. Dessau-Roßlau: B. Hein, 2007. Peters, W. E.: Verbesserungen in der Methode der direkten Luftübertragung von glyphischen Aufnahmen auf berußtes Papier. VOX (1916), H. 3, S. 121–124.

4–8.1 Detail: Seitenansicht

1.2 - 69.1 | H | 30133-001

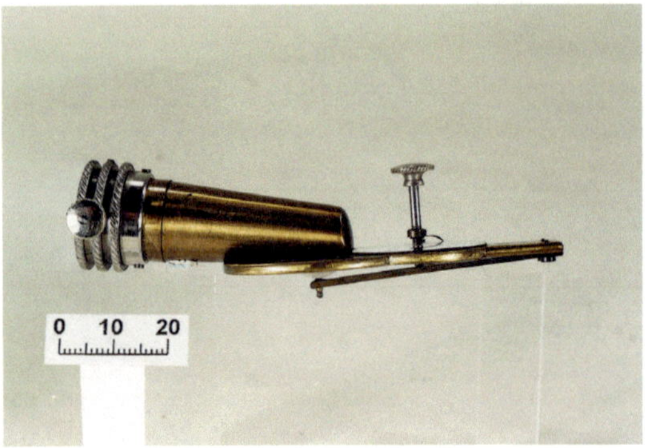

In der vorliegenden Ansicht ist der biegeweiche Messingblech-Streifen mit der Abtastnadel am freien Ende erkennbar. Das obere Ende der Nadel berührt die linsenförmige Verdickung der Membran zur Erzeugung der Schalldrücke in der Kapsel mit dem Anschlussstutzen für den Trichter.

4–8.2 Detail: Ansicht von unten

1.2 - 69.2 | H | 30133-002

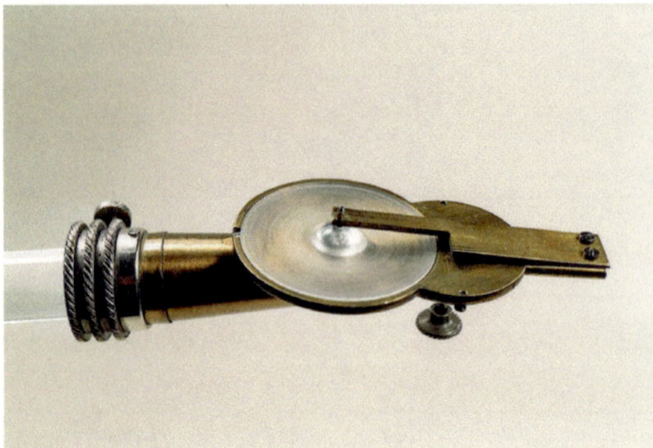

Im Bild erkennt man die kreisförmige Membran mit der linsenförmigen Verdickung in der Mitte. Darüber ist der Metallstreifen mit der Saphirnadel angebracht.

Die Originalmembran des abgebildeten Gerätes war nicht erhalten geblieben. Sie wurde durch eine neue aus Plexiglas ersetzt.

4–9 Schalldose mit Druckluftbetrieb für Tiefenschrift-Abtastung (um 1905)

3 - 11 | H | 30179-000

Zur Erhöhung der Lautstärke bei Abspielgeräten für Schallplatten oder Phonographen-Walzen benutzte man Abtast- und Abstrahlprinzipien, die einen extern erzeugten kräftigen Luftstrom über leichtgängige Ventile steuerten. Das ist vergleichbar mit dem Prinzip einer verlustarmen Modulation.

Bei der hier abgebildeten Schalldose für die Abtastung von Tiefenschrift einer Edison-Phonographen-Walze wird die Auslenkung der Abtastnadel mit einem Hebelsystem so gelenkt, dass sie eine geschlitzte Metallscheibe in der Ventilplatte in horizontaler Richtung bewegt. Der Luftstrom tritt durch eine feste, ebenfalls geschlitzte Platte auf die bewegliche Scheibe und ändert sich je nach der Größe der freigegebenen Schlitzöffnungen.

Durch den oberen Anschluss-Stutzen wird über einen Schlauch der Luftstrom aus einer Pressluftflasche zugeführt. Am rechten Rohranschluss lässt sich der große Schalltrichter befestigen.

Aus der zeitgenössischen Literatur ist die Bezeichnung Starkton-Kapsel und Ton-Cyclop für solche Schalldosen überliefert.

Lit.: Jüttemann, H.: Phonographen und Grammophone. 4., erw. Aufl. Dessau-Roßlau: B. Hein, 2007, S. 226–234.

4–9.1 Detail: Dose geöffnet

3 - 11.1 | H | 30179-001

Im abgebildeten Grundkörper ist rechts die bewegliche geschlitzte Scheibe zu erkennen. Mit der zentralen Rändelschraube lässt sich der Abstand zur festen Schlitzplatte einstellen.

Die Dose ist sehr einfach zu öffnen, um die schmalen Schlitze säubern zu können.

4 – 10 Schalldose mit Druckluftbetrieb für Seitenschrift-Abtastung

3 - 12 | H | 30180-000

4 – 10.1 Detail: Dose geöffnet

3 - 12.1 | H | 30180-001

Die Abtastung von Schallplatten mit Seitenschrift (BERLINER-Schrift) war zunächst nur mit mechanischen Tonabnehmern möglich. Die Auslenkungen der Abtastnadel wurden über ein Hebelsystem auf eine Glimmer-Membran übertragen, die sich in einer Schalldose befand, an der der Schalltrichter über ein Rohrstück angekoppelt war. Die damit erzeugbare Lautstärke war begrenzt. Für die Wiedergabe von Schallplatten in großen Räumen oder im Freien benötigte man andere Abspielverfahren. Ein besonders originelles Prinzip nutzte zur Verstärkung von der Abtastnadel gesteuerte starke Luftströme. Zur Steuerung diente ein leichtgängiges Ventil. Im vorliegenden Fall besteht dieses Ventil aus einer horizontal beweglichen, leichten Lochplatte (Ventilplatte), die sich vor einer ebenfalls gelochten, versetzt angebrachten, festen Metallplatte befindet. Die Abtastnadel steuert über einen Hebel den Abstand zwischen diesen beiden gelochten Platten. Durch diese Anordnung wird der wirksame Querschnitt für die durchströmende Luft proportional zur Nadelauslenkung gesteuert. Am oberen Anschlussstutzen wird über einen Schlauch die Druckluft (z. B. aus einer Pressluftflasche) zugeführt. Am rechts erkennbaren Rohranschluss lässt sich der Schalltrichter befestigen. Derartige Geräte verschwanden etwa um 1913 vom Markt.

Lit.: Jüttemann, H.: Phonographen und Grammophone, 4. Aufl. Dessau-Roßlau; Funk-Verlag, 2007, S. 226–234

Die im rechts abgebildeten Grundkörper erkennbare bewegliche Lochplatte wird über einen Stößel vom Nadelhebel in axialer Richtung ausgelenkt. Mit der zentralen Rändelschraube lässt sich der Abstand zwischen der Ventilplatte und der festen gelochten Platte einstellen.

Die Dose lässt sich leicht öffnen, um die durch Staub oder kleinste Fremdkörper verschmutzte Ventilplatte und ihr Gegenstück reinigen zu können.

4 – 11 Gradzähler nach MENZERATH

3 - 13 | H | 30234-000

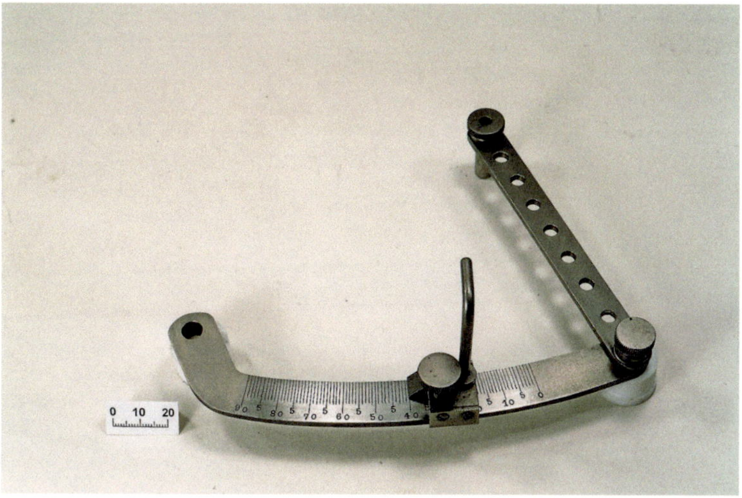

Zur subjektiven Analyse einzelner Laute, Lautverbindungen oder längerer Lautabschnitte, Silben war es notwendig, aus vorhandenen Schallaufnahmen (z. B. auf einer Phonogrammwalze bzw. einer Schallplatte) einzelne Signalabschnitte wiederholt abzuhören. Aus dieser Aufgabenstellung ergab sich der Wunsch, so genannte Repetiereinrichtungen zu konzipieren.

Für Schallplatten entstand daraus die Forderung, eine bestimmte Stelle der Schallaufzeichnung zu markieren und beliebig oft zu wiederholen. Dazu hatte man verschiedene Hilfsmittel und Vorrichtungen ersonnen, die u. a. als Wiederholungseinsteller, (Ton-) Armfeststeller, Lauthalter usw. bezeichnet wurden. Eine praktisch nützliche Hilfsvorrichtung stellt der hier gezeigte Gradzähler dar. Er wurde vornehmlich in der experimentalphonetischen Forschung eingesetzt.

Die interessierende Stelle auf einer Schallplatte ist durch zwei Koordinaten gekennzeichnet, dem Abstand vom Schallplatten-Mittelpunkt und dem Winkel zwischen einem festen Bezugsradius und einem mit der Schallplatte umlaufenden Radius (0 ° ... 360 °).

Um diese beiden Koordinaten eines interessierenden Lautabschnittes auf der Schallplatte für den Repetiervorgang wieder finden zu können, wird das gezeigte Gerät benutzt.

Es besteht aus zwei Metallschienen, die mit der rechts erkennbaren Rändelschraube beweglich verbunden sind. Die vordere leicht gebogene Schiene hat eine Millimeterskala und einen verstellbaren sowie arretierbaren Schieber, dessen Lage an der linken Schneide ablesbar ist.

Der Gradzähler wird über die auf dem Plattenteller liegende Schallplatte so aufgesetzt, dass die linke Bohrung (Ø = 7,3 mm) auf die Plattentellerachse zu liegen kommt. Der Auflagebolzen am Ende der rechten, gelochten Metallschiene wird in eine (hier nicht abgebildeten) Buchse gesteckt, die auf der Deckplatte des Platten-Abspielgerätes befestigt ist. Damit ist der Gradzähler so über der Schallplatte positioniert, dass der am Schieber befestigte Anschlagwinkel an jene Stelle gebracht werden kann, von der aus der Abspielarm mit der Schalldose den Abtastvorgang jedes Mal wieder beginnen soll.

Nach Abhören des wiederholt interessierenden Lautabschnittes wird der Tonarm von Hand angehoben und bis zum fixierten Anschlag zurückgeführt.

Lit.: Hajek, L.: Herstellung und methodische Verwertung von Schallaufnahmen. Abschnitt B II: Technik und Methodik des Abhörens. In: Abderhalden, E. (Hrsg.): Handbuch der biolog. Arbeitsmethoden: Abt. V, Teil 7 (2. Hälfte). Berlin, Wien: Urban & Schwarzenberg, 1937, S. 1363 – 1367.

Kapitel 5

Beobachtungs- und Messgeräte

Für die Beobachtung, Messung und Registrierung physiologischer Vorgänge beim Atmen und Sprechen sind in der experimentellen Phonetik zahlreiche Geräte erforderlich gewesen, die vielfach direkt aus der medizinischen Praxis übernommen worden sind, weil sie dort bereits zur bewährten Standardausrüstung gehörten.

In der Sammlung sind besonders vielfältige Ausführungsformen folgender Geräte vertreten:

- Laryngoskope und Phonoskope (Instrumente für die Beobachtung des Kehlkopfes und der Stimmlippen),
- Labiographen (Instrumente zur direkten mechanischen Messung der Lippenbewegungen),
- Atemvolumen-Messgeräte (Instrumente zur Messung und Aufzeichnung der Vitalkapazität).

5–1 Auto-Laryngoskop nach WETHLO

4.1 – 1 | Ch | 30040-000, 30041-000

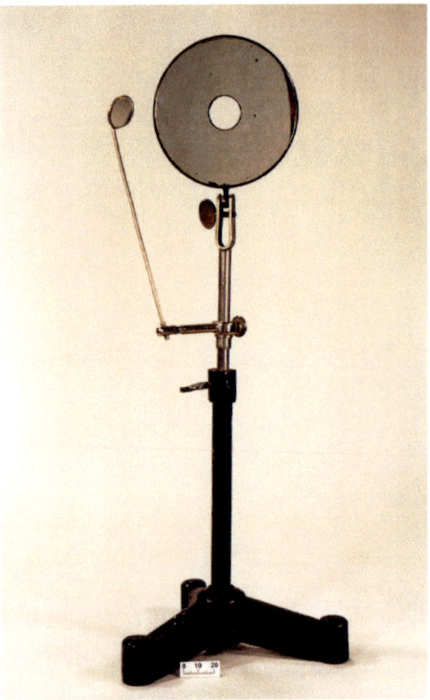

Instrument zur Autolaryngoskopie bzw. zur Demonstration im larygologischen Unterricht. Laryngoskopie heißt Kehlkopfbetrachtung. Dazu muss das Licht einer sehr hellen Quelle mit Hilfe des Konkavspiegels durch den geöffneten Mund so in den Rachenraum gelenkt werden, dass der Untersuchende die Stimmlippen beobachten kann. Diese abgebildete Spiegelkombination zählt zu den ersten Kehlkopfspiegeln mit denen es auch möglich war, den eigenen Kehlkopf zu beobachten. Dazu hält man einen Kehlkopfspiegel in den Rachenraum und schaut auf ihn durch das große Loch im Konkavspiegel. Bei einer Auto-Laryngoskopie wird der kleine Spiegel am Stativ so vor dem Konkavspiegel justiert, dass ein sich selbst Untersuchender die eigenen Stimmlippenbewegungen in diesem kleinen Spiegel beobachten kann. Die Lichtquelle erzeugt entweder Dauer- oder pulsierendes Licht zur stroboskopischen Betrachtung.

Lit.: Panconcelli-Calzia, G.: Das experimentalphonetische Praktikum. Hamburg: O. Meissner, 1922, S. 28–31. Wethlo, F.: Demonstrations- und Auto-Laryngoskop. Die Stimme, Sonderdruck, (o. J.).

5–2 Auto-Phonoskop nach PANCONCELLI-CALZIA

Fa. G. Wolf, Berlin, 1912

4.1 – 2 | Ch | 30042-000

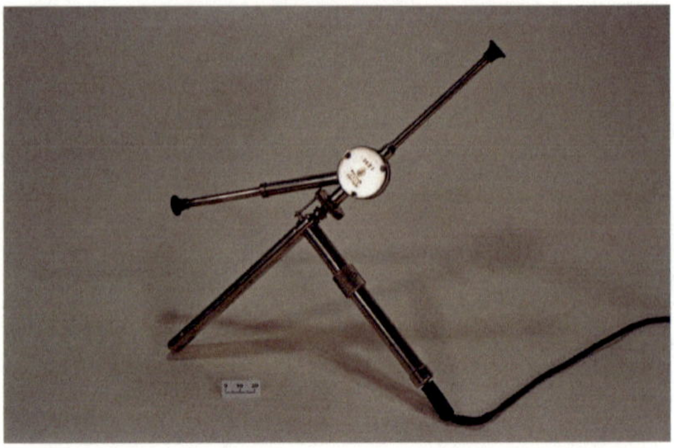

Instrument zur Kehlkopf-Selbstbeobachtung bei geschlossenem Mund.

Im linken unteren Rohrstück befinden sich eine Glühlampe und ein kleiner Kehlkopfspiegel, über den der Beobachter die Stimmlippenbewegungen sehen kann. In der runden Kapsel ist ein halbdurchlässiger Spiegel, der den Strahlengang für den Selbstbeobachter um etwa 45 ° umlenkt, aber es außerdem einem externen Beobachter gestattet, die Stimmlippenbewegungen durch das rechts oben befindliche Okular zu verfolgen.

Das Kabel für die Niedervoltlampe führt durch den Haltegriff der Gesamtanordnung.

Die Beleuchtungslampe neben dem Kehlkopfspiegel war nicht abgedeckt, d. h., es bestand bei unsachgemäßer Handhabung die Gefahr der Berührung und Gefährdung der Rachenschleimhäute.

5–3 Laryngoskop nach FLATAU

G. Wolf, Berlin, 1912

4.1 - 13 | H | 30184-000, 4.1 - 3 | Ch | 30043-000

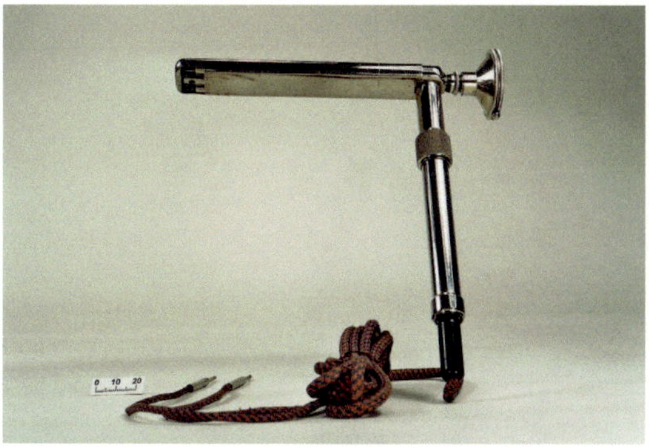

Das abgebildete Laryngoskop dient zur Betrachtung der Stimmlippen bei geschlossenem Mund.

Am linken Ende des flachen Rohres befindet sich das nach unten gerichtete Objektiv mit einem Umlenkprisma. Daneben sind zwei kleine Glühlampen angebracht, die die Stimmlippen beleuchten.

Das Instrument wird bis kurz vor die Rachenwand geschoben.

Lit.: Panconcelli-Calzia, G.: Einführung in die angewandte Phonetik. Berlin: Fischer's Medicinische Buchhandlung, 1914, S. 26. Fröschels, E,; Hajek, L,; Weiss, D.: Untersuchungsmethoden der Stimme und Sprache. In: Abderhalden, E. (Hrsg.): Handbuch der biologischen Arbeitsmethoden: Abt. V, Teil 7 (2. Hälfte). Berlin, Wien: Urban & Schwarzenberg, 1937, S. 1439.

5–3.1 Detail: Gerät im zerlegten Zustand

4.1 - 13.1 | H | 30184-001

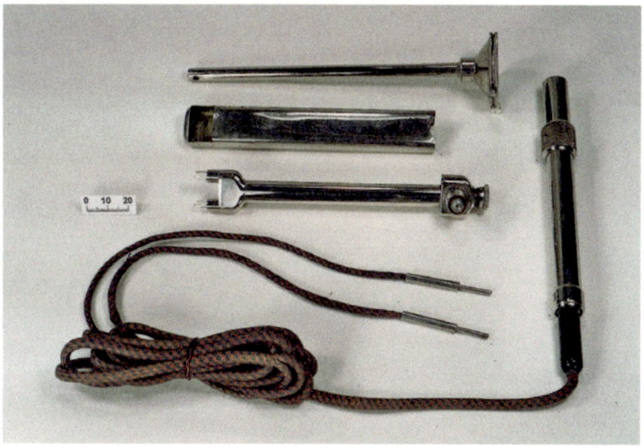

Die Einzelteile von oben nach unten:

- Betrachtungsrohr mit Objektiv, Prismensystem und Okular
- Abdeckhülse
- Führungsrohr mit 2 Glühlampen
- rechts im Stutzen der Schraubkontakt zur Stromversorgung
- Kabel mit Handgriff

5 – 4 Turbo-Stroboskop nach WETHLO

Fa. G. Wolf, 1915

4.1 - 4 | Ch | 30290-000; 1.2 - 51| H | 30044-000

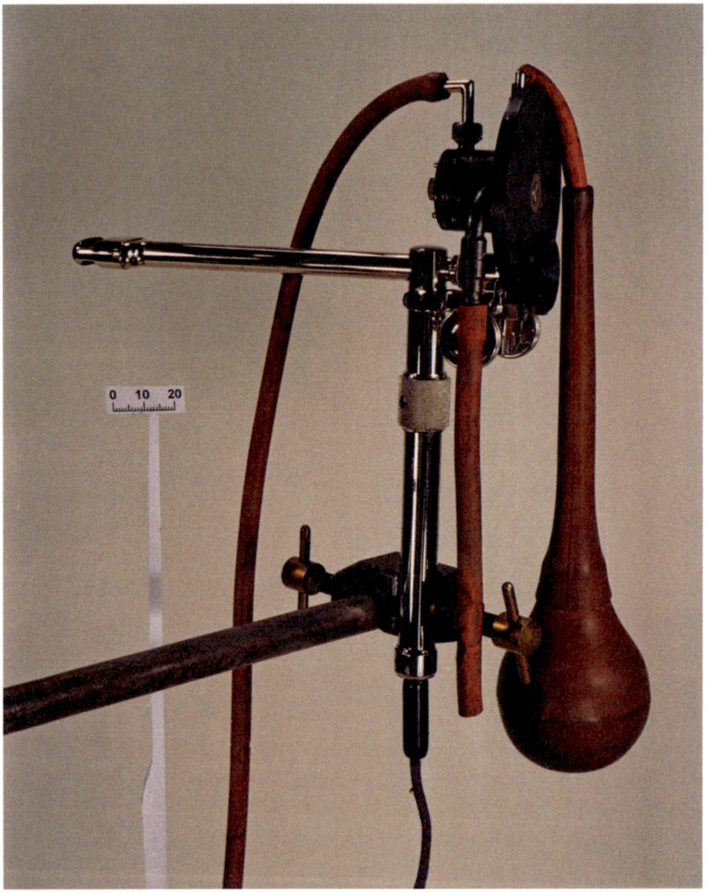

Instrument zur stroboskopischen Beobachtung der Stimmlippenbewegung.

Dieses Gerät ist die Kombination eines Laryngoskopes n. FLATAU (vgl. 5 - 3) mit einem Stroboskop.

Der Stroboskop-Effekt beruht bekanntlich darauf, dass aus einer schnellen periodischen Bewegung immer ein Phasenbild herausgegriffen wird, so dass die Bewegung stark verlangsamt oder sogar stillstehend erscheint.

Die Stroboskopscheibe wird durch Pressluft über eine kleine Turbine angetrieben und erreicht Umdrehungsgeschwindigkeiten bis zu 15.000 U/min (250 U/s).

Der linke rote Schlauch ist die Zuleitung für die Pressluft, der dicke mittlere Schlauch für die abströmende Luft.

Mit dem Gummiball wird ein Luftstrom auf die Lochscheibe des Stroboskopes geblasen, dadurch entsteht ein deutlich hörbarer Sirenenton. Die Tonhöhe des Sirenentones muss vom Probanden erreicht werden, um ein scheinbar stillstehendes Bild der Stimmlippen zu erhalten.

Lit.: Wethlo, F.: Zur Technik der Stroboskopie. VOX (1915), H. 1/6, S. 276 ff. Wethlo, F.: Gerät zur Vorweisung der Laryngoskopie, der Autolaryngoskopie und der Stroboskopie. Zeitschrift für Hals-, Nasen- und Ohrenheilkunde, 50 (1944), H. 4–5, S. 510–514.

5 – 5 Metallspiegel für Photo-Palatographie

4.1 - 6 | B | 30045-000

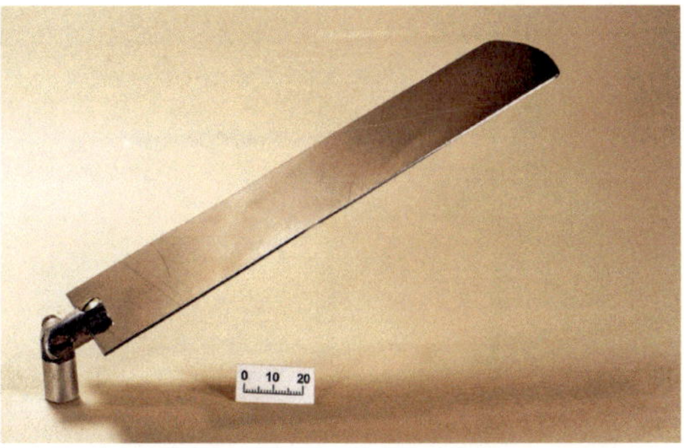

Bei der Bildung eines Lautes berührt die Zunge den Gaumen in lautspezifischer Form. Für jeden gesprochenen Laut bildet die Zunge eine charakteristische Berührungsfläche am Gaumen (Palatum). Das Bild dieser Berührungsfläche heißt Palatogramm. Als Palatographie betrachtet man das Verfahren zur bildlichen Darstellung der Berührungsflächen. Dazu wird die Zunge (oder der Gaumen) eingefärbt. Anschließend artikuliert die Versuchsperson ausschließlich den zu untersuchenden Laut, wodurch dann durch die spezifische Zungenberührung die Farbe auf die berührte Gaumenfläche übertragen wird. Diejenigen Stellen der Zunge bzw. des Gaumens, von denen der Farbstoff während der Artikulation abgetragen wurde, erkennt man dann an der geänderten Farbintensität. Unmittelbar danach senkt die Versuchsperson ihre Zunge, sie öffnet den Mund und über den in den Mund eingeführten Spiegel lässt sich das Gaumenbild betrachten, in ein Schema einzeichnen oder auf einen zuvor hergestellten Gipsabdruck des Gaumens zeichnen. Die unberührten Flächen zeigen die ursprüngliche Einfärbung. In neuerer Zeit wurde das Gaumenbild über den Metallspiegel fotografiert, wozu der Mundraum mit einer Ringblitz-Leuchte beleuchtet wurde (vgl. 5 – 5.1). Das Ergebnis der Aufnahme ist ein Palatogramm. Das Bild zeigt den verwendeten Metallspiegel. Er hat sich im praktischen Einsatz bewährt, weil er unproblematisch desinfiziert werden konnte.

Lit.: Fröschels, E.; Hajek, L.; Weiss, D.: Palatographie In: Abderhalden, E. (Hrsg.): Handbuch der biolog. Arbeitsmethoden: Abt. V, Teil 7 (2. Hälfte). Berlin, Wien: Urban & Schwarzenberg, 1937, S. 1462–1466. *Wängler, H.-H.: Atlas deutscher Sprachlaute. Berlin: Akademie-Verlag, 1968.*

5 – 5.1 Photo-Palatographie – Versuchsaufbau mit Phantom

D. Mehnert – Humboldt-Universität zu Berlin, 1978

4.1 - 6.1 | B | 00000-006

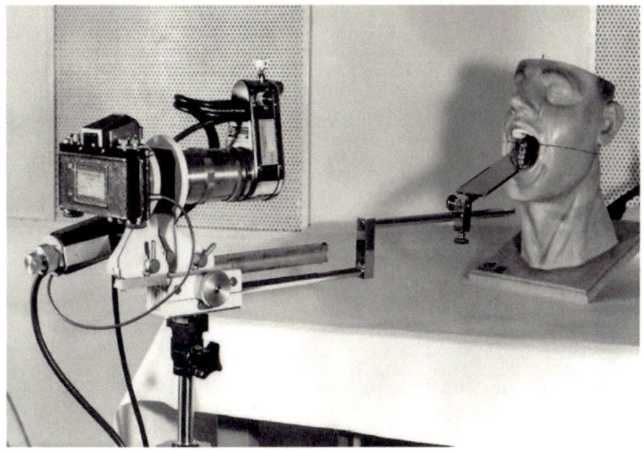

Das Bild zeigt den gesamten Versuchsaufbau mit einem Phantom, den Metallspiegel in Arbeitsstellung und Kamera. Der Spiegel ist hierbei in einem leichten Steckrahmen angebracht worden, die Kamera ist mit Balgen-Naheinstellgerät und Ringblitz ausgerüstet.

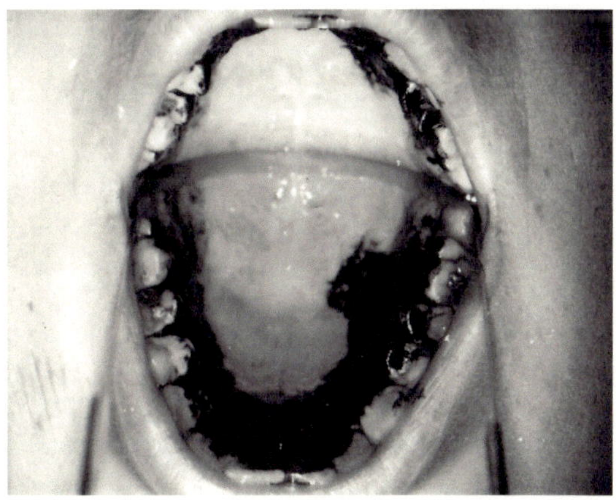

Palatogramm einer Versuchsperson, die den Laut [g] artikuliert hat. (hell: Gaumenfläche; dunkel: Gaumen mit Kontrastmittel)

5–6 Kehlkopfspiegel mit Glühlampen nach MEYER

4.1 – 8 | Ch | 30046-000

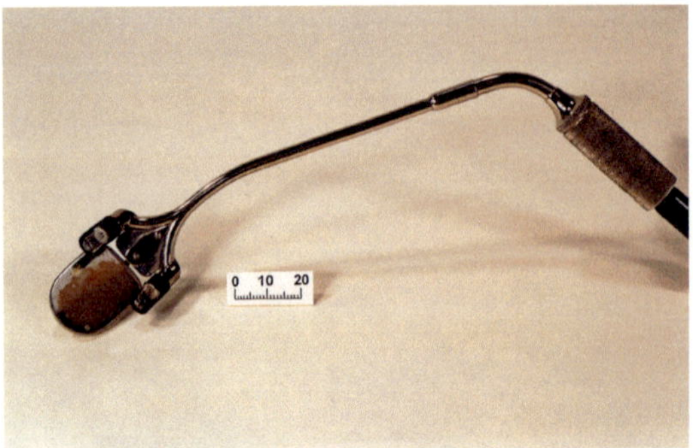

Durch zwei gekapselte Niedervolt-Zwerglampen beleuchteter Kehlkopfspiegel an einem leicht gebogenen Haltearm.

Auf den Lampensockeln befinden sich drehbare Metallhülsen zur Abschattung störenden Nebenlichtes in Richtung zum Beobachter hin.

Der Kehlkopfspiegel ist konkav geformt und erzeugt eine vergrößerte Abbildung.

Lit.: Wethlo, F.: Kehlkopfspiegel mit Glühlampen. Zeitschrift für Laryngologie, Rhinologie [...] u. ihre Grenzgebiete, 21 (1931), H. 6, S. 489–491.

5–7 Kleiner drehbarer Spiegel

1.2 – 64 | H | 30178-000

Der abgebildete Glasspiegel mit Hinterglasversilberung ist an einer Stativklemme so befestigt, dass er sich um die senkrechte und waagerechte Achse verdrehen und justieren lässt.

Ein aus der Literatur bekanntes Anwendungsgebiet war der Einsatz eines solchen Spiegels zu Autolaryngoskopie. Dabei dient der Spiegel dazu, das im Kehlkopfspiegel sichtbare Bild dem Probanden selbst zugänglich zu machen.

Lit.: Feldmann, H.: Bilder aus der Geschichte der Hals-Nase-Ohren Heilkunde. Heidelberg: Meridian, 2003, S. 362–363.

5–8 Autophonoskop nach PANCONCELLI-CALZIA

G. Wolf, Berlin, 1912

4.1 - 10 | H | 30181-000

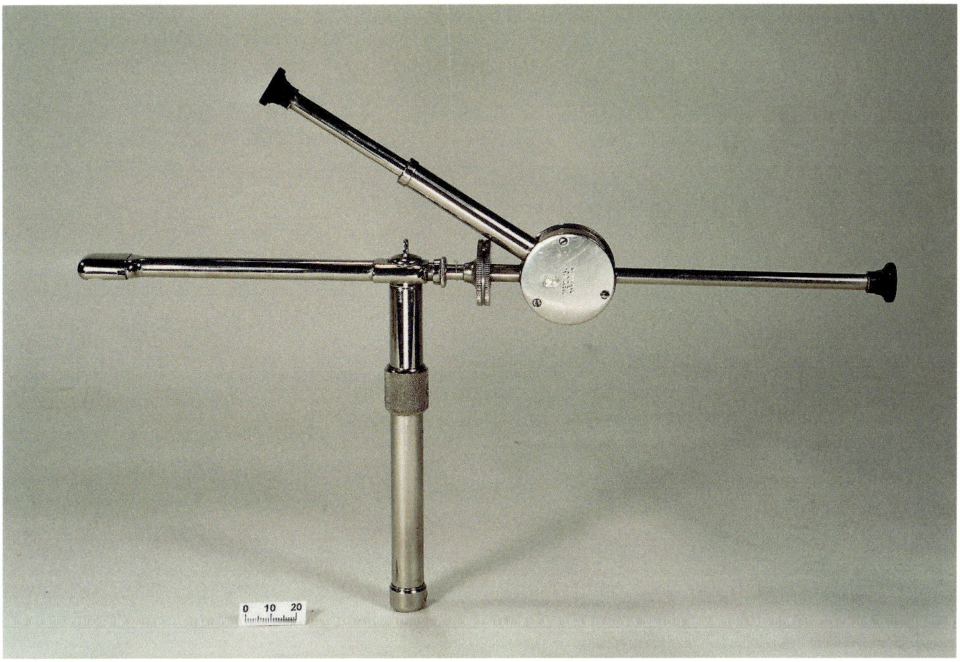

Das abgebildete Instrument dient zur Kehlkopf-Beobachtung bei geschlossenem Mund für den Probanden selbst und einen Beobachter.

In dem linken horizontalen Rohrstück befinden sich eine Glühlampe und ein kleiner Kehlkopfspiegel, über den der Proband seine Stimmlippenbewegungen über das schräg nach oben gerichtete Okularrohr sehen kann. Zugleich kann ein Beobachter über das rechte, horizontale Okularrohr die Stimmlippenbewegungen des Probanden verfolgen.

Dazu ist in der runden Kapsel ein halbdurchlässiger Spiegel in den Strahlengang eingefügt, der diesen aufteilt. Eine nicht abgedeckte Niedervoltlampe ist neben dem Kehlkopfspiegel im gleichen Gehäuse angebracht und beleuchtet den Rachenraum.

Lit.: Panconcelli-Calzia, G.: Autophonoskop – ein Instrument, um die Phonationsbewegungen im Larynx beobachten zu lassen und gleichzeitig selbst zu beobachten. Zeitschrift für Laryngologie, Rhinologie [...] u. ihre Grenzgebiete, 6 (1914), S. 437–441. Fröschels, E,; Hajek, L,; Weiss,D.: Untersuchungsmethoden der Stimme und Sprache. In: Abderhalden, E. (Hrsg.): Handbuch der biologischen Arbeitsmethoden: Abt., Teil 7 (2. Hälfte). Berlin, Wien: Urban & Schwarzenberg, 1937, S. 1440. Panconcelli-Calzia, G.: Einführung in die angewandte Phonetik. Berlin: Fischer's Medicinische Buchhandlung, 1914, S. 27.

5–9 Pharyngoskop nach SCHMUCKERT

Reiniger, Gebbet & Schall, Berlin, 1913

4.1 - 11 | H | 30182-000

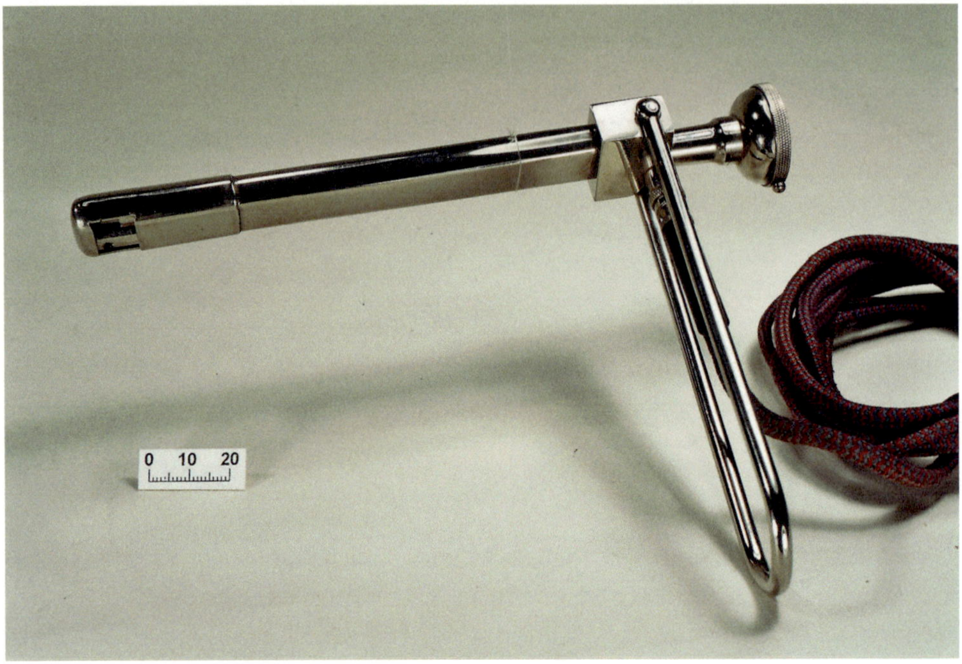

Das Instrument dient zur Betrachtung der Stimmlippen ohne das beim Laryngoskopieren notwendige weite Öffnen des Mundes.

Es besteht aus einem dünnen Rohr, das in den Mund der Versuchsperson eingeführt wird. Am linken Ende des Rohres befindet sich eine kleine Niedervolt-Glühlampe und das Objektiv mit einem Umlenkspiegel, am anderen Ende das Okular.

Das Besondere dieser Beobachtungsmethode ist, dass sie es gestattet, die Stimmerzeugung bei geschlossenem Mund, d. h. das Verhalten der Stimmritze bei Verschlusslauten, zu beobachten.

Lit.: Fröschels, E.; Hajek, L.; Weiss, D.: Untersuchungsmethoden der Stimme und Sprache. In: Abderhalden, E. (Hrsg.): Handbuch der biologischen Arbeitsmethoden: Abt. V, Teil 7 (2. Hälfte). Berlin, Wien: Urban & Schwarzenberg, 1937, S. 1439.

5 – 10 Autophonoskop nach PROCHNOWSKI

Agema, Berlin 1913

4.1 - 12 | H | 30183-000

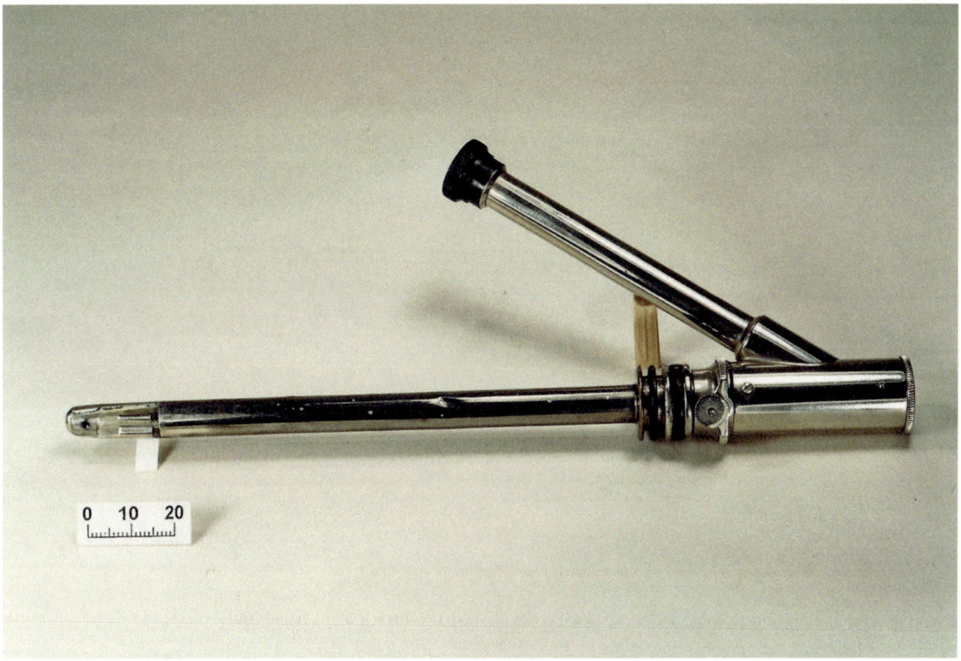

Für die Selbstbetrachtung der Stimmlippenbewegungen wird das Endoskop mit der kleinen Glühlampe und dem Objektiv in den Rachenraum gesteckt.

Am Ende des abgewinkelten Rohres ist das Okular angebracht, in das durch ein Prisma der Strahlengang umgelenkt wird.

Die nicht abgedeckte Lichtquelle barg die Gefahr, dass bei unsachgemäßer Handhabung die Rachenschleimhäute verletzt werden konnten.

Das Besondere dieser Beobachtungsmethode ist auch hier (wie bei 5 - 9), dass sie es gestattet, die Stimmerzeugung bei geschlossenem Mund, d. h. das Verhalten der Stimmritze bei Verschlusslauten, zu beobachten.

Lit.: Fröschels, E.; Hajek, L.; Weiss, D.: Untersuchungsmethoden der Stimme und Sprache. In: Abderhalden, E. (Hrsg.): Handbuch der biologischen Arbeitsmethoden: Abt. V, Teil 7 (2. Hälfte). Berlin, Wien: Urban & Schwarzenberg, 1937, S. 1438–1442. Panconcelli-Calzia, G.: Einführung in die angewandte Phonetik. Berlin: Fischer's Medicinische Buchhandlung, 1914, S. 27.

5 – 11 Autolaryngoskop nach PIRINOLI

E. Pirinoli, Turin, 1930

4.1 - 15 | H | 30185-000

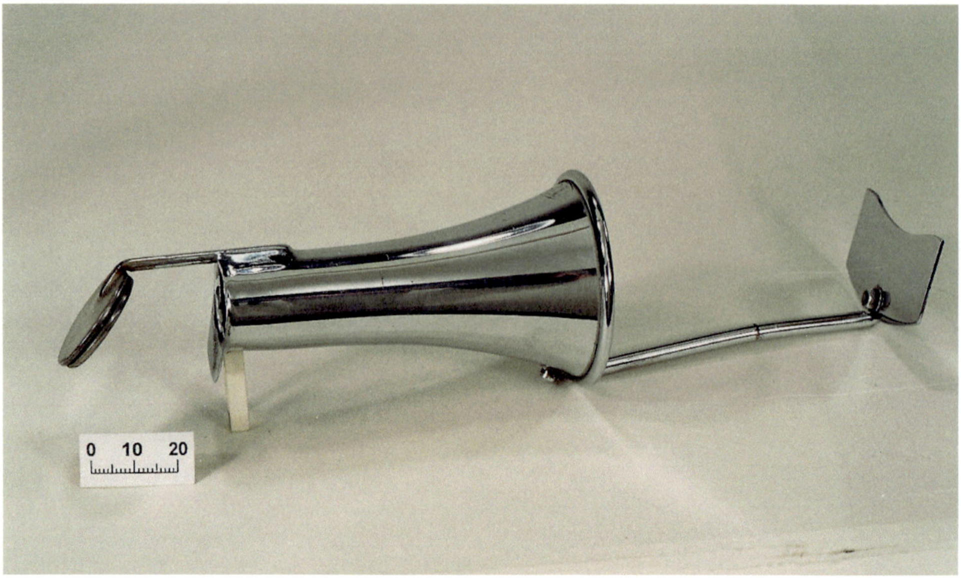

Das gezeigte, besonders einfache Autolaryngoskop dient zur Selbstbetrachtung des Kehlkopfinneren.

Dabei wird bei geöffnetem Mund das dem oralen Raum angepasste tubusförmige Mittelstück soweit in den Rachenraum eingeführt, bis der links erkennbare Kehlkopfspiegel kurz vor der Rachenwand über den Stimmlippen positioniert ist. Der Proband sieht in dem rechten Spiegel (verchromter Stahl) das Bild seiner Stimmlippen.

Die Beleuchtung der Stimmlippen erfolgt von außen. Der Lichtstrahl fällt von schräg oben (rechts) ein. Um möglichst viel Licht in den Rachen zu lenken, ist der Spiegelrand bogenförmig ausgebildet und auch die innere Tubusoberfläche ist spiegelglänzend verchromt.

Der linke Betrachtungsspiegel dient gleichzeitig als Beleuchtungsspiegel. Am linken Tubusrand ist unten ein nach unten überstehender Rand zu erkennen, der beim praktischen Einsatz das hintere Zungenende nach unten drückt und so das Beobachtungsfeld vergrößert.

5 – 12 Laryngograph nach ZWAARDEMAKER (1911)

4.1 - 16 | H | 30186-000

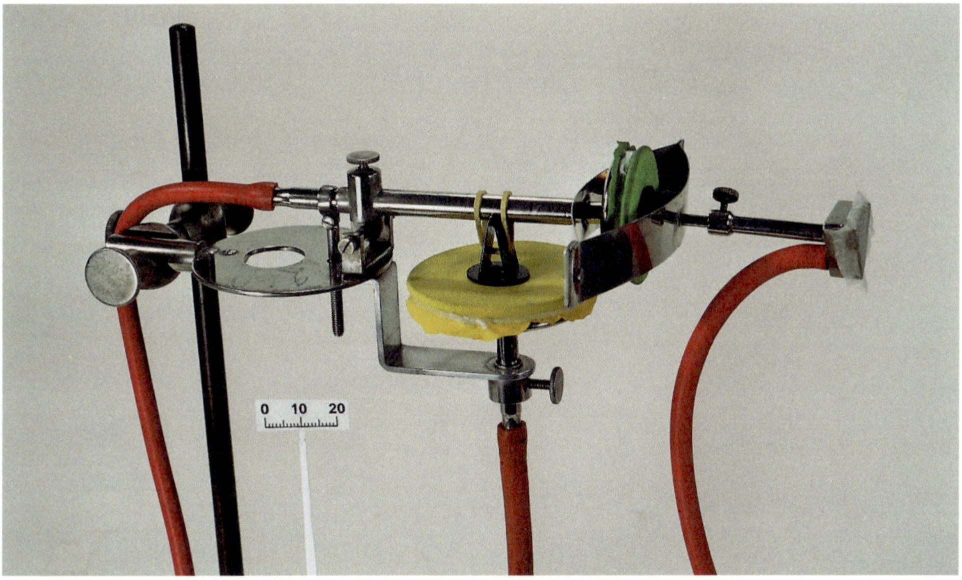

Bereits in der Frühzeit der experimentellen Phonetik war man daran interessiert, am Kehlkopf sowohl physiologische Größen (Bewegungen) als auch akustische Größen (Frequenz der Stimmlippenschwingungen) von außen zu registrieren. Dafür haben z. B. ZWAARDEMAKER (Utrecht) und ROUSSELOT (Paris) sinnvolle und experimentaltechnisch aufwändige Untersuchungsverfahren und -geräte ersonnen, gebaut und praktisch eingesetzt.

Der gezeigte Laryngograph erlaubt die Messung der vertikalen und horizontalen Bewegungen des Kehlkopfes sowie die Aufzeichnung des Kehltones.

Eine kleine dreieckige MAREYsche Kapsel ist rechts am Ende eines waagerechten Rohres befestigt, das am beweglichen Teil einer Doppelblattfeder endet. Der Abstand zwischen der Kapsel und der Doppelblattfeder ist rechts mit einer arretierbaren Buchse am Rohr auf der weiterführenden Stange einstellbar. Zwischen den beiden gebogenen Blattfedern befindet sich eine MAREYsche Kapsel (mit grünem Membran-Gummi), deren Ausgangssignal proportional zur horizontalen Bewegung der Kehlton-Kapsel ist. Die Druckänderungen dieser MAREYschen Kapsel gelangen über das linke Rohr zum Anschlussschlauch (ganz links).

Dieses Rohr ist um eine horizontale Achse auf der kreisförmigen Befestigungsplatte drehbar gelagert. Wenn sich durch vertikale Kehlkopfbewegungen die Kehlton-Kapsel hebt oder senkt, entstehen in der (mit gelbem Gummi bespannten) MAREYschen Kapsel zur Bewegung proportionale Druckänderungen. Die Kehlton-Kapsel hat eine Bespannung mit dünnem (hellem) Gummi, ihr Ausgangssignal wird einem Kehltonschreiber (2 23) zugeführt. Die drei Schläuche führen zu Wandlerkapseln, deren Ausschläge auf dem berußten Papier einer Kymographen-Trommel aufgezeichnet werden.

Aus der zeitgenössischen Literatur geht hervor, dass eine sichere und zuverlässige Handhabung dieses Messaufbaus hohe Anforderungen an den Experimentator und die Versuchspersonen stellten.

Lit.: Poirot, J.: Die Untersuchung der Sprechbewegungen. Die Phonetik. In: Tigerstedt, R. (Hrsg.): Handbuch der physiologischen Methoden, 3 Bd., 6. Abt. Leipzig: S. Hirzel, 1911, S. 28–29. Fröschels, E.; Hajek, L.; Weiss, D.: Untersuchungsmethoden der Stimme und Sprache. In: Abderhalden, E. (Hrsg.): Handbuch der biologischen Arbeitsmethoden: Abt. V, Teil 7 (2. Hälfte). Berlin, Wien: Urban & Schwarzenberg, 1937, S. 1432–1436.

5–13 Laryngograph nach GUTZMANN

am Kopfmodell (1913)

4.1 - 17 | H | 30150-000

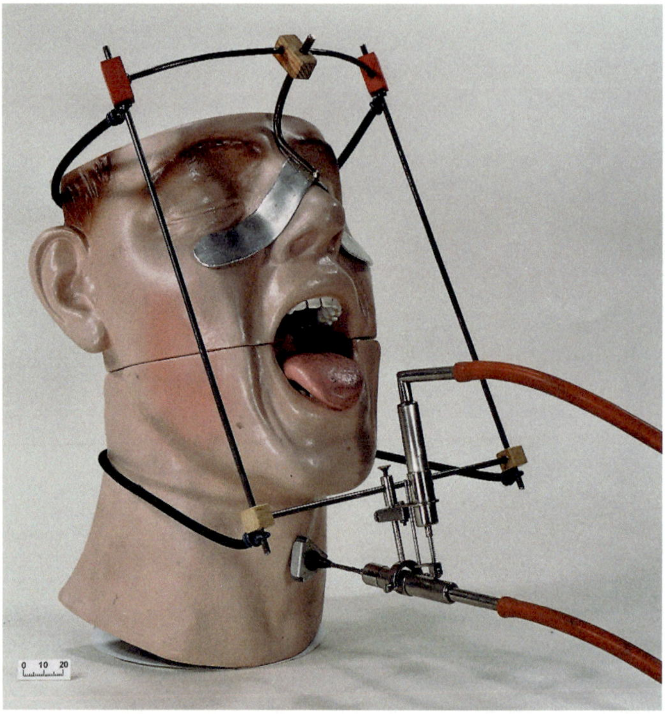

Der Experimental-Phonetiker interessierte sich neben der Aufzeichnung von Kehlkopf-Schwingungen auch für die Bewegungen des Kehlkopfes sowohl in vertikaler als auch in horizontaler Richtung beim kontinuierlichen Sprechen.

Ein dreieckiger Hartgummistempel wird durch Federkraft sanft an den Schildknorpel angedrückt. Er ist am Ende eines Gestells befestigt, das mit zwei getrennt angeordneten kleinen Druckzylindern verbunden ist. Die vertikalen Bewegungen des Stempels lenken den Kolben des unteren Druckzylinders aus. Die horizontalen Bewegungen des Stempels verstellen über einen Hebelmechanismus den Kolben eines zweiten, senkrecht angeordneten Druckzylinders.

Die beiden angeschlossenen Schläuche übertragen die von den Kolbenbewegungen erzeugten Druckschwankungen zu MAREYschen Kapseln, deren Schreibzeiger auf dem berußten Kymographenpapier die Zeitfunktionen der Kehlkopfbewegungen registrieren.

Der gesamte Abtastmechanismus ist einstellbar in einem kleinen Rahmen befestigt: Er liegt mit einer anatomisch geformten Spange auf dem Nasenrücken. Zwei Gummibänder am Hinterkopf und im Nacken sorgen für eine verträgliche Befestigung am Kopf des Probanden.

Die im Bild erkennbare Anordnung mit dem Abtaststempel und den beiden pneumatischen Aufnahme-Zylindern sind Originalstücke. Der Aufbau des Befestigungsgestelles ist lediglich aus einschlägigen Bildern der Literatur bekannt und für dieses Demonstrationsmodell nachgebaut worden.

Lit.: Ganske, J.: Illustriertes Verzeichnis von Apparaturen für die experimentelle Phonetik. Verlagsdruckerei Zehlendorf bei Berlin, 1918, S. 8. Panconcelli-Calzia, G.: Annotationes phoneticae. VOX (1914), H. 1, Fig.1, S. 62. Fröschels, E.; Hajek, L.; Weiss, D.: Untersuchungsmethoden der Stimme und Sprache. In: Abderhalden, E. (Hrsg.): Handbuch der biologischen Arbeitsmethoden: Abt. V, Teil 7 (2. Hälfte). Berlin, Wien: Urban & Schwarzenberg, 1937, S. 1434–1435.

5 – 14 Mund-Messapparat nach ATKINSON

4.1 - 18 | H | 30151-000

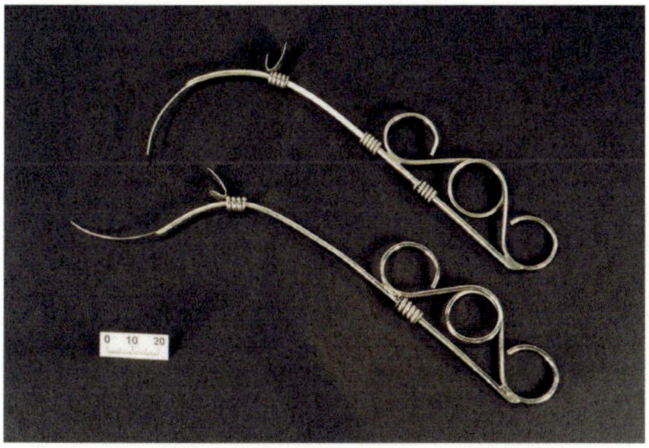

Diese Geräte sind erste Messeinrichtungen, um das Innere des Mundraumes bei verschiedenen Artikulationsstellungen zu erfassen. Es sind Drahtlehren, mit denen die Zungenoberseite und der Gaumen abgetastet werden können.

An einem Griff (mit drei Öffnungen für Zeige-, Mittel- und Ringfinger) ist ein gebogenes dünnes Röhrchen befestigt, in dessen Inneren sich eine verschiebbare Drahtseele befindet. Mit dem Daumen bedient man den kurzen Spiralgriff, um die Drahtseele zu verschieben. Aus den Röhrchen ragt die Drahtspitze oben heraus.

Die Lehre wird mit einer V-förmigen Klammer auf die Schneidezahne gesetzt. Die Spitze der Drahtseele wird vorsichtig so weit aus dem Röhrchen heraus verschoben, bis sie die Zunge berührt. Anschließend wird unter Beibehaltung der abgetasteten Einstellung an einem vorher angefertigten Gaumen-Abguss das Maß für die vom Probanden realisierte Zungenstellung abgenommen.

Durch solche Messungen war es erstmals möglich, die Mundraum-Geometrie für ausgewählte Vokalartikulations-Stellungen zu ermitteln.

Derartige Geräte wurden bereits 1898 in der Literatur erwähnt.

Im Bild sind zwei solcher Geräte zu sehen. Mit dem oberen lässt sich die Zunge, mit dem unteren der Gaumen abtasten.

Lit.: Panconcelli-Calzia, G.: Atkinson's Mouth Measurer. Annotationes phoneticae. Med.-päd. Monatszeitschrift für die ges. Sprachheilkunde, 21 (1911), H. 1, S. 1–3.

5 – 14.1 Gebrauchsstellungen

4.1 - 18.1 | H | 30151-001

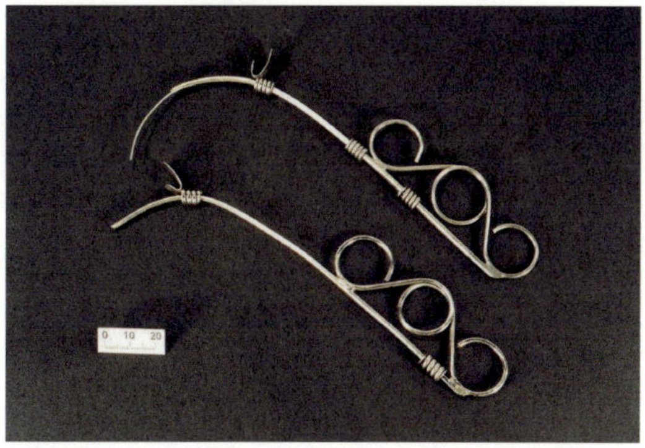

Bei der oberen Drahtlehre ist die Spitze der Drahtseele vollständig herausgeschoben, bei der unteren ist sie vollständig eingezogen.

5–15 Labiograph nach v. ESSEN (Lippenschreiber)

4.1 - 19 | H | 30152-000

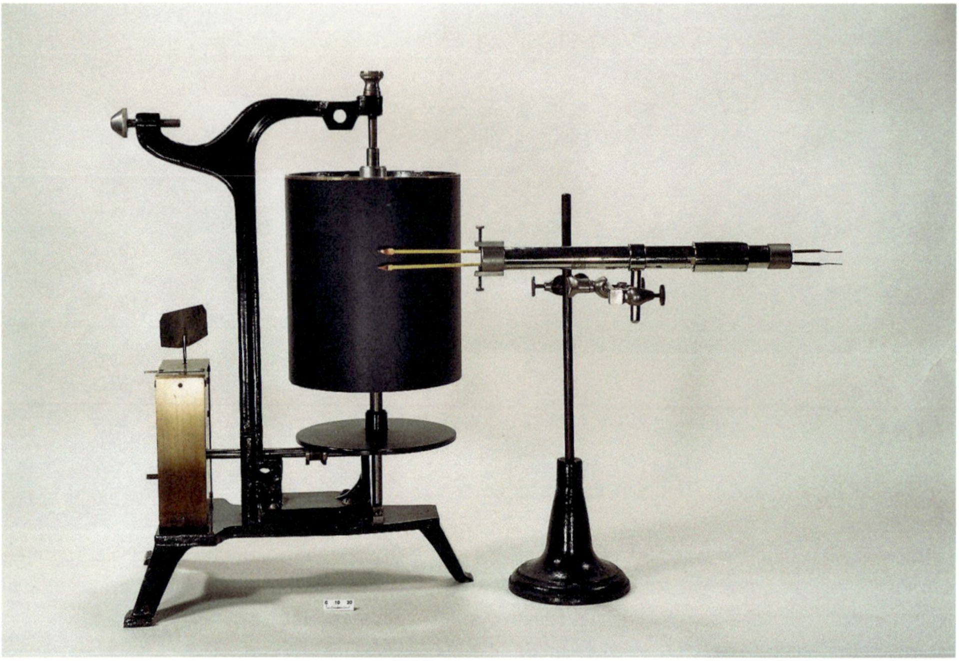

Beim Sprechen von bilabialen Lippenlauten (z. B. b, p, m) spielen die Zeitverläufe der Lippenaktivitäten eine ausschlaggebende Rolle für die Artikulation. Aus den Zeitverläufen lassen sich Rückschlüsse auf die Artikulationsgenauigkeit ziehen.

Zunächst haben die Phonetiker versucht, die Lippenbewegungen von Probanden mit einem kleinen weichelastischen Gummiball, der beim Verschließen der Lippen zusammengedrückt wurde, anzuzeigen. Die Luftdruckänderungen im Gummiball wurden über einen Schlauch zu einer MAREYschen Kapsel übertragen und deren Zeigerbewegungen auf dem Rußpapier eines Kymographen registriert. Bei diesem pneumatischen Messprinzip wurden jedoch die Sprechbewegungen des Probanden erheblich behindert.

Mit dem hier beschriebenen Gerät können die Lippenbewegungen auf direktem Wege mechanisch abgetastet und über einfache Hebel (mit einer Schreibspitze) aufgezeichnet werden. Die Lippen des Probanden bewegen die kleinen Blechstreifen von zwei Fühlern (rechts im Bild). In der Mitte des Rohres ist ein Hebellager angeordnet, die geringe Masse der Hebel und die langen Hebelarme sorgen dafür, dass von den Lippen nur geringe Rückstellkräfte überwunden werden müssen.

Bei diesem Labiographen bewegen sich beide Hebel symmetrisch um eine Ruhelage und zeichnen die Bewegungsverläufe von Ober- und Unterlippe getrennt auf.

Die beiden Rändelschrauben am linken Rohrende dienen zur Justierung und zum Einstellen der Ruhelage beider Hebel.

Lit.: Wilczewski, S. v.: Phonoposotische und phonotopische Untersuchungen von Lippenlauten – ein neuer Labiograph. VOX (1922), H. 3/6, S. 64–73. Panconcelli-Calzia, G.: Experimentelle Phonetik in ihrer Anwendung auf die Sprachwissenschaft. Berlin: Walter de Gruyter, 1924, S. 70–72.

5 – 16 Labiograph nach E. A. MEYER

4.1 - 20 | H | 30153-000

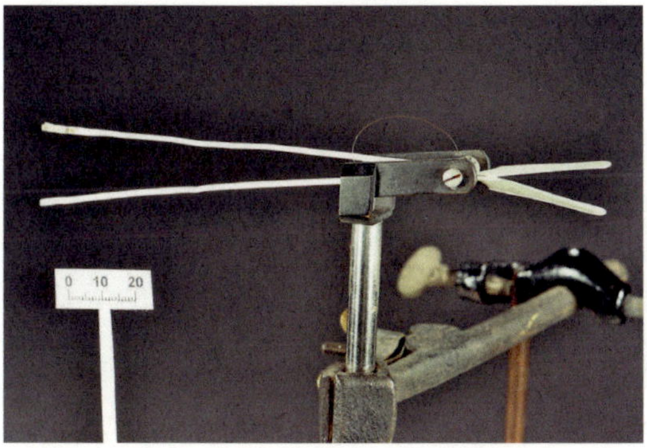

Zur Messaufgabe und Funktionsweise eines Labiographen siehe 5 - 15.

Der vorliegende Labiograph ist eine sehr einfache Anordnung. Sie besteht aus zwei Hebeln mit unsymmetrischem Lager.

Die Lippen der Versuchsperson bewegen die beiden kurzen Hebel-Enden; an den langen Hebel-Enden befinden sich Schreibspitzen. Eine dünne Drahtfeder erzeugt die elastische Rückstellkraft zwischen beiden Hebeln.

Die wesentlichen Nachteile dieses Lippenschreibers sind:

- Der Proband muss sehr nahe am Stativ und am Kymographen sitzen und
- die konstruktiv bedingt große Länge des Schreibhebelarmes erzeugt unnötig große Schreibspitzenauslenkungen.

Lit.: Wilczewski, S. v.: Phonoposotische und phonotopische Untersuchungen von Lippenlauten – ein neuer Labiograph. VOX (1922), H. 3/6, S. 64 ff. Panconcelli-Calzia, G.: Experimentelle Phonetik in ihrer Anwendung auf die Sprachwissenschaft. Berlin: Walter de Gruyter, 1924, S. 70–72.

5 – 17 Labiograph nach v. WILCZEWSKI

4.1 - 21 | H | 30154-000

Das hier gezeigte Gerät unterscheidet sich von jenem in 5 - 15 beschriebenen dadurch, dass nur ein Fühlhebel, nämlich der obere, beweglich ist, der untere Blechstreifen ist starr am Stativ befestigt.

Für die Aufzeichnung der Lippenbewegung steht nur ein Schreibhebel zur Verfügung.

Zur Justierung und zum Einstellen der Ruhelage dient die links am Rohrende erkennbare Rändelschraube.

Lit.: Wilczewski, S. v.: Phonoposotische und phonotopische Untersuchungen von Lippenlauten – ein neuer Labiograph. VOX (1922), H. 3/6, S. 64 ff. Panconcelli-Calzia, G.: Experimentelle Phonetik in ihrer Anwendung auf die Sprachwissenschaft. Berlin: Walter de Gruyter, 1924, S. 70–72.

5–18 Lippen-Ergograph nach MANIG

Phonetisches Laboratorium Hamburg, 1928

4.1 - 23 | H | 30156-000

Unter dem Begriff Lippen-Ergograph verstand man ein Gerät zur Leistungsprüfung der Lippenbewegungen sowohl für phonetische als auch für rehabilitationspädagogische Untersuchungen.

Bei Patienten mit Operationen im Lippenbereich erwies es sich als notwendig, durch geeignete Trainingsmethoden und -hilfsmittel zur schnellen Wiederherstellung und Kräftigung der Lippenmuskulatur beizutragen. Dazu diente unter anderem dieses abgebildete Gerät.

Der Patient hält mit den oberen und unteren Schneidezähnen das mittlere Metallplättchen fest (rechts im Bild). Damit ist die Position des Kopfes am Gerät festgelegt. Ober- und Unterlippe betätigen die oberen und unteren Metallplättchen an den geschwungenen Hebelenden. Mit den angehängten auswechselbaren Gewichtsstücken können unterschiedliche Belastungskräfte getrennt für beide Lippen eingestellt werden. Die Schreibspitzen an den linken Hebelenden zeichnen die Bewegungsabläufe auf der berußten Papierbahn eines Kymographen auf.

Aus den aufgezeichneten Kymogrammen von Rehabilitations-Behandlungen ließen sich u.a. folgende Größen ablesen:

- Anzahl der Lippenbewegungen pro Zeiteinheit
- Amplitudenverläufe
- Symmetrie der Lippenbewegungen.

Lit.: Manig, H.: Ergographie der Lippen bei Hasenscharten und Normalen. Teil I: VOX (1928), H. 5–6, S. 15–19; Teil II: VOX (1928), H. 7, S. 23–29.

5 – 19 Lippen-Ergograph nach PANCONCELLI-CALZIA

Phonetisches Laboratorium Hamburg, 1926

4.1 - 24 | H | 30210-000

Zum grundsätzlichen Aufbau und zur Funktionsweise eines Lippen-Ergographen siehe 5 – 18.

Im Gegensatz zu dem Lippen-Ergographen nach MANIG ist das vorliegende Gerät mit nur einem Hebel ausgestattet, um die Lippenmuskulatur eines Patienten mit Facialis-Lähmung zu trainieren.

Das am unteren Hebel angehängte Gewichtsstück kann ausgewechselt, d. h. vergrößert oder verkleinert werden. Die Lippenbewegungen werden mit einem Schreibstift auf der mit weißem Papier bespannten Trommel des Kymographen aufgezeichnet.

5–20 Mundtrichter mit Lamellen-Taster

4.1 - 22 | H | 30155-000

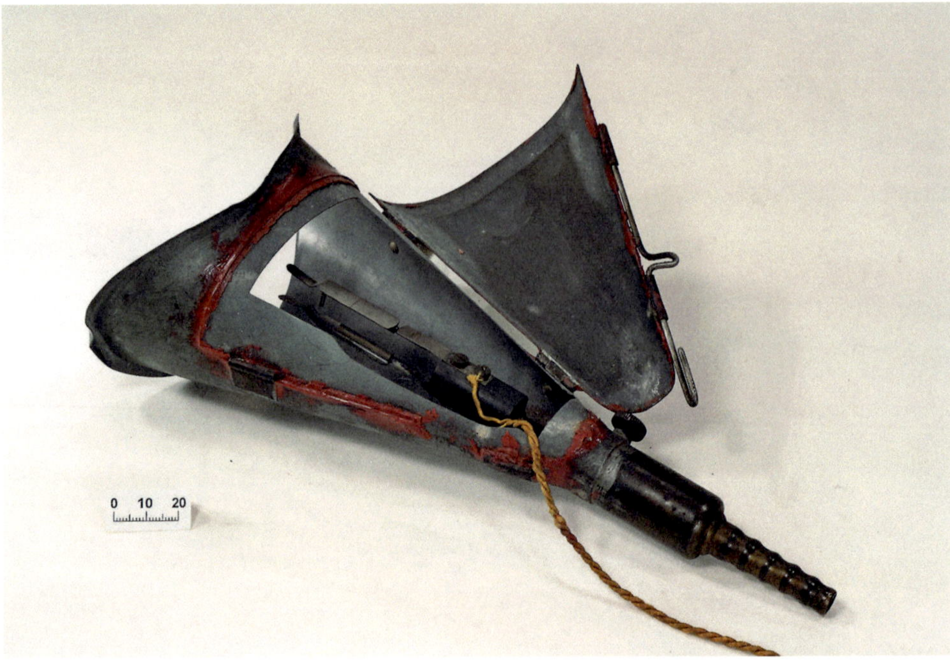

Beim Sprechen von bilabialen Lippenlauten (z. B. b, p, m) spielt die Messung von Zeitintervallen zwischen dem vorangehenden Laut und dem Lippenverschluss eine Rolle. Außerdem interessieren den Phonetiker die zeitlichen Abläufe der Lauterzeugung nach dem „Sprengen" des Lippenverschlusses. Aus solchen Zeitverläufen lassen sich Rückschlüsse auf die Artikulationsgenauigkeit ziehen.

Alle bisher benutzten Messmethoden beruhten auf einer mechanischen Registrierung des Lippenverschlusses und der Lippenöffnung (siehe z. B. 5 – 15). Derartige mechanische Messverfahren hatten trägheitsbedingte Fehler. Mit dem hier gezeigten Gerät sollte dieser Mangel behoben werden.

Der Proband presst den Mundtrichter fest an den Mund und berührt gleichzeitig mit den Lippen zwei auf die eingebauten Metall-Lamellen aufgesteckte kurze Papierröhrchen. Diese Metall-Lamellen schließen den elektrischen Mess-Kontakt, mit dem der Stromkreis eines elektromagnetischen Wandlers trägheitslos geschlossen wurde. Der Schaltvorgang dieses Wandlers konnte gleichzeitig mit dem aufgezeichneten Phonationsstrom registriert werden.

Dieser aus dem Trichter austretende Phonationsstrom gelangte über einen auf den Stutzen (rechts) aufgesteckten Schlauch zu einem akustisch-mechanischen Wandler, dessen Zeigerausschläge ebenfalls auf dem Rußpapier des Kymographen aufgezeichnet werden.

Der Mundtrichter lässt sich öffnen, um die Kontakte justieren zu können. Die Verschluss-Klappe musste mit Knetmasse luftdicht abgedichtet werden. Mit der Rändelschraube (rechts hinten) kann die Befestigung der Metall-Lamellen gelockert und damit an die Mundform des Probanden angepasst werden.

5–21 Atemvolumenmesser nach SCHNEIDER

4.2 - 1 | B | 30047-000

4.2 - 5 | H | 30308-000

Gerät zur Messung der Vitalkapazität (= Volumen) der Lunge bzw. des Phonationsstromes (rechts: mit aufgeblasenem Balgen).

Zur Messung der Vitalkapazität atmet der Proband maximal ein. Die ausgeatmete Luft gelangt über Mundstück und Schlauch in den Faltbalgen des Gerätes. An einer Skala ist das Volumen abzulesen.

Zur Messung des Phonationsstromes wird eine Maske vor Mund und Nase gehalten, der gesamte Phonationsstrom füllt so den Faltbalgen. Mit einer Schreibnadel, die an einem Röhrchen am Skalenzeiger befestigt werden kann und in der Senkrechten mitläuft, kann gleichzeitig der Kurvenverlauf des Atemvorganges beim Sprechen am Kymographen registriert werden.

Die maximale Volumenkapazität beträgt 6 Liter.

Lit.: Panconcelli-Calzia, G.: Die Darstellung der Atembewegungen in einer Formel. VOX (1919), H. 6, S. 180–181. Heinitz, W.: Zur Fehlerbetrachtung von Atemvolumenkurven. VOX (1925), H. 7, S. 25–32. Panconcelli-Calzia, G.: Das Hamburger experimentalphonetische Praktikum. Hamburg, O. Meissner, 1922, S. 8 ff. Fröschels, E.; Hajek, L.; Weiss, D.: Luftmengenmessungen In: Abderhalden, E. (Hrsg.): Handbuch der biolog. Arbeitsmethoden: Abt. V, Teil 7 (2. Hälfte). Berlin, Wien: Urban & Schwarzenberg, 1937, S. 1387–1397.

5-22 Atemvolumenmesser nach WETHLO/SCHNEIDER

4.2 - 2 | B | 30048-000

Dieses Gerät (rechts: mit aufgeblasenem Balgen) entspricht dem vorher beschriebenen mit dem Unterschied, dass die maximale Volumenkapazität 1 Liter beträgt.

Lit.: Panconcelli-Calcia, G.: Die Darstellung der Atembewegungen in einer Formel. VOX (1919), H. 6, S. 180–181. Heinitz, W.: Zur Fehlerbetrachtung von Atemvolumenkurven. VOX (1925), H. 7, S. 25–32. Panconcelli-Calcia, G.: Das Hamburger experimentalphonetische Praktikum. Hamburg: O. Meissner, 1922, S. 8 ff.

5-23 Spirometer nach BARNES

Fa. Dette, Berlin

4.2 - 3 | B | 30049-000, 4.2 - 6 | H | 30309-000

Gerät zur Bestimmung der Vitalkapazität (=Volumen) der Lunge.

Das Blechgefäß enthält im Inneren einen Gummiball, der aufblasbar ist.

Zur Messung der Vitalkapazität atmet der Proband maximal ein. Die ausgeatmete Luft gelangt über Mundstück und Schlauch in den Gummiball des Gerätes. Die eingeblasene Luftmenge wird an der aufsteigenden Skala am Deckel des Gefäßes abgelesen.

Die maximale Volumenkapazität beträgt 6 Liter.

5-23.1 Spirometer nach BARNES, geöffnet

4.2 - 3.1 | B | 30049-001

Im Bild erkennbar ist der aufblasbare Gummiball mit dem aufgesetzten Teller und der Messskala.

5–24 Atemschreiber nach MAREY

4.2 - 7 | H | 30157-000

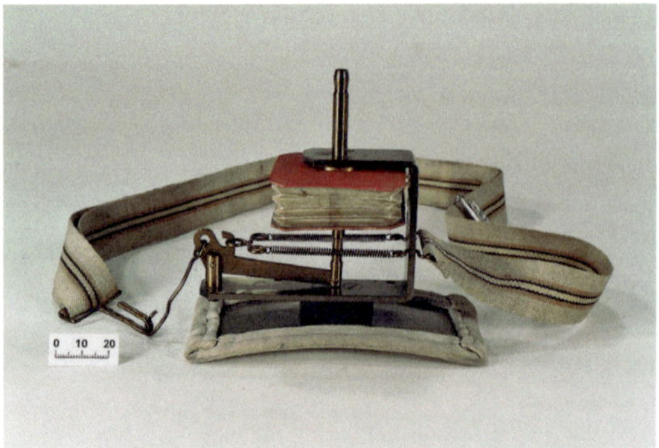

Um die Atembewegungen beim Sprechen zu messen und aufzuzeichnen, ist es erforderlich, sowohl die Bewegungen des Brustkorbes (thorakale Bewegung) als auch des Zwerchfells (abdominale Bewegung) gleichzeitig zu erfassen.

Die dazu entwickelten Wandler werden mit geeigneten Bändern um den Brustkorb und um den Bauch befestigt. Das hier gezeigte Modell eines Atemschreibers beschränkt sich auf nur einen solchen Aufnehmer.

Die gepolsterte Grundplatte liegt auf dem Brustkorb auf. Das Leinenband ist an der rechten Seite an einem U-förmigen Blech befestigt, an der linken Seite wird es mit dem Haken in die Öse eines zweiarmigen Hebels eingehängt. Die Änderungen des Brustumfanges beim Atmen erzeugen Längenänderungen der beiden horizontalen Federn, mit denen das Leinenband straff gespannt ist. Der Hebelmechanismus lenkt einen Faltbalgen aus, mit dem Luftdrücke erzeugt werden, die unmittelbar der Thoraxbewegung proportional sind.

Auf den oben erkennbaren Rohrstutzen wird der Übertragungsschlauch gesteckt, der die Verbindung zur akustisch-mechanischen Wandlerkapsel herstellt, mit der die Druckänderungen auf der Trommel eines Kymographen aufgezeichnet werden

Lit.: Cate, M. J. ten: Über die Untersuchung der Atmungsbewegungen bei Sprachfehlern. Med.-päd. Monatszeitschrift für die ges. Sprachheilkunde, 12 (1902), S. 247–259 (Teil 1) und S. 321–330 (Teil 2).

5–25 Gürtel-Pneumograph nach GUTZMANN

1.2 - 2 | B | 30008-000

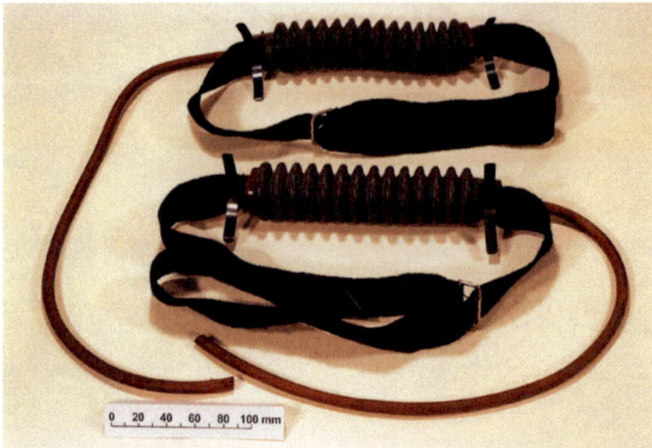

Der Gürtel-Pneumograph dient zur Untersuchung der Atembewegungen.

Die Gummischläuche mit wellenförmiger Oberfläche (flexible Wellrohre) werden in Brust- und Bauchhöhe (Thorakal- und Abdominalatmung) fest um den Oberkörper der Versuchsperson gelegt.

Bei Atmung wird die Luftdruckveränderung in den Schläuchen über MAREYsche Kapseln auf Schreibhebel übertragen und mit einem Kymographen registriert.

Lit.: Panconcelli-Calzia, G.: Das Hamburger experimentalphonetische Praktikum. Hamburg: O. Meissner, 1922, S. 10–13. Wethlo, F.: Zur Registrierung von Atembewegungen. Die Stimme, XX. Jahrg. (1926), H. 8. Wethlo, F.: Atmungsaufnahmen, enthaltend Hinweise auf die Behandlung des Stotterns. Kongressbericht der internationalen Arbeits-tagung über Fragen der Rehabilitation, Leipzig: Georg Thieme, 1958.

5-26 Pneumograph nach BERT

4.2 - 10 | H | 30158-000

Um die Atembewegungen des Brustkorbes beim Sprechen aufzuzeichnen, wird der hier gezeigte Pneumograph mit den beiden oberen Bändern so um den Nacken des Probanden gehängt, dass er sich in der Höhe des Brustkorbes befindet.

Der Pneumograph besteht aus einem beiderseits offenen Rohr, dessen Enden mit Gummimembranen verschlossen sind. Auf der Mitte der beiden Membranen sind kleine Plättchen mit ringförmigen Ösen aufgeklebt. In diese Ösen werden die Haken der beiden unteren Bänder eingehängt, die eng am Brustkorb des Probanden anliegen.

Beim Einatmen werden diese Bänder gespannt, dadurch die Membranen nach außen bewegt, und im Rohrinneren wird ein Unterdruck erzeugt.

Auf den Rohrstutzen des Pneumographen wird der Übertragungsschlauch zum angeschlossenen akustisch-mechanischen Wandler gesteckt. Die Druckänderungen werden auf der Trommel eines Kymographen aufgezeichnet.

Lit.: Poirot, J.: Die Untersuchung der Sprechbewegungen. Die Phonetik. In: Tigerstedt, R. (Hrsg.): Handbuch der physiologischen Methodik, 3. Bd., 6. Abt. Leipzig: S. Hirzel, 1911, S. 88 ff. Merelli, G.: Ricerche pneumografiche durante la emissione della voce parlata e cantata. VOX (1922), H. 1–2, S. 46–53.

5-27 Pneumograph nach DURIG und FRÖSCHELS

4.2 - 9 | H | 30235-000

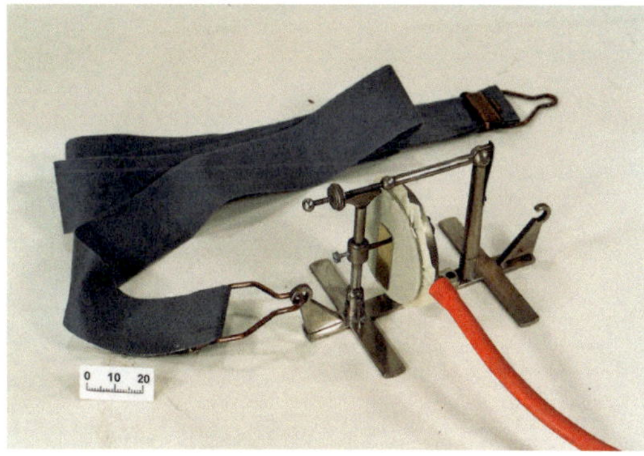

Um die Bewegung von Costal- und Abdominal-Atmung in Brust- oder Bauchhöhe aufzuzeichnen, gibt es verschiedene Möglichkeiten, vgl. z. B. 5 - 25, 5 - 26.

Beim hier gezeigten Gerät erzeugt eine Zunahme der Messgröße (zeitlicher Ablauf der Änderungen des Brust- oder Bauch-Umfanges) Druckerhöhungen in einer Messkapsel. Dadurch unterscheidet sich das Messprinzip von demjenigen, das bei den oben genannten verwendet wird.

Der Pneumograph besteht aus zwei kreuzförmigen Metallteilen, die mit einer Blattfeder verbunden sind. Jedes der Metallteile trägt einen Winkel mit Öse (links) bzw. Haken (rechts), an dem der Gurt befestigt wird, den die Versuchsperson um die Brust (oder Bauch) trägt,

Beim Einatmen vergrößert sich der Abstand zwischen der Öse und dem Haken. Dadurch spreizen sich die beiden an den Metallkreuzen befestigten senkrechten Säulen, und über die oben erkennbare justierbare Verbindungsstange wird die linke Säule so bewegt, dass die an ihr befestigte mittlere Schraube über ein Metallplättchen die Membran in die Messkapsel drückt.

Der Zeitverlauf des darin erzeugten Druckes ist proportional zur Atembewegung des Brustkorbes.

Lit.: Fröschels, E.; Hajek, L.; Weiss, L..: Untersuchungsmethoden der Stimme und Sprache, Abschnitt I, Atmung. In: Abderhalden, E. (Hrsg.): Handbuch der biolog. Arbeitsmethoden. Abt. V, Teil 7 (2. Hälfte). Berlin, Wien: Urban & Schwarzenberg, 1937, S. 1398–1399.

Kapitel 6

Demonstrationsgeräte
Modelle/Lehrmittel

Akustische und mechanische Resonatoren lassen sich sowohl für die Erzeugung als auch für die Messung von Schall einsetzen.
Die Messung der Frequenzen stationärer akustischer Vorgänge im Hörfrequenzbereich erforderte in der experimentellen Phonetik einen erheblichen technischen Aufwand. Deshalb wurde frühzeitig nach einfachen Messmethoden gesucht. Ein davon bestand darin, einseitig abgeschlossene Rohrstücke mit veränderbarer Länge als $\lambda/4$-Resonatoren nach SCHAEFER zu benutzen, die andere benutzt einen Satz von kalibrierten Kugel-Resonatoren nach HELMHOLTZ.
Zur Erzeugung akustischer Schwingungen mit definierten Frequenzen dienten Klangstäbe, Monochords, Stimmgabeln, Tonometer, Lochsirenen, Galtonpfeifen, Kolbenflöten, Zungenpfeifen. Sie alle haben unterschiedliche physikalische Wirkprinzipien, die im Folgenden näher beschrieben werden.

In der Phonetik war man bemüht, den Mechanismus der Spracherzeugung zu verstehen und zu modellieren, sowie dafür geeignete Anschauungs- und Funktionsmodelle zu schaffen. Neben funktionstüchtigen Kehlkopf-, Stimmlippen- und Artikulationsmodellen gibt es anatomische Anschauungsmodelle nach dem Baukasten-Prinzip.

Als Lehr- und Anschauungsmaterial zur systematischen Beschreibung einer Sprache sind Lauttafeln geschaffen worden. Zum Erlernen einer Sprache und ihrer Artikulation sind zahlreiche Bild-Tafeln mit den Artikulationsmerkmalen für die einzelnen Laute und ausgewählte Lautverbindungen ausgearbeitet worden, von denen ein größerer Bestand in der Sammlung vorhanden ist. Außerdem gibt es Stimm-Mechaniken, die Einzellaute bzw. Lautfolgen erzeugen können.

Die Logopäden und Hörgeschädigten-Pädagogen haben frühzeitig Phonetiker in ihre Bemühungen einbezogen, Hilfs- und Trainingsgeräte zur Rehabilitation von Hör- und Sprachbehinderten zu schaffen. In der Sammlung sind einige davon erhalten geblieben.

6 – 1 Kugel-Resonatoren-Reihe nach HELMHOLTZ

Leppin & Masche, Berlin, 1913

5 - 31 | H | 30160-000

Zum Funktionsprinzip des HELMHOLTZ-Resonators vgl. 6 - 4.

Die hier aufgestellten Kugel-Resonatoren stehen auf den Rohröffnungen, die trichterförmigen Ansatzstücke, die in den Gehörgang gesteckt werden, zeigen alle nach unten.

Die vorliegende Resonatorenreihe besteht aus elf Teilen mit folgenden Resonanzfrequenzen:

128 Hz = c	384 Hz = g^1	640 Hz = e^2
192 Hz = g	448 Hz = ais^1	704 Hz = fis^2
256 Hz = c^1	512 Hz = c^2	768 Hz = g^2
320 Hz = e^1	576 Hz = d^2	

Die Bezeichnungen der Tonhöhen entsprechen denen, die auf den Resonatoren eingraviert sind. Die Zuordnungen zur Frequenzskala stammen aus der Entstehungszeit dieser Resonatorenreihe, d.h. um 1913.

Derartige Kugel-Resonatoren waren seinerzeit die wesentlichen experimentellen Hilfsmittel zur subjektiven Klanganalyse. HELMHOLTZsche Kugelresonatoren haben eine schmalbandigere Resonanzkurve als die der kontinuierlichen Rohr-Resonatoren-Reihe nach SCHAEFER (vgl. 6 – 5) und sind deshalb für präzisere Frequenzmessungen bevorzugt worden. Allerdings benötigte man viele solcher Resonatoren, da jeder nur für eine Frequenz verwendbar war.

Lit.: Panconcelli-Calzia, G.: Die experimentelle Phonetik in ihrer Anwendung auf die Sprachwissenschaft. Berlin: de Gruyter, 1928, S. 98 ff. Dietzel, R.; Mehnert, D.; Fuder, G., Hoffmann, R.: Akustische Resonatoren als Messmittel für die Experimentelle Phonetik. Studientexte zur Sprachkommunikation, 54. Dresden: TUD press, 2009, S. 173–184.

6 – 2 HELMHOLTZ-Kugel-Resonatoren

5 – 1 | B | 30050-000

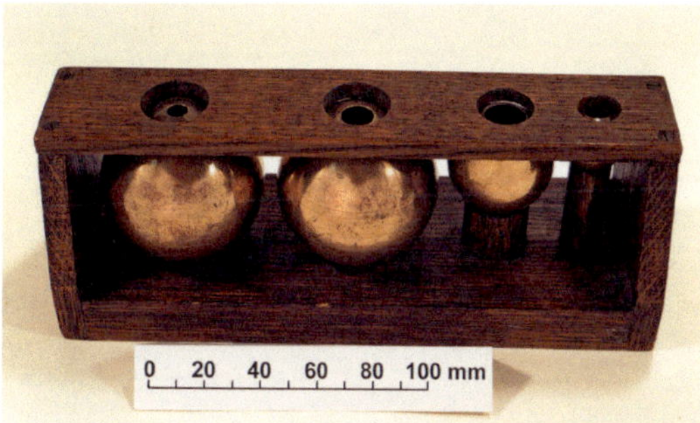

Mit Kugel-Resonatoren hat HERMANN VON HELMHOLTZ schon Mitte des 19. Jahrhunderts erstaunlich genaue Teiltonanalysen vorgenommen. Regt man die Kugel-Resonatoren mit einem obertonreichen Klang an, z.B. mit einer Schnarre (ähnlich dem Primärklang des Kehlkopfes), so werden ihre Resonanzfrequenzen hervorgehoben. Eine Hohlkugel mit einer runden Öffnung lässt sich bei akustischer Betrachtungsweise darstellen als Anordnung aus einem Luftvolumen mit Federeigenschaft und einem kurzen Rohrstück (Öffnung) mit Masse-Eigenschaft. Diese Kombination aus Feder und Masse entspricht einem Reihen-Resonanzkreis, dessen Resonanzfrequenz f_0 vom Volumen des Hohlraumes, der Länge und dem Querschnitt des Rohrstücks abhängt. Bei Anregung eines solchen Resonators mit einem Schall der Frequenz f_0 entsteht an der Öffnung ein kräftiger Volumenstrom, im Hohlraum erreicht der Wechseldruck ein Maximum.

Die hier abgebildete Reihe derartiger Resonatoren ist auf die Frequenzen $f \approx$ 312 Hz (= g^1), $f \approx$ 513 Hz (= c^2), $f \approx$ 1046 Hz (= c^3) und $f \approx$ 2093 Hz (= c^4) abgestimmt. Die Frequenzen entsprechen den Formanten der Vokale u, o, a und e.

Regt man einen dieser Resonatoren mit einem breitbandigen, d.h. obertonreichen Klang (siehe oben) an, dann wird dessen Resonanzfrequenz hervorgehoben und gut hörbar abgestrahlt.

Lit.: Helmholtz, H.: Die Lehre von den Tonempfindungen. Braunschweig: Vieweg, 1862, S. 73–76. Wethlo, F.: Vom Wesen der Resonanz. Die Stimme, 20 (1926), H. 5, S. 1–4.

6 – 3 Anregungsgenerator (Schnarre) zum Kugel-Resonator

5 – 2 | B | 30051-000, 30266-000, 30268-000

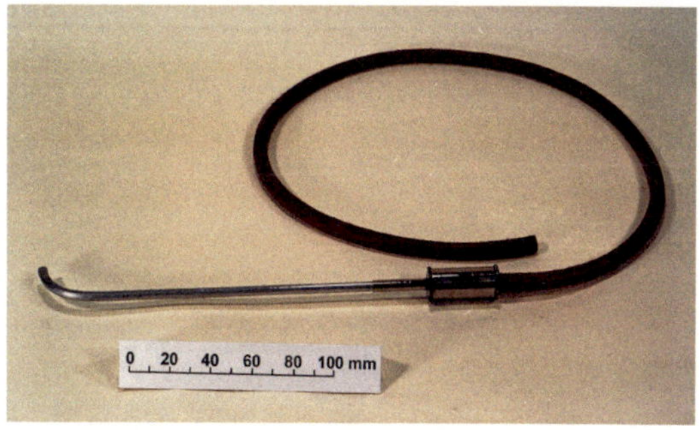

Das Gerät erzeugt durch Anblasen einen oberwellenreichen Klang, ähnlich dem Primärklang der schwingenden Stimmlippen des Kehlkopfes.

Der Anregungsgenerator wird zur Demonstration des Resonanzverhaltens der Helmholtz-Kugel-Resonatoren (s. 6 – 2) verwendet.

Am Ende des Anblasschlauches befindet sich ein Hohlzylinder, in dem sich eine gespannte schmale Gummimembran als „aufschlagende Zunge" befindet. Beim Anblasen mit einem stetigen Luftstrom wird ein schnarrender Klang, d.h. ein breitbandiges Signal mit tiefer Grundfrequenz, erzeugt.

Lit.: Wethlo, F.: Formen künstlicher Kehlköpfe. Zeitschrift für Phonetik, 3 (1949), H. 1/2, S. 109–114.

6 – 4 Kugel-Resonatoren für die Vokalreihe

Max Kohl AG, Chemnitz

5 - 30 | H | 30159-000

Ein HELMHOLTZ-Resonator besteht aus einer Hohlkugel mit einer Öffnung, an der ein Rohrstück angebracht ist. Das Luftvolumen der Hohlkugel wirkt als akustische Feder, die Luft im Rohrstück als akustische Masse. Die Kombination aus Feder und Masse entspricht einem Reihen-Resonanzkreis. Dessen Resonanzfrequenz f_0 hängt vom Volumen des Hohlraumes und von der Länge sowie der Querschnittsfläche des Rohrstücks ab.

Bei Anregung eines solchen Resonators mit einem Schall der Frequenz f_0 entsteht an der Rohröffnung ein kräftiger Volumenstrom, im Hohlraum erreicht der Wechseldruck ein Maximum. Regt man den Resonator mit einem breitbandigen, d.h. obertonhaltigen Schall an, dann wird von ihm nur jene Frequenz herausgefiltert, die mit seiner Resonanzfrequenz übereinstimmt. Als einfachste Ausführungsformen gibt es derartige Resonatoren, bei denen das Rohrstück, als akustische Masse wirkend, weggelassen wird und nur die Öffnung übrig bleibt. Das ist im Bild bei Resonatoren für u, o, a, e und i der Fall, (vgl. 6 - 2, HELMHOLTZ-Kugelresonatoren).

Um herauszufinden, ob der Resonator mit seiner Resonanzfrequenz schwingt, befindet sich unten an der Hohlkugel ein dünnes trichterförmiges Ansatzstück, das man in den Gehörgang steckt, ähnlich wie beim Hörrohr. Im Resonanzfall hört man den Ton mit der Frequenz f_0 deutlich lauter als alle anderen Spektralanteile.

6 – 5 Kontinuierliche Resonatorenreihe nach SCHAEFER, 1902

5 - 4 | B | 30053-000

5 - 32 | H | 30313-000

Derartige Resonatoren wurden verwendet für die Messung der Frequenzen von Teiltönen in zusammengesetzten Schallen. Ein einseitig verschlossenes Rohr ist ein akustischer Resonator, der dann in Resonanz gerät, wenn seine Länge einem Viertel der Wellenlänge des Schalles in Luft entspricht. Dann entsteht am verschlossenen Rohrende ein Druckmaximum. Um die Wellenlänge der zu untersuchenden Schallvorgänge zu ermitteln, verändert man die Länge des Rohres so lange, bis am Ansatzstück deutlich das Schalldruckmaximum hörbar ist. Zum Auffinden dieses Resonanzvorganges steckt man das Ansatzstück (das gegebenenfalls mit einem kurzen gebogenem Gummischlauch verlängert wird) ins Ohr und sucht die Resonanz. Jedes der Rohre steckt verschiebbar in einem Mantelrohr, so dass durch Auseinanderziehen die Länge kontinuierlich verlängert werden kann. Wurden die Resonatoren für andere Zwecke benutzt, mussten die Öffnungen des Ansatzrohres mit Gummistopfen verschlossen werden. Die Resonatorenreihe besteht aus vier unterschiedlich langen zylindrischen Doppelröhren und umfasst damit den gesamten mittleren Teil des musikalischen Tonbereiches von A bis c^3.

Lit.: Helmholtz, H. v.: Lehre von den Tonempfindungen. Braunschweig: Vieweg, 1862, S. 73–76. Zimmermann, E.: Wissenschaftliche Apparate. Leipzig, Berlin 1928, S. 146 ff. Hoffmann, R.; Mehnert, D.; Dietzel, R.; Fuder, G.: Measuring Frequencies with Historic Resonators from SCHAEFER. NAG/DAGA 2009, Rotterdam, S. 258–261. Dietzel, R.; Mehnert, D.; Fuder, G., Hoffmann, R.: Akustische Resonatoren als Messmittel für die Experimentelle Phonetik Studientexte zur Sprachkommunikation 54. Dresden: TUD press, 2009, S. 173–184.

6 – 5.1 Kontinuierlicher Resonator nach SCHAEFER

5 - 4.1 | B | 30053-001

Dieser Resonator wurde für die Messung der Frequenzen von Teiltönen in zusammengesetzten Schallen verwendet.

Der abgebildete Resonator, Bestandteil der Kontinuierlichen Resonatorreihe (vgl. 6 – 5), ist auf eine Länge von $l = 10{,}7\,\text{cm}$ eingestellt worden, wie an der Skala des hellen Innenrohres ablesbar ist. Die rechte Skala ist die Halbtonskala, beim abgebildeten Resonator reicht sie von $d^{2\#}$ ($f = 622{,}3\,\text{Hz}$) bis c^3 ($f = 1046{,}5\,\text{Hz}$)

Der Resonator ist eingestellt auf eine Frequenz von etwa 1270 Hz.

6–6 Klangstäbe c^5 und c^6 mit Anregungshammer

5 - 3 | B | 30052-000

5 - 34 | H | 30314-000

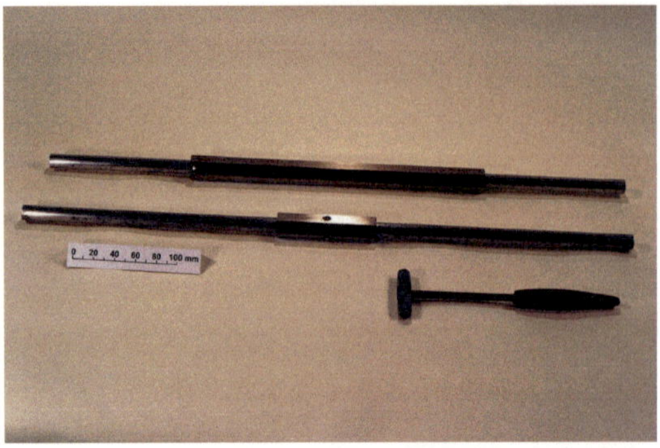

Stäbe zur Erzeugung von mechanischen Longitudinalschwingungen hoher Frequenz und langer Abklingzeit. Derartige Klangstäbe wurden zur Hörprüfung eingesetzt.

Die Stäbe werden in der Mitte, d. h. im Schwingungsknoten gehalten und an einer der Stirnflächen mit einem Anregungshammer angeschlagen. Damit erregt man die Grundwelle der Longitudinalschwingungen solcher Stäbe. Für die Prüfung von bestimmten Hörschäden war es erforderlich, das Ohr des Probanden über mindestens 20 s Dauer mit einem kräftigen monofrequenten Schallreiz hoher Frequenz (c^5) anzuregen.

Der c^6-Klangstab (im Bild oben) wird mit der übergestülpten Metallhülse in den beiden symmetrisch zur Mitte liegenden Knoten gehalten.

Lit.: Schaefer, K. L.; Wethlo, F.: Über einen c^5-Klangstab mit langer Abschwingdauer, Passow-Schaefer, Beiträge XXVIII (1930), S. 171–176. Wethlo, F.: Gehör- und Gehörsuntersuchungen für sehr hohe Töne - ein c^6-Klangstab, Die Stimme, XXVI, H. 6 (1932), S. 1–2.

6–7 Schwingungsfähige Biegefeder mit verstellbarer Zusatzmasse

5 - 6 | Ch | 30055-000

Die Zusatzmasse lässt sich mit einer Stellschraube an beliebiger Stelle der Biegefeder arretieren. Damit lässt sich die Resonanzfrequenz der Biegefeder im Bereich von 1,7 Hz bis etwa 3 Hz verändern.

Die Anordnung diente zur Kalibrierung von Schwingungsaufzeichnungsgeräten.

6 – 8 Monochord nach SCHULZ

5 - 5 | Ch | 30054-000

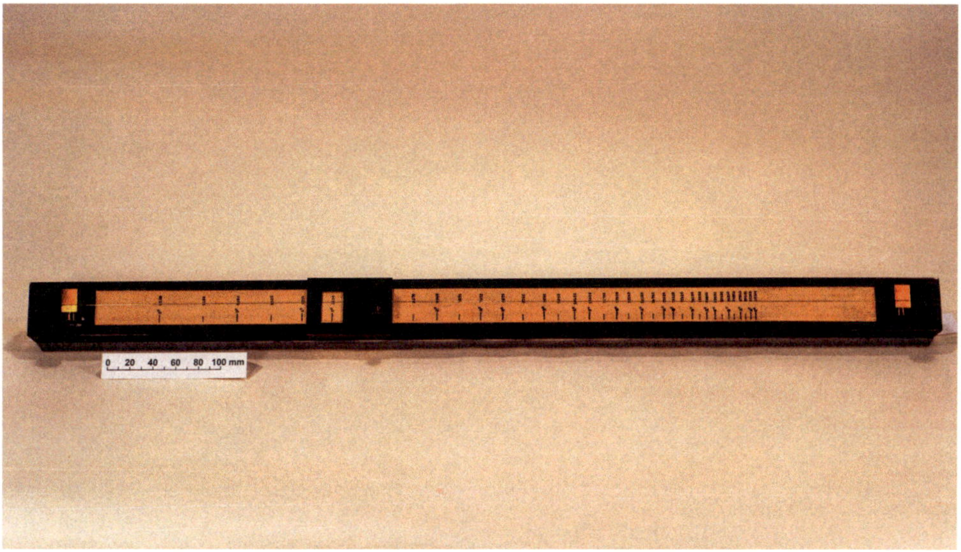

Zwischen zwei Spannbacken auf einem stabilen Holzkörper ist eine Stahlsaite gespannt. Durch eine verschiebbare weitere Spannbacke (Stimmklotz) können die schwingungsfähigen Längen der beiden Teile der der Saite definiert gewählt werden.

Der rechte Teil dieser Saite (vgl. Bild) wird durch Reiben in ihrer Längsrichtung zu Longitudinalschwingungen angeregt. Die Frequenz des so erzeugten Tones hängt nur von der Länge der Saite ab und ist unabhängig vom Querschnitt, der mechanischen Spannung und der Temperatur der Saite. Deshalb ist diese Art der Schwingungserzeugung vergleichbar mit jener, die bei den Klangstäben (vgl. 6 - 6) benutzt wird.

Wenn die verschiebbare Spannbacke sich am linken Ende des Monochords befindet, schwingt die Saite mit $f = 4138$ Hz. Wenn die Spannbacke soweit rechts eingestellt ist, dass die Markierung an dem Fenster auf die letzte Skalenbeschriftung weist, schwingt die Saite mit $f = 33104$ Hz, also weit oberhalb des Hörbereiches.

Das Monochord diente sowohl für physikalische Frequenzmessungen als auch zur Überprüfung des Hörvermögens von Probanden im oberen Hörbereich. Es ließ sich für derartige Messungen von Hörverlusten bei Anregung über das äußere Ohr (Luftleitung) und auch über den Schädelknochen (Knochenleitung) einsetzen.

Durch die gewählte Dimensionierung der Saitenlänge konnte der interessierende Frequenzbereich in der Umgebung der oberen Hörgrenze erfasst werden.

Lit.: Helmholtz, H. v.: Lehre von den Tonempfindungen. Braunschweig: Vieweg, 1862, S. 113–148. Feldmann, H.: Bilder aus der Geschichte der Hals-Nasen-Ohren-Heilkunde. Heidelberg: Meridian, 2003, S. 116–122.

6 – 9 Monochord mit Stimmstock

5 - 33 | H | 30161-000

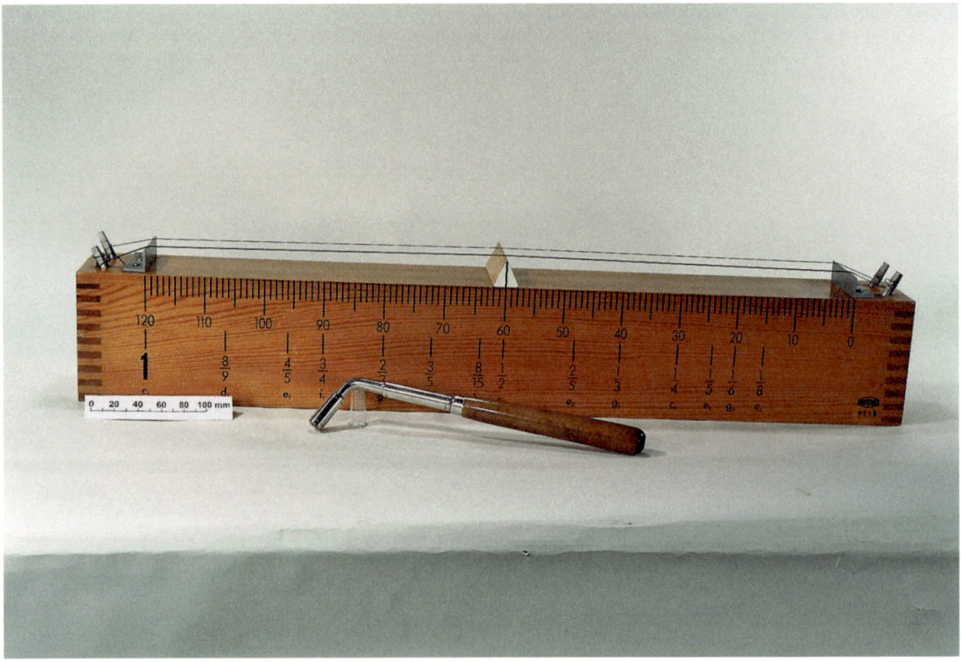

Das gezeigte Gerät besteht aus einem stabilen Holzkasten mit rechteckigem Querschnitt. Auf ihm sind zwei Saiten mit Wirbeln so befestigt, dass ihre Spannung mit einem Stimmstock einstellbar ist. Die beiden Stahlwinkel (links und rechts) legen die frei schwingende Saitenlänge fest. An den Stegen beginnen und enden die beiden Skalen, die an der Vorderseite des Holzkastens aufgetragen sind.

Auf der Oberseite des Holzkastens lässt sich der dreieckige Holzsteg verschieben: Steht er z. B. genau in der Mitte (wie im Bild), dann entsteht beim Anstreichen der Saite ein Ton mit der doppelten Frequenz des ursprünglichen Grundtones (Oktave). Andere Teilungsverhältnisse lassen sich durch Verschieben des Holzsteges einstellen, sie sind an der unteren Skala aufgetragen.

Die Saiten können angeschlagen, gezupft oder mit einem Bogen angestrichen werden. Die Saite wird also immer zu Transversalschwingungen angeregt im Gegensatz zum Monochord nach F. A. SCHULZ (vgl. 6 – 8).

Beim hier gezeigten Gerät gibt es zwei Saiten, es wird deshalb auch als Dichord bezeichnet. Die zweite Saite wird bei physikalischen Messungen als Vergleichsnormal benutzt

Mit dem zugehörigen Stimmstock, einem stabilen abgewinkelten Vierkantschlüssel, lässt sich die erforderliche Abstimmung der Saitenspannung einstellen.

Lit.: Helmholtz, H. v.: Die Lehre von den Tonempfindungen. Braunschweig: Vieweg, 1862, S. 113–148. Feldmann, H.: Bilder aus der Geschichte der Hals-Nasen-Ohren-Heilkunde. Heidelberg: Median, 2003, S. 116–122.

6–9.1 Bedienungsanleitung und Frequenztafel für Monochord nach STRUYKENS

5 - 33.2 | H | 30161-002

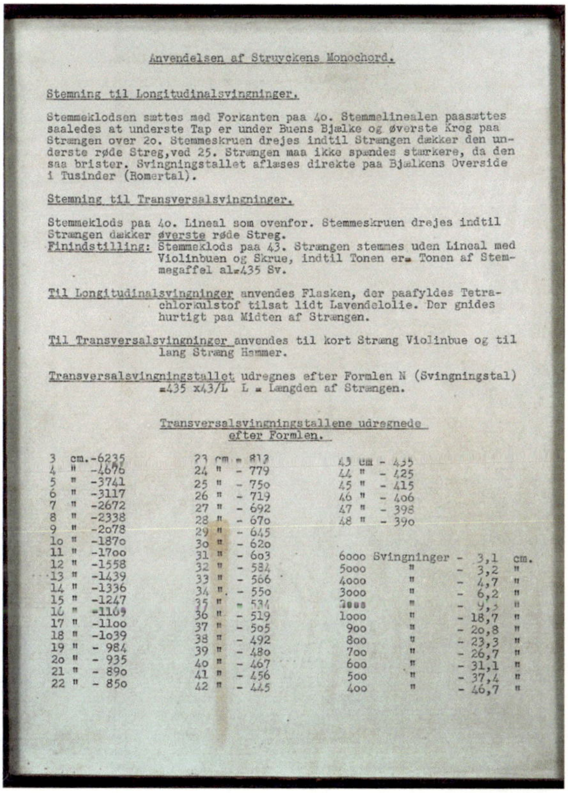

Anvendelsen af Struyckens Monochord.

Stemning til Longitudinalsvingninger.

Stemmeklodsen sættes med Forkanten paa 4o. Stemmelinealen paasættes saaledes at underste Tap er under Buens Bjælke og øverste Krog paa Strængen over 2o. Stemmeskruen drejes indtil Strængen dækker den underste røde Streg, ved 25. Strængen maa ikke spændes stærkere, da den saa brister. Svingningstallet aflæses direkte paa Bjælkens Overside i Tusinder (Romertal).

Stemning til Transversalsvingninger.

Stemmeklods paa 4o. Lineal som ovenfor. Stemmeskruen drejes indtil Strængen dækker øverste røde Streg.
Finindstilling: Stemmeklods paa 43. Strængen stemmes uden Lineal med Violinbuen og Skrue, indtil Tonen er= Tonen af Stemmegaffel a1=435 Sv.

Til Longitudinalsvingninger anvendes Flasken, der paafyldes Tetrachlorkulstof tilsat lidt Lavendelolie. Der gnides hurtigt paa Midten af Strængen.

Til Transversalsvingninger anvendes til kort Stræng Violinbue og til lang Stræng Hammer.

Transversalsvingningstallet udregnes efter Formlen N (Svingningstal) =435 x43/L L = Længden af Strængen.

Transversalsvingningstallene udregnede efter Formlen.

3 cm.	-6235	23 cm	= 813	43 cm	- 435
4 "	-4676	24 "	- 779	44 "	- 425
5 "	-3741	25 "	- 75o	45 "	- 415
6 "	-3117	26 "	- 719	46 "	- 406
7 "	-2672	27 "	- 692	47 "	- 398
8 "	-2338	28 "	- 67o	48 "	- 39o
9 "	-2o78	29 "	- 645		
1o "	-187o	3o "	- 62o		
11 "	-17oo	31 "	- 6o3	6ooo Svingninger	- 3,1 cm.
12 "	-1558	32 "	- 584	5ooo "	- 3,2 "
13 "	-1439	33 "	- 566	4ooo "	- 4,7 "
14 "	-1336	34 "	- 55o	3ooo "	- 6,2 "
15 "	-1247	35 "	- 534	[illegible] "	- 9,3 "
16 "	-1169	36 "	- 519	1ooo "	- 18,7 "
17 "	-11oo	37 "	- 5o5	9oo "	- 2o,8 "
18 "	-1o39	38 "	- 492	8oo "	- 23,3 "
19 "	- 984	39 "	- 48o	7oo "	- 26,7 "
2o "	- 935	4o "	- 467	6oo "	- 31,1 "
21 "	- 89o	41 "	- 456	5oo "	- 37,4 "
22 "	- 85o	42 "	- 445	4oo "	- 46,7 "

Das Monochord nach STRUYKENS ist nicht mehr in der Sammlung erhalten geblieben. Es existieren nur zwei dazu gehörige Tafeln mit den Zusammenhängen zwischen den Saitenlängen, Frequenzen und musikalischen Tonhöhenbezeichnungen.

Dabei wird vorausgesetzt, dass die Spannung der ungeteilten Saite auf den Kammerton a eingestellt werden musste. Zum damaligen Zeitpunkt (vor 1935) hatte der Kammerton a die Frequenz $f = 435\,\text{Hz}$.

Die in der Tabelle aufgeführten Saitenlängen und ihre zugehörigen Frequenzen lassen erkennen, mit welch' hoher Auflösung mit einem derartigen Monochord definierte Tonhöhen erzeugt und gemessen werden konnten.

Die Ausführung dieser Bedienungsanleitung in einem Holzrahmen mit Glas weist darauf hin, dass sie ständig verfügbar sein musste und ihren festen Platz im Laboratorium hatte.

6 – 9.2 Tabelle für Monochord

Musikalische Notenbezeichnungen und die zugehörigen Frequenzen in Hz

5 - 33.3 | H | 30161-003

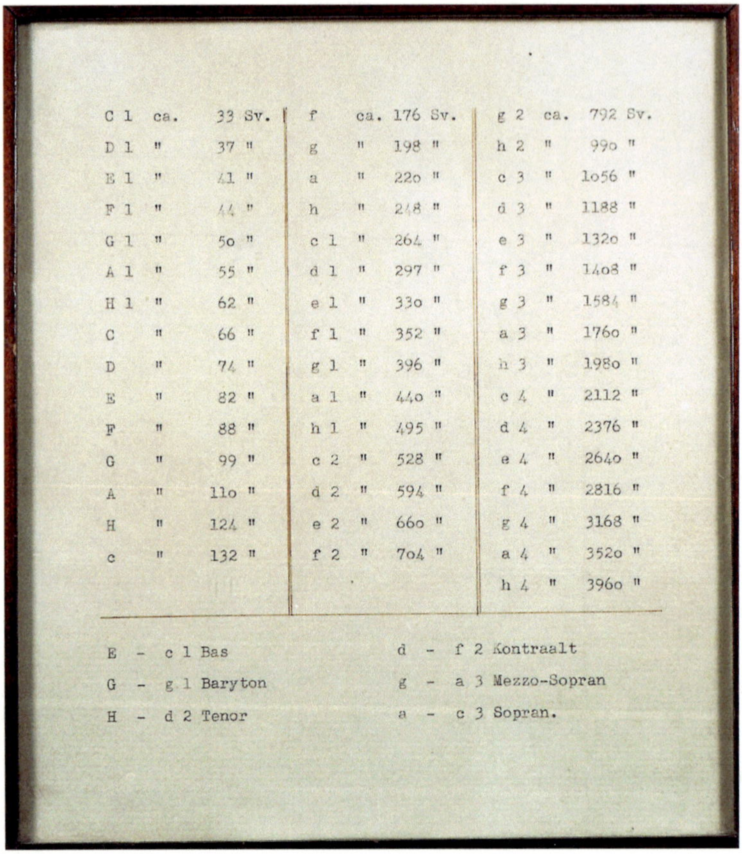

C 1	ca.	33	Sv.	f	ca.	176	Sv.	g 2	ca.	792	Sv.
D 1	"	37	"	g	"	198	"	h 2	"	99o	"
E 1	"	41	"	a	"	22o	"	c 3	"	1o56	"
F 1	"	44	"	h	"	248	"	d 3	"	1188	"
G 1	"	5o	"	c 1	"	264	"	e 3	"	132o	"
A 1	"	55	"	d 1	"	297	"	f 3	"	14o8	"
H 1	"	62	"	e 1	"	33o	"	g 3	"	1584	"
C	"	66	"	f 1	"	352	"	a 3	"	176o	"
D	"	74	"	g 1	"	396	"	h 3	"	198o	"
E	"	82	"	a 1	"	44o	"	c 4	"	2112	"
F	"	88	"	h 1	"	495	"	d 4	"	2376	"
G	"	99	"	c 2	"	528	"	e 4	"	264o	"
A	"	11o	"	d 2	"	594	"	f 4	"	2816	"
H	"	124	"	e 2	"	66o	"	g 4	"	3168	"
c	"	132	"	f 2	"	7o4	"	a 4	"	352o	"
								h 4	"	396o	"

E - c 1 Bas
G - g 1 Baryton
H - d 2 Tenor
d - f 2 Kontraalt
g - a 3 Mezzo-Sopran
a - c 3 Sopran.

Der Zusammenhang zwischen der musikalischen Notenbezeichnung und den entsprechenden Frequenzen für den nach 1939 gültigen Kammerton a mit $f = 440\,\text{Hz}$ ist für einen weiten Intervallbereich aufgeführt.

Auch diese Tabelle befindet sich in einem Holzrahmen unter Glas und war offenbar im Laboratorium jederzeit verfügbar.

Zur Festlegung der Frequenz des Kammertones a findet man zweckdienliche Hinweise z. B. in Meyers Konversations-Lexikon, 4. Aufl., 1890.

6 – 10 Vokal-Stimmgabeln im Kasten

Max Kohl, Chemnitz, 1917

5 - 48 | H | 30217-000

Stimmgabeln waren als Geräte zur Erzeugung sinus-förmiger Schwingungen über Jahrzehnte hinweg die wichtigsten Hilfsmittel in der experimentellen Akustik und Phonetik. Sie dienten als Frequenz-Normale bei kymographischen Aufzeichnungen und zum Stimmen von Musikinstrumenten. JOHN SHORE (1662–1752) in England gilt als der eigentliche Erfinder der Stimmgabel. Unter anderen benutzten bereits G. F. HÄNDEL und H. PURCELL im 17. Jahrhundert diese Stimmgabeln als Frequenznormale. Ein zu einem U gebogener Metallstab mit einem Stiel in der Mitte ist eine Stimmgabel. Beide Zinken schwingen mit großer Amplitude quer zur Längsachse, der Stiel schwingt mit geringer Amplitude longitudional. Deshalb kann man die schwingende Gabel am Stiel halten, ohne die Schwingungen der Zinken merklich zu dämpfen. Üblicherweise wird die Stimmgabel durch einen kurzen Kraftstoß (z. B. durch einen Schlag mit einem Klöppel) angeregt. Je größer die Masse der Zinken von Stimmgabeln mit der gleichen Resonanzfrequenz ist, desto höher ist die aus dem Kraftstoß (Schlag) übertragene und gespeicherte Energie. Dadurch vergrößert sich die Abklingzeit (Nachhallzeit) der Schallabstrahlung erheblich. Für praktische Anwendungen, bei denen der erzeugte Ton möglichst lange hörbar sein soll, sind deshalb Stimmgabeln mit großer Masse vorteilhafter einsetzbar. Die beiden Zinken bilden gemeinsam einen akustischen Dipol, der Luftschall abstrahlt. Setzt man den Stiel der Stimmgabel auf eine feste, schwingungsfähige Platte, wird diese durch Körperschall-Übertragung angeregt und strahlt ebenfalls Luftschall ab. Der von der Stimmgabel abgestrahlte Schall hat eine konstante Frequenz und ist fast oberwellenfrei. Die Frequenz der Stimmgabel hängt ab vom Elastizitätsmodul des Stahls sowie von den Längs- und Querabmessungen der Zinken. Weil jede Stimmgabel nur Schall mit einer Frequenz erzeugen kann, sind für systematische Untersuchungen in der Regel ganze Sätze von Stimmgabeln mit abgestuften Resonanzfrequenzen erforderlich.

Die hier abgebildeten Stimmgabeln haben Frequenzen, die den jeweils ersten Formanten der Vokale [u], [o], [a] (fehlt), [e] und [i] entsprechen.

Lit.: Feldmann, H.: Bilder aus der Geschichte der Hals-Nasen-Ohrenheilkunde. Heidelberg: Median, 2003, Kap. 5, S. 65–76.

6 – 11 Fünf Stimmgabeln in Schatulle

5 - 10 | Ch | 30065-000

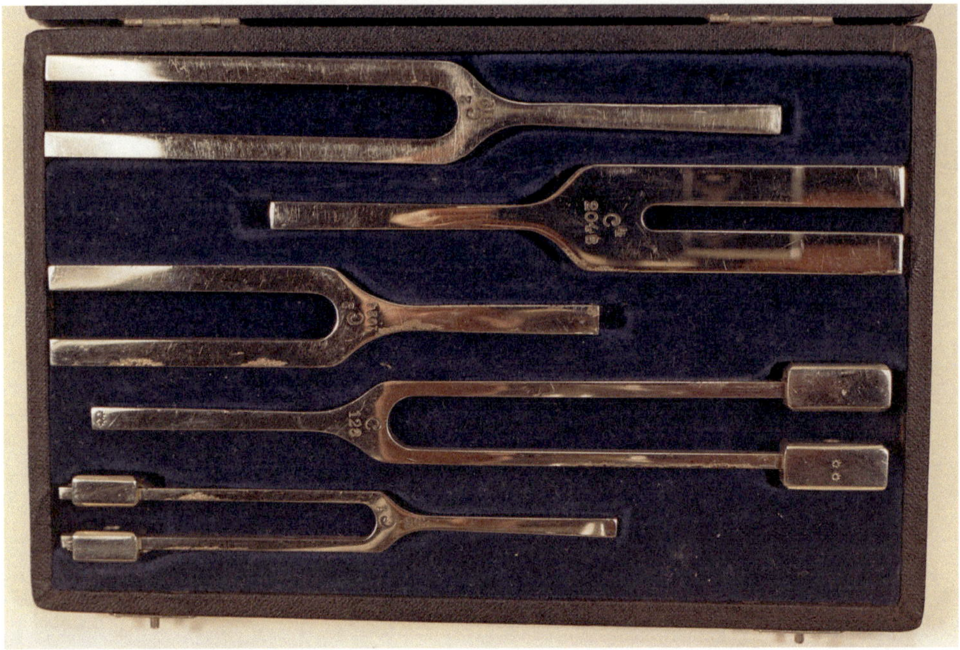

Stimmgabeln dienten schon sehr frühzeitig zur Frequenzmessung von Schallvorgängen und als Frequenznormale zum Stimmen von Musikinstrumenten. Darüber hinaus benutzte man sie zu Hörtests, als Zeitmarkenerzeuger bei Schallaufzeichnungen und weiterhin zu vielfältigen Resonanzversuchen.

Die abgebildeten fünf Stimmgabeln sind so abgestimmt, dass ihre Tonhöhe jeweils eine Oktave Abstand von den benachbarten hat: c, c^1, c^2, c^3, c^4.

Die auf den Stimmgabeln angegebenen Frequenzen, z. B. $f = 128$ Hz für c, stimmt nicht mehr mit der heutigen gültigen Frequenz-Zuordnung mit dem Kammerton a^1 entsprechend $f = 440$ Hz überein.

Stimmgabeln zeichnen sich durch vollen, lang andauernden Ton aus, Obertöne haben nur geringe Amplituden und klingen rasch ab. Stimmgabeln für Messzwecke wurden nach geprüften Originalen (Physikalisch-Technische Reichsanstalt, jetzt Physikalisch-Technische Bundesanstalt) gestimmt.

Lit.: Wethlo, F.: Stimmgabeln und Stimmpfeifen. Die Stimme, XXVII (1933), H. 10/11, S. 1 (Sonderdruck).

6 – 12 Drei Stimmgabeln für tiefe Töne mit Zeiger und verstellbaren Zusatzmassen

5 - 10.1 | Ch | 30066-000

5 - 10.7 | Ch | 30298-000

5 - 10,8 | Ch | 30299-000

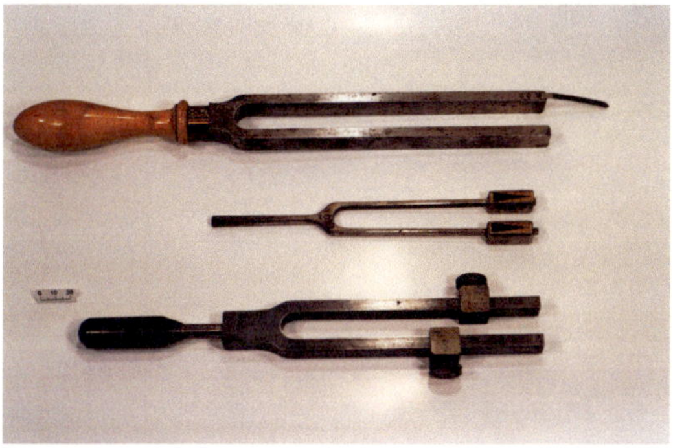

Die obere Stimmgabel mit Zeiger diente als Zeitmarkenerzeuger bei kymographischen Aufzeichnungen. Die beiden übrigen Stimmgabeln haben verschiebbare Zusatzmassen, sog. Stimmaufsätze, um ihre Frequenz definiert verändern zu können, siehe auch 6 - 17.

6 – 13 Stimmgabel mit vier Zinken und Stimmgabel mit verstellbaren Zusatzmassen

Fa. E. Zimmermann

5 - 10.4 | Ch | 30069-000

5 - 10.2 | Ch | 30067-000

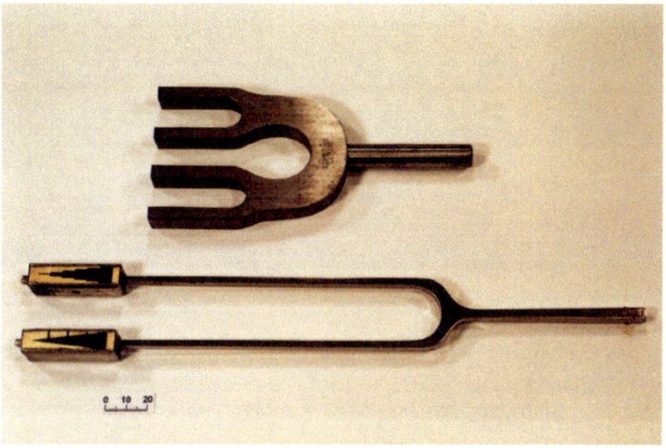

Die obere Stimmgabel mit vier Zinken erzeugt bei geeignetem Anschlag einen Dreiklang: Das obere Zinkenpaar erzeugt den höchsten Teilton, das untere den mittleren Teilton. Betrachtet man jedes Paar als Ganzes, dann schwingen beide mit einer tiefen Frequenz um den Schwingungsknoten am Griffansatz.

Die unten abgebildete Stimmgabel ist mit verschiebbaren Zusatzmassen versehen, mit denen unterschiedlich wählbare Resonanzfrequenzen erzeugt werden können. Außerdem lassen sich deren Schwingungsamplituden mit einer einfachen Skalierung messen. Dazu sind auf den beiden Zusatzmassen eine keilförmige und eine stufenförmige Figur angebracht.

Nach Anschlagen der Stimmgabel erscheint die transversal schwingende keilförmige Figur, die sich auf den Gewichten befindet (im Bild unten), dem Betrachter als Doppelfigur mit zwei Spitzen. Das scheinbare Bild der dreieckförmigen hellen Lücke zwischen den beiden schwarzen Keilen hat die Form eines auf der Spitze stehenden Dreiecks. Dessen Höhe ist ein Maß für deren abgestrahlte Lautstärke.

Lit.: Feldmann, W.: Bilder aus der Geschichte der Hals-Nasen-Ohrenheilkunde. Heidelberg: Median, 2003, S. 98–99.

6 – 14 Drei Stimmgabeln für hohe Töne

5 - 10.5 | Ch | 30292-000, 5 - 10.3 | Ch | 30068-000, 5 - 10.6 | Ch | 30293-000

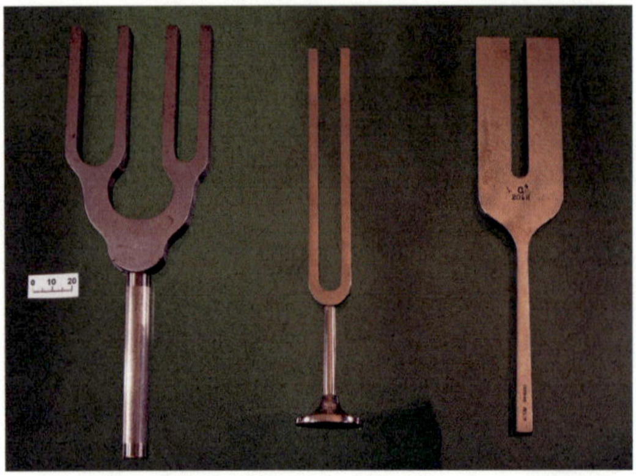

Im Bild sind zu sehen:

- Stimmgabel mit vier Zinken zur Erzeugung von Klängen
- Stimmgabel mit Fußplatte
- Stimmgabel für hohe Frequenzen.

Die links abgebildete Stimmgabel mit vier Zinken dient zur Erzeugung eines Dreiklanges (vgl. 6 - 13 und 6 - 15).

Die mittlere Stimmgabel mit Fußplatte wird insbesondere zur Gehörprüfung angewendet und zwar zur Anregung des Innenohres am ovalen Fenster über Knochenleitung. Dazu wird die vertikal schwingende Fußplatte auf die Stirnmitte aufgesetzt bzw. an das rechte oder linke Mastoid (Schädelknochen hinter der Ohrmuschel) angedrückt.

Mit der rechts abgebildeten Stimmgabel lässt sich eine hohe Frequenz ($f = 2048\,\text{Hz}$) mit großer Abklingzeit erzeugen.

6 – 15 Stimmgabeln mit vier Zinken

Fa. Zimmermann

5 - 10.4 | Ch | 30069-000, 5 - 10.5 | Ch | 30292-000

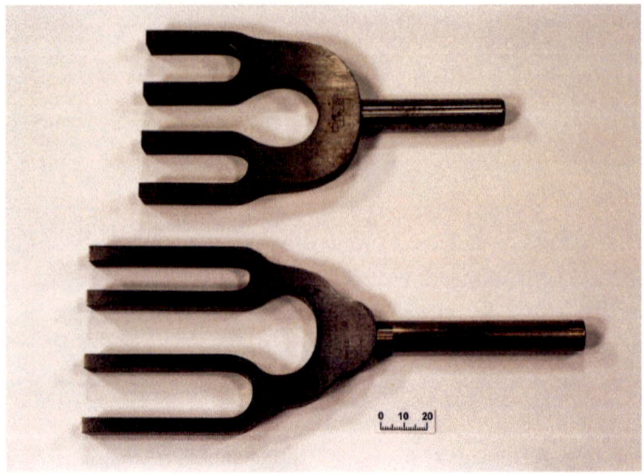

Derartige Stimmgabeln dienen zur Erzeugung von Klängen.

Das Prinzip dieser Stimmgabeln beruht auf der mechanischen Kopplung von zwei schwingungsfähigen Anordnungen. Jedes der beiden Zinkenpaare ist eine selbständige Stimmgabel mit unterschiedlicher Eigenfrequenz. Das ist erkennbar aus den unterschiedlichen Abmessungen der beiden Zinkenpaare. Beide sind durch eine stabile Verbindungsbrücke miteinander gekoppelt. Beim Anschlagen einer der vier Zinken wird das gesamte System zu einem Dreiklang angeregt.

6 – 16 Drei Stimmgabeln mit verstellbaren Zusatzmassen

Edelmann, München

5 - 47.1 | H | 30355-000, 5 - 47.2 | H | 30356-000, 5 - 47.3 | H | 30403-000

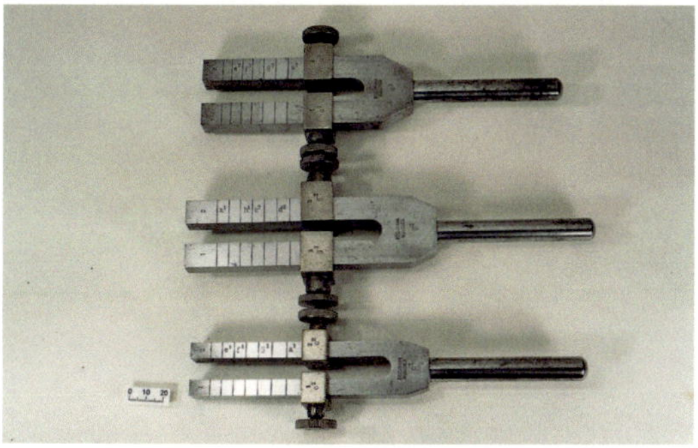

Zum Prinzip der Stimmgabeln vgl. 6 - 10 und 6 - 17.

Für alle drei hier gezeigten Stimmgabeln gibt es jeweils passende Zusatzmassen, mit denen folgende Frequenzbereiche der Resonanzfrequenzen einstellbar sind:

unterste Stimmgabel:
$f_1 = 517{,}31$ Hz (c^2)
Zusatzmasse jeweils: 60 g
$f_{1u} = 258{,}65$ Hz (c^1) bis $f_{10} = 435{,}0$ Hz (a^1)

mittlere Stimmgabel:
$f_2 = 775{,}08$ Hz (g^2)
Zusatzmasse jeweils: 120 g
$f_{2u} = 435{,}0$ Hz (a^1) bis $f_{20} = 580{,}66$ Hz (d^2)

Obere Stimmgabel:
$f_3 = 1034{,}61$ Hz (c^3)
Zusatzmasse jeweils: 80 g
$f_{3u} = 651{,}76$ Hz (e^2) bis $f_{30} = 870{,}0$ Hz (a^2)

Lit.: Scheminsky, F.: Die Welt des Schalles. Graz, Wien, Leipzig, Berlin (1935), S. 49. Tabelle 2: Schwingungszahl, Wellenlänge und musikalische Notierung.

6 – 17 Vier Stimmgabeln mit verstellbaren Zusatzmassen

Edelmann, München

5 - 46 | H | 30215-000

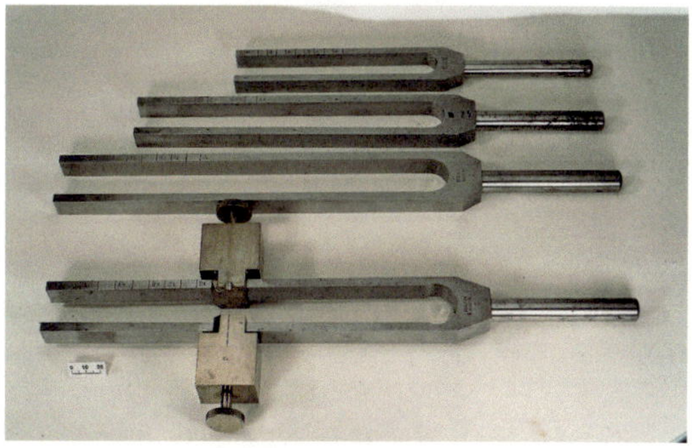

Die Resonanzfrequenz einer Stimmgabel ändert sich, wenn die frequenzbestimmenden Parameter (Länge, Querschnitt und Masse) durch aufsteckbare und verschraubbare Zusatzmasse variiert werden. Bei den hier gezeigten Stimmgabeln sind auf der untersten zwei derartige Zusatzmassen symmetrisch angebracht. Ohne Zusatzmassen beträgt die Resonanzfrequenz $f_1 = 64{,}66$ Hz (das entspricht C bei der alten Stimmung mit dem Kammerton a^1 bei $f = 435$ Hz).

Auf einem der Schenkel sind oben die Markierungen mit den musikalischen Bezeichnungen für die Tonhöhen eingraviert, auf der Unterseite die Zahlenangaben für die entsprechenden Frequenzen. Durch Anbringung der Zusatzmassen (je 500 g) kann die Resonanzfrequenz zwischen $f_1 = 24{,}22$ Hz (entsprechend G_2) und $f_1 = 36{,}29$ Hz (entsprechend D_1) eingestellt werden.

Die nächstfolgende Stimmgabel ist baugleich mit der ersten.

Die dritte Stimmgabel von unten hat ohne Zusatzmasse die Resonanzfrequenz $f_3 = 96{,}89$ Hz (entsprechend G). Mit den Zusatzmassen (je 370 g) kann die Resonanzfrequenz zwischen $f_3 = 36{,}29$ Hz (entsprechend D_1) und $f_3 = 54{,}38$ Hz (entsprechend A_1)gewählt werden.

Die oberste Stimmgabel hat ohne Zusatzmassen die Resonanzfrequenz $f_4 = 193{,}77$ Hz (entsprechend g). Mit den Zusatzmassen (je 112 g) kann man die Resonanzfrequenz zwischen $f_4 = 96{,}86$ Hz (entsprechend G) und $f_4 = 145{,}16$ Hz (entsprechend d) wählen.

Lit.: Scheminsky, F.: Die Welt des Schalles. Graz, Wien, Leipzig, Berlin: Bergland-Buch, 1935, S. 49. Tabelle 2: Schwingungszahl, Wellenlänge und musikalische Notierung.

6–18 Stimmgabel mit Anschlagmechanismus

5 - 49 | H | 30218-000

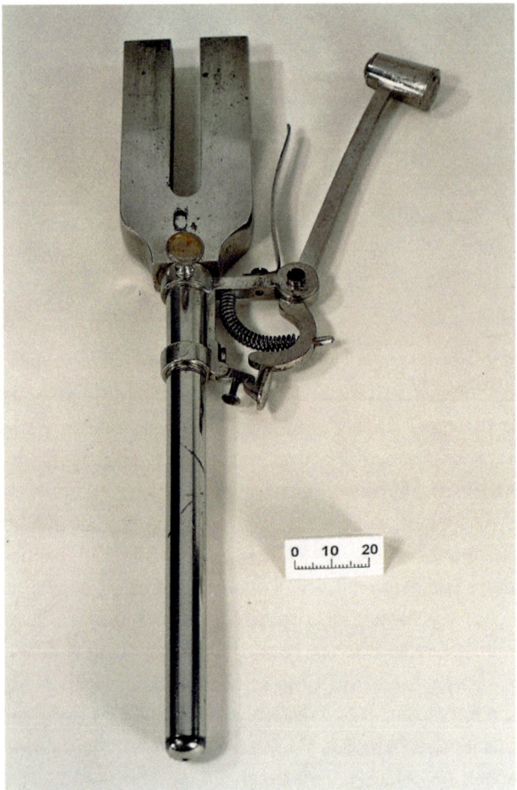

Für Gehörprüfungen benötigt der Otologe eine Schallquelle mit definierter Frequenz und reproduzierbarem Schalldruckpegel.

Das vorliegende Gerät erfüllt diese Forderungen. Die Tonhöhe der Stimmgabel entspricht c^4.

Der Anschlagmechanismus kann gespannt und mit einem kleinen Winkelhebel arretiert werden. Durch Lösen dieser Arretierung schlägt der von einer Spiralfeder angetriebene Klöppel immer mit dem gleichen Kraftimpuls den rechten Schenkel der Stimmgabel an. Dadurch ist der Schalldruckpegel bei jedem Anschlag gleichgroß.

Lit.: Feldmann, H.: Bilder aus der Geschichte der Hals-Nasen-Ohrenheilkunde. Heidelberg: Median, 2003, S. 98.

6–19 Drei Anschlag-Klöppel für Stimmgabeln

5 - 51 | H | 30219-000

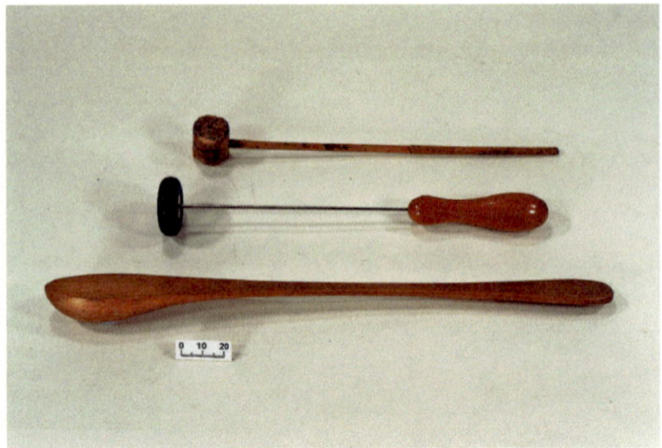

Von einer Stimmgabel als Frequenz-Normal soll nach dem Anschlag ein Klang erzeugt werden, der nur wenige Obertöne hat und bei dem die Amplituden der Obertöne möglichst niedrig im Vergleich zum Grundton sind.

Derartig hohe Ansprüche sind nur mit einer geeigneten Anschlagtechnik und passend gewählten Anschlagklöppeln erreichbar.

Für die Anschlagtechnik sind sowohl die Form und die Masse des Klöppels als auch der Elastizitätsmodul des Klöppelmaterials ausschlaggebend. Große schwere Stimmgabeln benötigen einen kräftigeren Kraftimpuls für den Anschlag als kleinere. Weiche Klöppel (z. B. aus Gummi, vgl. Bildmitte) erzeugen oberwellenarme, aber leisere Schwingungen als Metall- oder Holzklöppel (Bild unten).

Das Bild zeigt drei ausgewählte, in der Praxis bewährte Anschlagklöppel. Der oberste besteht nur aus einem Stück Kork an einem biegeweichen Holzstab, der mittlere hat ein Gummipolster an einem dünnen Metallstab, der unterste ist aus Hartholz angefertigt.

6–20 Stimmgabel mit elektromagnetischer Selbsterregung

5 - 50 | H | 30168-000

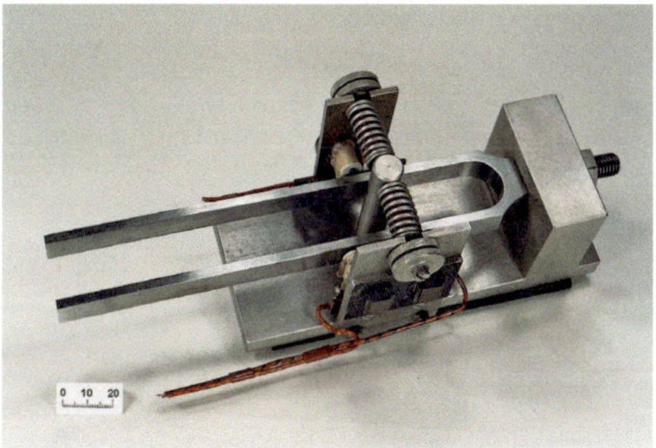

Für kymographische Aufzeichnungen benötigt man eine Quelle, die Zeitmarken oder Normalfrequenzen erzeugt.

Die vorliegende Anordnung besteht aus einer Stimmgabel mit einer Resonanzfrequenz von $f_0 = 100$ Hz, die in einem stabilen Rahmen befestigt ist. Am Rahmen sind zwei elektromagnetische Wandlersysteme angebracht, von denen jedes dicht neben dem Schenkel der Stimmgabel justiert werden kann.

Eines der beiden Wandlersysteme dient als Schwingungsaufnehmer, das andere als Schwingungserreger. Durch Zwischenschalten eines kleinen Verstärkers lässt sich die gesamte Anordnung als selbsterregtes Schwingungssystem betreiben. Seine Resonanzfrequenz stimmt mit derjenigen der Stimmgabel überein.

Diese Frequenz hat eine große zeitliche Stabilität. Deshalb ist die Anordnung als Normalfrequenzquelle einsetzbar.

Lit.: Zimmermann, E.: Wissenschaftliche Apparate – Liste 200. Leipzig, Berlin 1937, S. 19.

6–21 Sechs Stimmgabeln zur Hörschwellenmessung

H. Pfau/L. Lieberknecht, Berlin

5 - 52 | D | 30169-000

Für orientierende Hörschwellenmessungen benötigte der Phonetiker ein praktikables Instrumentarium. Dazu benutzte er Stimmgabeln mit passend gewählten Resonanzfrequenzen im Bereich des Sprachfeldes.

Für quantitative Angaben zum Hörvermögen eines Probanden hat es sich bewährt, eine Stimmgabel reproduzierbar und definiert anzuschlagen, die Stimmgabel in konstantem Abstand vom Gehörgang zu positionieren und dann die Zeit zu messen, bis beim Probanden keine Hörempfindung mehr vorhanden ist.

Diese Zeiten für normalhörende Probanden sind jeweils auf den Grundkörpern mit den sechs verschiedenen Stimmgabeln eingraviert. Bei der Untersuchung des Hörvermögens einer Versuchsperson wird jeweils die Zeit bis zum Verschwinden ihrer Hörempfindung gemessen.

Die Größe des Hörverlustes wird aus der prozentualen Verringerung der gemessenen Zeit gegenüber derjenigen eines Normalhörenden angegeben.

Die Stimmgabeln haben folgende Resonanzfrequenzen: 250 Hz, 500 Hz, 1000 Hz, 2000 Hz, 3000 Hz und 4000 Hz.

Lit.: Feldmann, H.: Bilder aus der Geschichte der Hals-Nasen-Ohren-Heilkunde. Heidelberg: Meridian, 2003, S. 103–105. Erwerbungen. TU Dresden, Inst. f. Akustik und Sprachkommunikation, Jahresbericht 2007, S. 43.

6–21.1 Detail: Stimmgabel mit $f_0 = 1000$ Hz

5 - 52.1 | D | 30169-001

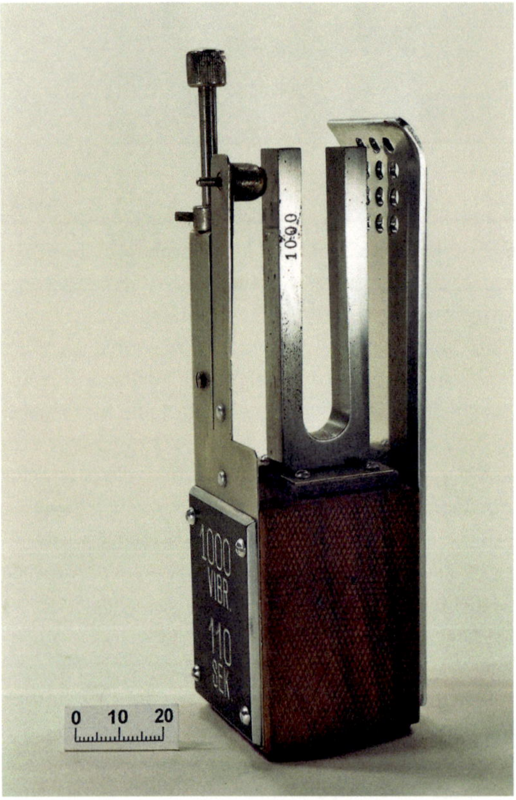

Frequenz der Stimmgabel (f)	Zeitspanne (t)
250 Hz	85 s
500 Hz	100 s
1000 Hz	110 s
2000 Hz	90 s
3000 Hz	60 s
4000 Hz	35 s

Jede Stimmgabel ist senkrecht lose in einem hölzernen Block aufgestellt. Der definierte Anschlag erfolgt mit einem federnd am Blech befestigten Klöppel, dessen Feder mit einem kleinen Hebel ausgelenkt, gespannt und anschließend losgelassen wird. Damit erzielt man bei jeder Hörschwellenmessung eine konstante Anfangslautstärke. Das rechts im Bild erkennbare Lochblech wird an die Ohrmuschel leicht angedrückt. Dadurch ist ein reproduzierbarer Abstand zum Trommelfell des Ohres vom Probanden gewährleistet. Die Zeitspanne vom Anschlagen der Stimmgabel bis zum Verschwinden der Hörempfindung hängt unmittelbar mit seinem Hörvermögen zusammen. Bei einer normalhörenden Person soll der Ton für diese Frequenz von 1000 Hz über eine Zeitspanne von $t_3 = 110$ s hörbar sein. Bei den anderen Stimmgabeln gelten die unten angeführten Zeitspannen t_1 bis t_6. Hat der Proband einen Hörverlust, ist die Zeitspanne kürzer. Im Frequenzband um 1000 Hz liegt die Hörschwelle am niedrigsten, d. h. dort ist das menschliche Hörvermögen am empfindlichsten. Bei tieferen oder höheren Frequenzen ist das Hörorgan unempfindlicher, die Hörschwelle liegt hier höher: Die Zeitspanne zwischen Anschlag des Klöppels und dem Verschwinden der Hörempfindung ist kürzer.

6–22 Obertontafel

Julius Ganske, Berlin, 1911

5 - 60 | H | 30173-000

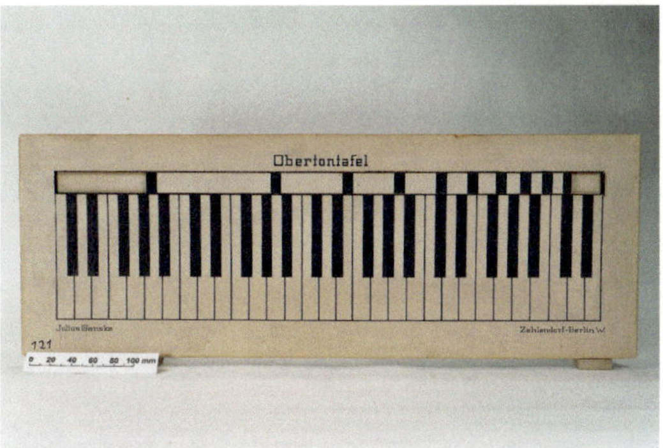

Die Tafel diente zu Lehr- und Demonstrationszwecken.

Auf einer stabilen Papptafel ist eine Klaviatur mit vier Oktaven Umfang gedruckt.

Im oberen Teil der Tafel befindet sich ein verschiebbarer Läufer (vergleichbar mit dem Läufer eines Messschiebers), auf dem die Lage und der Abstand der Obertöne markiert sind.

Stellt man den Läufer mit der linken äußersten Markierung (entsprechend einem Grundton) auf einen beliebigen Ton, dann kann man an den rechts daneben folgenden Markierungen den 1. bis 10. Oberton zum gewählten Grundton ablesen.

Im gezeigten Beispiel ist der Grundton a, der erste Oberton ist a^1, der zweite ist e^1, usw.

6–23 2 Tonometer, 1 Tonpfeife

5 - 11 | Ch | 30070-000

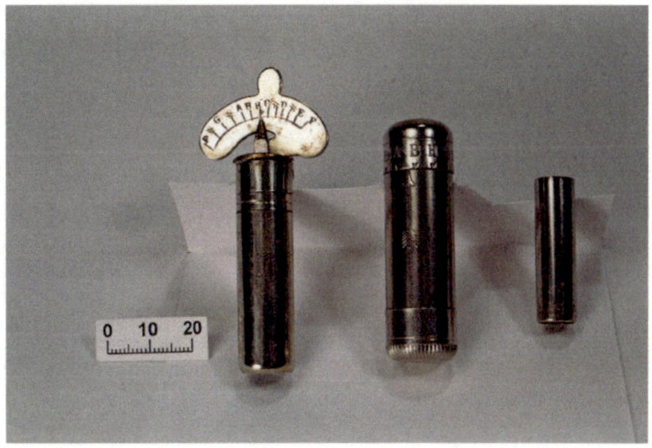

Derartige Pfeifen wurden benutzt, um bei Schallaufzeichnungen mit Phonographen eine Kalibrierhilfe zu haben. Durch Anblasen solcher Tonpfeifen wird eine Metallzunge in Schwingungen versetzt (Zungenpfeifen).

Der Federwerkantrieb eines Phonographen gestattete es, Schallaufzeichnung und -wiedergabe mit unterschiedlicher, in Grenzen frei wählbarer Drehzahl, vorzunehmen. Um sicherzustellen, dass bei der Schallwiedergabe dieselbe Drehzahl eingestellt wird wie bei der Aufnahme, zeichnete man am Anfang bzw. am Ende der Aufnahme einen kurzen Kalibrierton auf.

Mit der rechts abgebildeten Tonpfeife lässt sich ein Ton mit einer Frequenz ($f = 440$ Hz), mit den übrigen beiden lassen sich Töne mit einstellbaren Frequenzen im Bereich einer Oktave erzeugen; bei der links abgebildeten Tonpfeife von f^1 bis f^2 (349 Hz bis 698 Hz), bei der in der Mitte abgebildeten von g^1 bis f^2 (392 Hz bis 698 Hz).

6–24 Reisetonometer nach HORNBORSTEL

Fa. E. Zimmermann 1911

5 - 13 | Ch | 30071-000, 5 - 42 | H | 30316-000

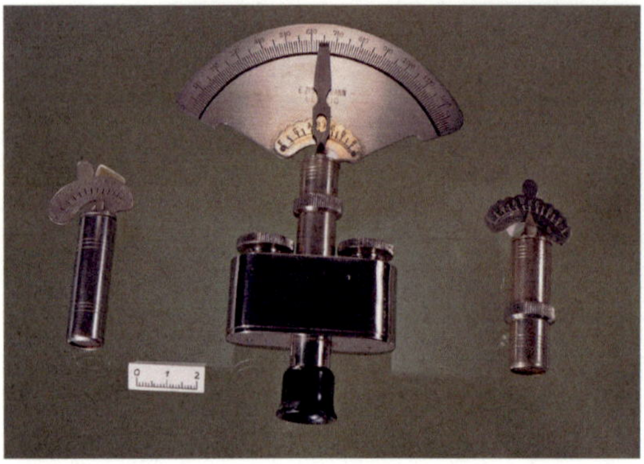

Für phonetische und musikwissenschaftliche Feldforschungen benutzte man derartige Reisetonometer, um bei Sprach- oder Musikaufzeichnungen das Gehörte in Notenschrift festhalten zu können.

Das Tonometer besteht aus einem Windkästchen und drei Stimmpfeifen. Es können wahlweise ein, zwei oder drei Stimmpfeifen einzeln oder gleichzeitig (z. B. zur Erzeugung von Dreiklängen) verwendet werden. Die Tonhöhe lässt sich zwischen f^1 und f^2 (d. h. zwischen 349,2 Hz und 698,5 Hz) kontinuierlich einstellen, sie ist an jeweils einer Skala ablesbar.

Die rechts und links erkennbaren Verschlussschrauben am Windkästchen müssen ausgetauscht werden durch eine bzw. zwei weitere Stimmpfeifen (links und rechts im Bild), wenn ein Zwei- oder Dreiklang erzeugt werden soll. Das Anblasmundstück befindet sich unten am Windkästchen.

An der abgebildeten mittleren Stimmpfeife ist der Zeiger für die Tonhöheneinstellung verlängert worden, um eine genauere Feinabstimmung am Winkelmesser vornehmen zu können. Einem Skalenwinkel von einem Grad entspricht bei der tiefsten Tonlage eine Frequenzdifferenz von 1,5 Hz, in der höchsten Tonlage eine Differenz von 3 Hz. Daraus ergibt sich für einen Skalenwinkel von 1 mm eine Differenz von 1/13 des temperierten Halbtones.

Lit.: Zimmermann, E.: Wissenschaftliche Apparate. Leipzig, Berlin 1928, S. 146.

6–25 Mundharmonika, auf zwei Töne reduziert

Andreas Koch, 1918

5 - 55 | H | 30170-000, 30171-000

Für Untersuchung oder Überprüfung der subjektiven Tonhöhenempfindung sind handelsübliche kleine Mundharmonikas so manipuliert worden, dass nur noch zwei einzelne Töne angeblasen werden konnten.

Im vorliegenden Fall lassen sich nur die Töne e^1 und g^1 anregen.

6–26 Reise-Harmonium

G. Görland, 1916

5 - 56 | H | 30172-000

Auf Expeditionen von Sprachwissenschaftlern und Phonetikern zu Beginn des 20. Jahrhunderts war eines der Ziele, neben den Sprach-Inventar-Aufnahmen auch das Liedgut fremder Kulturen aufzunehmen.

Bevor bei der Feldforschung vorwiegend der Phonograph als Speichermedium eingesetzt werden konnte, mussten die Tonhöhenverläufe innerhalb einer Sprache bzw. Lieder mit subjektiven Methoden (durch Hören und in geeigneter Notenschrift aufzeichnen) erfasst werden. Als probates Hilfsmittel eignete sich dafür ein Musikinstrument, das bei der Expedition mitgeführt werden konnte.

Für diese Zwecke eigneten sich besonders solche Instrumente, die eine feste Tonabstimmung hatten, wie z. B. Tasteninstrumente. Aus derartigen Ausrüstungen stammt das hier abgebildete Reise-Harmonium.

Im Instrument befindet sich ein Blasebalg, der über einen Bandzug, links an der Vorderseite erkennbar, betätigt wurde. An diesem Bandzug ließ sich ein Verlängerungsband zum Fuß des Spielers anhängen.

Um das Instrument auf der Tischfläche zu fixieren, gibt es an dessen Unterseite einen abklappbaren Rahmen, der mit zwei Haken an der gegenüberliegenden Tischkante eingehängt werden konnte.

Die vom Feldforscher nachgespielte Sprach- bzw. Liedmelodie konnte auf diese Art und Weise unmittelbar in Notenschrift protokolliert werden.

6–27 Lochsirene

5 - 35 | H | 30162-000

In der experimentellen Phonetik setzte man derartige Lochsirenen für die Feststellung von Hörresten bei hochgradig Schwerhörigen ein.

Die Schallerzeugung einer Lochsirene beruht auf folgendem Prinzip: Ein kontinuierlicher Luftstrom wird von einer rotierenden Lochscheibe, die sich vor einer feststehenden Lochscheibe dreht, periodisch unterbrochen. Die erzeugte Frequenz hängt ab von der Drehzahl der Lochscheibe und der Anzahl der Bohrungen; im vorliegenden Fall sind es sieben.

Bei diesem Gerät wird die Lochscheibe von einer kleinen Luftturbine angetrieben, die vom Benutzer angeblasen werden muss. Mit normalem Anblasdruck lassen sich ziemlich hohe Schalldruckpegel erzeugen, maximal 105 dB in 50 cm Entfernung.

6–28 GALTONpfeife

Firma Edelmann, München, 1894

5 - 40 | H | 30164-000

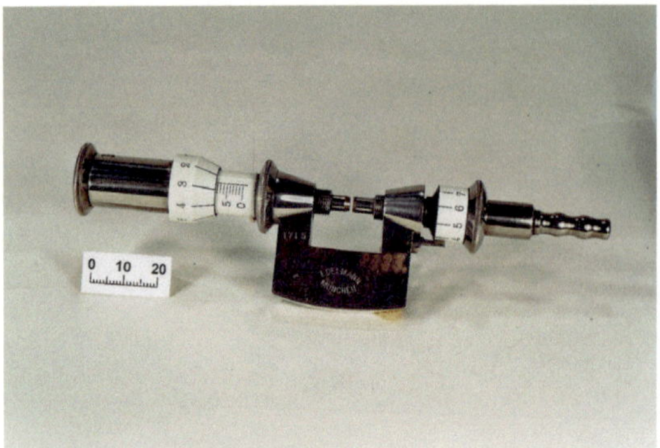

Derartige Pfeifen benutzte man zur Erzeugung von Tönen mit sehr hohen Frequenzen bis in den nahen Ultraschallbereich. Sie dienten vorwiegend als diagnostische Hilfsmittel zur Feststellung der oberen Frequenzgrenze des Hörvermögens eines Probanden.

Zur Schallerzeugung wird ein Luftstrom durch einen engen ringförmigen Spalt erzeugt, der auf die ebenfalls ringförmige Schneide eines gegenüberliegenden kurzen Rohrstückes trifft und dort verwirbelt wird. Das dabei entstehende Strömungsgeräusch ist breitbandig. Das kurze Pfeifenrohr, einseitig geschlossen (gedackt), wirkt als Resonator (Rohrlänge = 1/4 Wellenlänge), dessen Resonanzfrequenz aus dem Strömungsgeräusch herausgefiltert wird.

Zum Anblasen benutzt man entweder einen kleinen Blasebalg mit Zwischenspeicher, der aus zwei mit einem Ventil verkoppelten Gummibällen bestand, oder eine andere Druckluftquelle.

Mit der Mikrometerschraube (rechts im Bild) lässt sich der Abstand zwischen dem Ringspalt und der Schneide des Pfeifenrohres einstellen. Mit der links im Bild erkennbaren Mikrometerschraube lässt sich durch Verstellen eines inneren Stempels im Resonatorrohr die wirksame Resonatorlänge einstellen.

Die Konstruktion dieses Gerätes stammt von FRANCIS GALTON, 1876.

Lit.: Edelmann, M. T.: Die Edelmannschen Grenzpfeifen (Galton-Pfeifen). München: F. Bruchmann, (o. J.).

6–29 GALTONpfeife nach SCHAEFER

Fa. Hagen Pfau, Berlin

5 - 14 | Ch | 30072-000

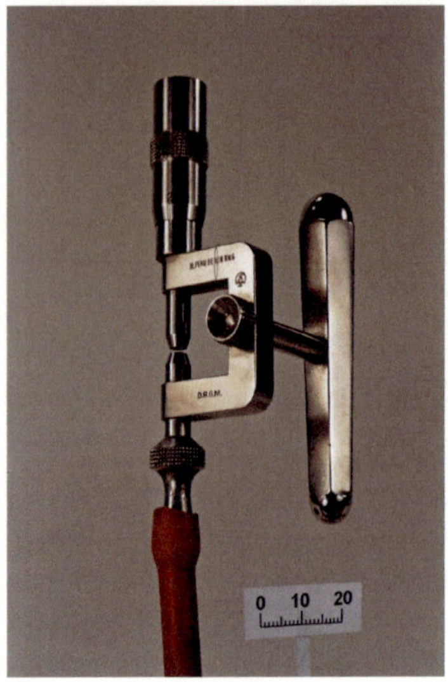

Diese Ausführung der Galtonpfeife wird mit der linken Hand am Griff festgehalten. Mit Daumen und Zeigefinger lässt sich die Mikrometerschraube einstellen (Frequenz-Einstellung). Die rechte Hand betätigt den Gummiball des Blasebalges.

Lit.: Zimmermann, E.: Wissenschaftliche Apparate. Leipzig, Berlin 1928, S. 153.

6–30 Kolbenpfeife mit Ringspalt (um 1916)

5 - 41 | H | 30165-000

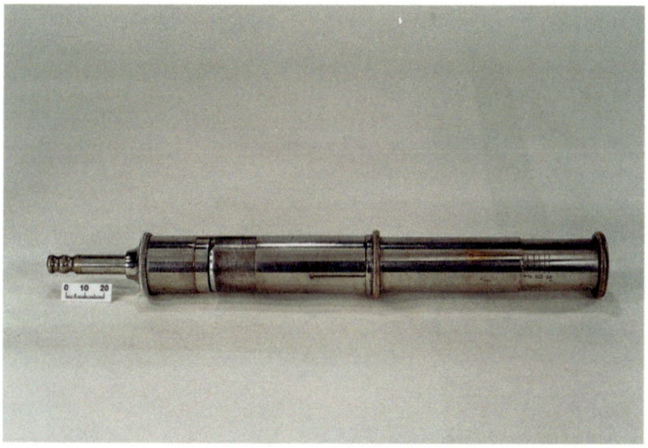

Zur Erzeugung von Schall mit verschiedenen Frequenzen für experimentelle Arbeiten und Demonstrationszwecke benutzte man derartige Kolbenpfeifen

Ein Luftstrom wird durch einen ringförmigen engen Spalt auf die ebenfalls ringförmige Schneide eines gegenüberliegenden Pfeifenrohres geblasen. Die dabei entstehenden Luftwirbel erzeugen ein breitbandiges Strömungsgeräusch, aus dem das angeblasene Pfeifenrohr mit seiner Resonanzfrequenz (Rohrlänge = ¼ Wellenlänge) angeregt wird.

Ein Kolben im Inneren des Pfeifenrohres lässt sich axial verschieben, damit kann die Resonanzfrequenz definiert eingestellt werden.

Auf dem Zylinder (im Bild rechts) sind die zugehörigen Tonhöhenbezeichnungen zwischen e^2 (f= 657,8 Hz) und a^3 (f= 1740,0 Hz) eingraviert, im vorliegenden Fall ist es so eingestellt, dass der Ton e^3 (f= 1303,5 Hz) erzeugt wird.

Diese Frequenzangaben beziehen sich auf die seinerzeit gültige Frequenz für den Kammerton a^1 (f= 435 Hz).

Der Abstand zwischen dem Luftspalt und der Rohrschneide, die Maulweite, ist bei dieser Ausführung durch Vorschieben des Pfeifenrohres einstellbar; damit lässt sich eine optimale Anregung einstellen (maximale Amplitude).

6–31 Kolbenflöte
Swanee reg., London

5 - 44 | H | 30167-000

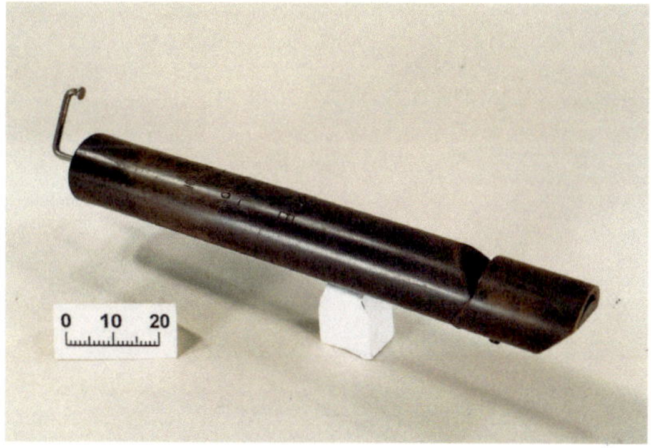

Solch einfache Kolbenflöten benutzte man zur Erzeugung von Schall mit verschiedenen Frequenzen für Demonstrationszwecke

Die hier gezeigte Flöte beruht auf dem Prinzip der Spaltpfeife: Der in einen schmalen Spalt eingeblasene Luftstrom trifft auf das Flötenrohr mit der Schneidenöffnung und erzeugt Luftwirbel, die ein breitbandiges Schallspektrum haben.

Das angekoppelte Rohr (gedacktes Rohr) ist mit einem verschiebbaren Kolben einseitig abgeschlossen. Im Rohr bilden sich stehende Wellen (Rohrlänge = ¼ Wellenlänge), deren Frequenz sich dadurch ändern lässt, dass man mit dem links erkennbaren Drahtgriff den Kolben axial verschiebt.

6 – 32 Tieffrequente Stimmpfeife

5 - 37 | H | 30163-000

Die Erzeugung von tieffrequenten Tönen mit hohem Schallpegel ist erfahrungsgemäß schwierig.

Für Demonstrationszwecke ist eine tief abgestimmte Durchschlags-Zungenpfeife in einem Holzkasten mit Abstrahlöffnung (im Bild nicht sichtbar) eingebaut, der als HELMHOLTZ-Resonator wirksam ist. Der Rohrstutzen an der rechten Seite des Holzkastens dient als Anblasöffnung.

6 – 32.1 Tieffrequente Stimmpfeife mit geöffnetem Resonanzkasten

5 - 37.1 | H | 30163-001

Im vorliegenden Bild ist die Ansicht von der Seite der Schallaustritts- und Abstrahlöffnung der Stimmpfeife dargestellt.

Die Durchschlags-Zungenpfeife ist in der Mitte des eigentlichen HELMHOLTZ-Resonators in einem schmalen Schlitz so angebracht, dass der durchtretende Luftstrom gering, andererseits aber die Schwingungsanregung der Messing-Zunge gewährleistet bleibt.

Die Resonanzfrequenz f_0 des HELMHOLTZ-Resonators wird bestimmt durch die Länge und den Querschnitt der Abstrahlöffnung, sowie das Volumen des Holzkastens.

Die Resonanzfrequenz der Zungenfeder muss mit derjenigen des HELMHOLTZ-Resonators übereinstimmen (im vorliegenden Fall etwa 70 Hz).

6–33 Durchschlag-Zungenpfeifen-Reihe

Fa. J. Schwarz, Wien

5 - 38a | H | 30262-000, 5 - 38b | H | 30263-000

Für die akustische und phonetische Forschung benötigte man Schallquellen, die Töne mit definierter, konstanter Frequenz und hohem Schalldruckpegel erzeugen können. Im Bereich tiefer und mittlerer Frequenzen erfüllen Zungenpfeifen solche Forderungen.

Die hier aufgestellten Zungenpfeifen stammen aus dem Orgelbau, wo sie zusammen mit den auf die Tonhöhe abgestimmten Schallbechern verwendet werden. Ein vollständiger Satz solcher Pfeifen besteht aus 56 Einzelpfeifen.

Die Bestände enthalten nur die Tonalreihen der Tonart C, d. h. nur die Pfeifen, deren Tonhöhen den weißen Tasten der Klaviatur entsprechen, z. B.: C, D, E, F, G, A und H.

Die hier gezeigten Zungenpfeifen sind aufgebaut auf dem Kammerton a¹ bei $f = 435$ Hz. Diese Frequenzfestlegung galt bis 1939, (danach galt $f = 440$ Hz für a¹).

Die Zusammenstellung im Bild zeigt den erhalten gebliebenen Bestand, geordnet nach sieben Oktaven.

Eine zweite, nicht im Bild dargestellte Reihe besteht aus Zungenpfeifen, die auf dem ab 1939 geltenden Kammerton a¹ mit 440 Hz aufgebaut sind.

Lit.: Skramlik, E. v.: Physiologie des Kehlkopfes. In: Denker, A.; Kahler, O.: Handbuch der Hals-Nasen-Ohren-Heilkunde, Bd. 1. Berlin: Springer u. München: Bergmann, 1925, S. 602–605.

6–33.1 Tonalreihe der Tonart C (C bis H)

5 - 38.1 | H | 30263-001

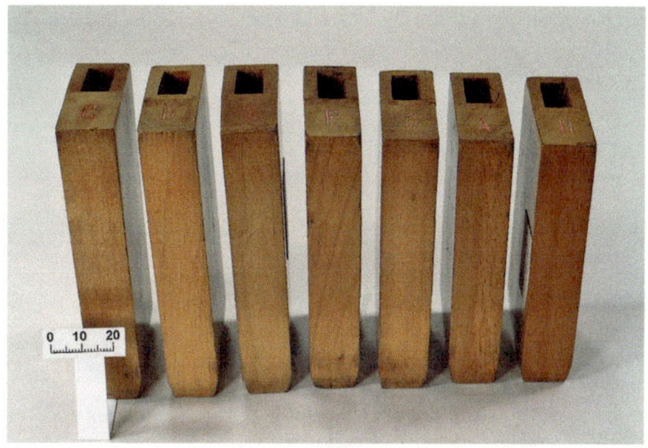

Im Bild ist eine erhalten gebliebene vollständige Reihe von sieben Durchschlag-Zungenpfeifen dargestellt:

C (65,4 Hz), D (73,4 Hz), E (82,4 Hz), F (87,3 Hz), G (98,0), A (110,0 Hz), H (123,5 Hz).

6 – 33.2 Zwei Durchschlag-Zungenpfeifen

5 - 38.2 | H | 30263-002

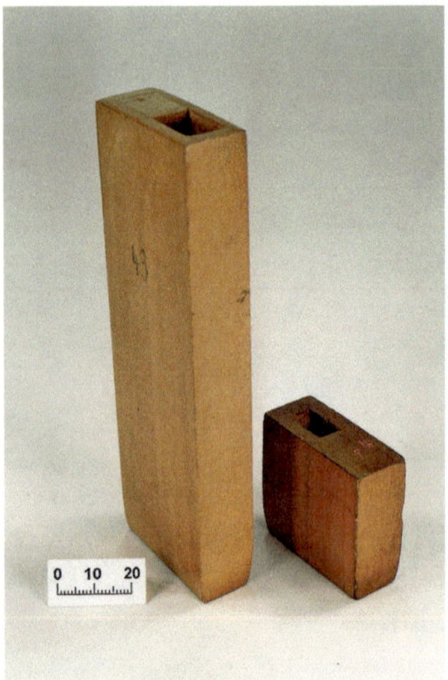

Im Bild sind die beiden Zungenpfeifen abgebildet, die für die Erzeugung der niedrigsten Frequenz, $f = 43{,}7$ Hz (F) und der höchsten Frequenz, $f = 2794$ Hz (f^4) eingesetzt wurden.

6 – 34 Durchschlag-Zungenpfeife im Holzkörper

Leppin & Maschke, Berlin, 1913

5 - 36 | H | 30315-000

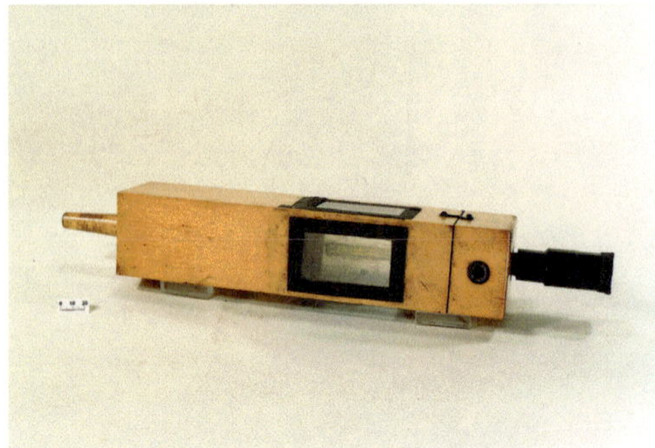

Zum Funktionsprinzip der Durchschlag-Zungenpfeifen siehe 6 - 33.

Die hier gezeigte Pfeife besteht aus einem Holzkörper mit dem links erkennbaren Ansatzstutzen für die Luftzufuhr. Auf das Rohrstück am rechten Ende steckte man einen schlanken, kegelförmigen (etwa 85 cm langen) Trichter, der zur Schallabstrahlung diente.

Die schwingende Zunge ist auf 64 Hz abgestimmt. Das entspricht C in der alten Stimmung mit dem Kammerton a^1 entsprechend 455 Hz.

Durch die Sichtfenster lässt sich die schwingende Metallzunge beobachten.

6–35 Kehlkopf-Modell mit Ansatzrohr nach GUTZMANN

J. Ganske, Berlin 1910

5 - 71 | H | 30187-000

Der Wunsch der Experimentalphonetiker, die Stimmerzeugung im Modell nachzubilden, bestand schon frühzeitig. Das hier dargestellte Kehlkopf-Modell versucht in vergleichbarer Weise zur Anatomie den Mechanismus der Stimmlippenbewegungen so nachzubilden, dass die erzeugten Töne durch Ansatz verschiedener Ansatzrohr-Konfigurationen lautähnliche Schalle erzeugen konnten.

Der Luftstrom zur Anregung der Schwingungen tritt durch den unteren hölzernen Anschlussstutzen ein und strömt durch einen Spalt, der dadurch zustande kommt, dass das obere Ende eines weiten Schlauches aus weichem Gummi in einer Richtung so gespannt wird, dass ein schmaler Spalt entsteht. Die rechte Seite des dabei entstehenden dachförmigen Spaltes ist an der Innenseite des zylindrischen Kehlkopf-Modells befestigt. Die andere (linke) Seite lässt sich mit einem Faden, an dem ein oder mehrere Gewichte angehängt werden können, mehr oder weniger spannen (vgl. 6 – 35.1).

Der Anblasdruck kann über einen dünnen Schlauch seitlich am Anschlussstutzen gemessen werden. Dieser Anblasdruck entspricht dem subglottalen Druck bei der natürlichen Spracherzeugung.

Der supraglottale und orale Raum wird im Modell durch das knieförmige Holzrohr mit dem anschließenden Trichter nachgebildet.

Die Trichteröffnung lässt sich mit auswechselbaren Lochscheiben verkleinern und damit die unterschiedlichen Mundöffnungen bei der Vokalartikulation nachbilden (z. B. offene oder geschlossene Vokale), s. 6 – 35.2.

Lit.: Ganske, J.: Illustriertes Verzeichnis von Apparaturen für die experimentelle Phonetik. Verlagsdruckerei Zehlendorf bei Berlin, 1918, S. 11.

6 – 35.1 Detail: Blick auf die Stimmlippen und die Spannvorrichtung

5 – 71.1 | H | 30187-001

Im Bild ist der (durch die Spannung hervorgerufene) geschlossene Schlitz des oberen Schlauchendes zu erkennen.

6 – 35.2 Detail: Modell mit auswechselbaren Lochblenden

5 – 71.2 | H | 30187-002

Das Bild zeigt das Kehlkopf-Modell mit einer Lochscheibe, die eine mittlere Mundöffnung nachbildet.

Davor liegen zwei Lochscheiben für die Nachbildung einer großen Mundöffnung (z. B. a:) und einer kleinen Mundöffnung (z. B. u:), vgl. dazu auch Laut-Tafeln nach VIËTOR (6 – 65).

6–36 Kehlkopf-Modell, dreiteilig

Schattschneider, Hamburg

5 - 72 | H | 30212-000

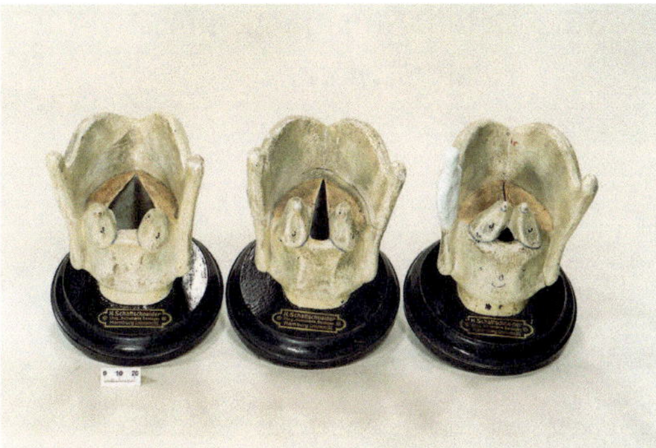

Der menschliche Kehlkopf besteht im Wesentlichen aus einem Knorpelgerüst (Ringknorpel, Schildknorpel, Stellknorpel und Epiglottisknorpel), dessen Teile durch Bindegewebe, teils durch eine komplizierte Kehlkopfmuskulatur miteinander verbunden sind.

Die drei Modelle im Bild charakterisieren folgende Stimmlippenstellungen: Links – tiefe Einatmung, Mitte – Ruheatmung und rechts – Flüsterstellung.

Lit.: Ranke, O. F.; Lullies, H.: Der Spannapparat der Stimmlippen. In: Gehör – Stimme – Sprache. Zeitschrift für Kommunikationsstörungen. Berlin, Göttingen, Heidelberg: Springer, 1953, S. 173 ff.

6–36.1 Detail: Stimmlippenstellung – tiefe Einatmung

5 - 72.1 | H | 30212-001

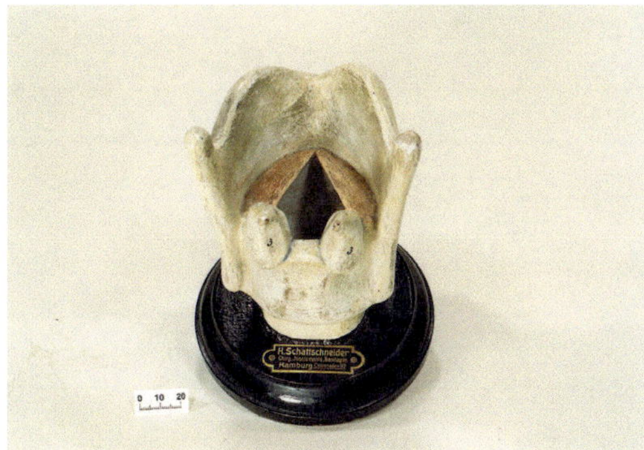

Das Modell zeigt, dass die Stimmlippen (rosa gefärbt) beim tiefen Einatmen weit geöffnet sind.

Die Stellknorpel (Ary-Knorpel) vorn in der Bildmitte, sind weit nach außen gestellt, es ergibt sich die größtmögliche Öffnung der Luftröhre.

6 – 36.2 Detail: Stimmlippenstellung – Ruheatmung

5 - 72.2 | H | 30212-002

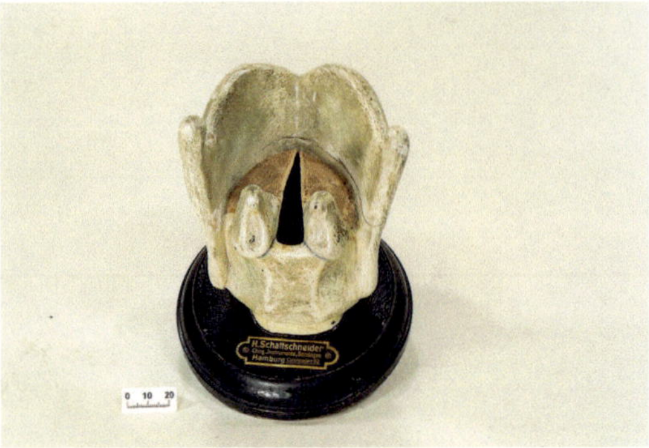

Im Vergleich zu Bild 6 - 36.1 sind die beiden Stellknorpel enger zusammengestellt, beide Stimmlippen haben sich aufeinander zu bewegt, die Öffnung zur Luftröhre ist kleiner.

6 – 36.3 Detail: Stimmlippen in Flüsterstellung

5 - 72.3 | H | 30212-003

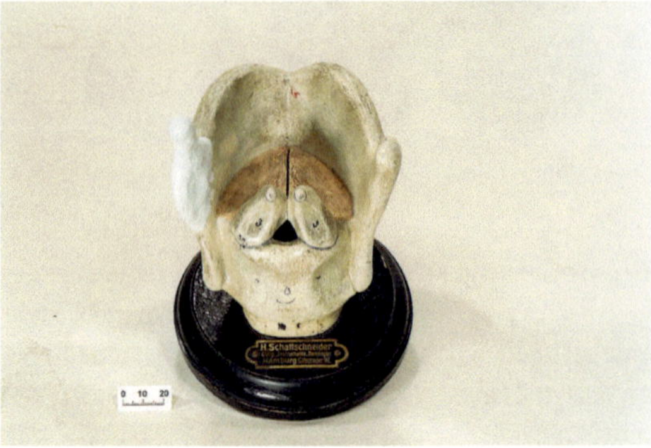

Die hier abgebildete Einstellung des Kehlkopfes zeigt den Zustand beim Flüstern.

Die Stellknorpel sind auf dem Sattelgelenk so verschoben und gedreht, dass bei geschlossenen Stimmlippen die verbleibende Öffnung etwa ein gleichseitiges Dreieck bildet.

Dadurch entsteht durch Verwirbelungen der durchströmenden Luft an den Stellknorpelkanten ein breitbandiges Anregungsspektrum. Es kann im Artikulationstrakt – so wie die stimmhafte Anregungsfunktion – ebenfalls resonatorisch überformt werden.

6 – 37 Stimmlippenmodelle mit Gummimembranen

5 - 7 | Ch | 30056-000, 30402-000

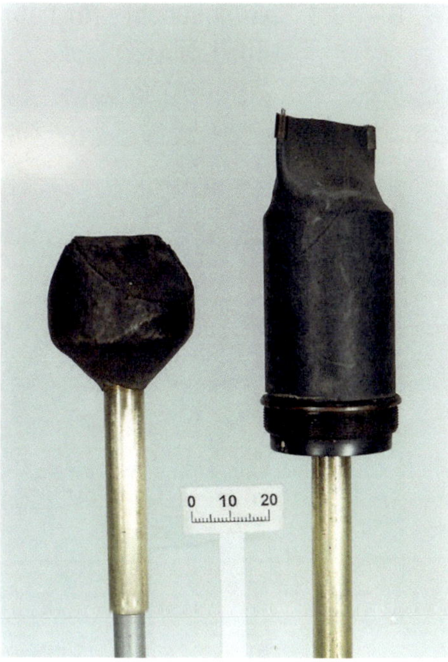

Einfache Demonstrationsmodelle zur Veranschaulichung der Form und des Schwingungsverhaltens der menschlichen Stimmlippen.

Die Modelle können durch das von unten kommende Rohr angeblasen werden.

Bei dem rechts abgebildetem Modell werden zwei sich berührende Gummikanten durch eine innen befindliche Bügelfeder so vorgespannt, dass die durchströmende Luft einen schnarrenden Klang mit einem breitbandigen Spektrum erzeugt ähnlich der Anregungsfunktion der menschlichen Stimmlippen.

Lit.: Wethlo, F.: Formen künstlicher Kehlköpfe. Zeitschrift für Phonetik, 3 (1949), H. 1/2, S. 108–113. Wethlo, F.: Verbrauch von Phonationsluft verschiedenen Grades, untersucht am künstlichen Kehlkopf. Archiv für Sprach- und Stimmphysiologie, 3 (1939), H. 3, S. 1–8.

6 – 38 Kehlkopf-Modell mit spannbaren Stimmlippen

5 - 12 | Ch | 30057-000

Demonstrationsmodell zur Veranschaulichung der Form und Funktion des Kehlkopfes und des Schwingungsverhaltens der Stimmlippen bei unterschiedlicher Stimmlippenspannung.

Die Spannung der beiden in Längsrichtung vorgespannten Stimmlippen, die hierbei aus breiten Gummibändern bestehen, lässt sich über einen beweglichen, passend geformten Metallbügel mit den angehängten Massestücken unterschiedlich einstellen. Der Metallbügel kann Kippbewegungen um den unten sichtbaren Drehpunkt ausführen, er ist die Modellnachbildung des ebenfalls beweglichen menschlichen Schildknorpels.

Hohe Stimmlippenspannungen erzeugen hohe Stimmton-Grundfrequenzen und umgekehrt. Die Stimmton-Grundfrequenz hängt außerdem vom Anblasdruck der durchströmenden Luft ab.

Das Modell kann von unten durch das Rohr angeblasen werden, über verschieden große anhängbare Gewichte (vgl. 6 - 38.1) kann die Stimmlippenspannung verändert und damit das Schwingungsverhalten und die Frequenz variiert werden.

6 – 38.1 Spanngewichte für Kehlkopf-Modell, Massestücke

5 - 12.1 | Ch | 30058-000

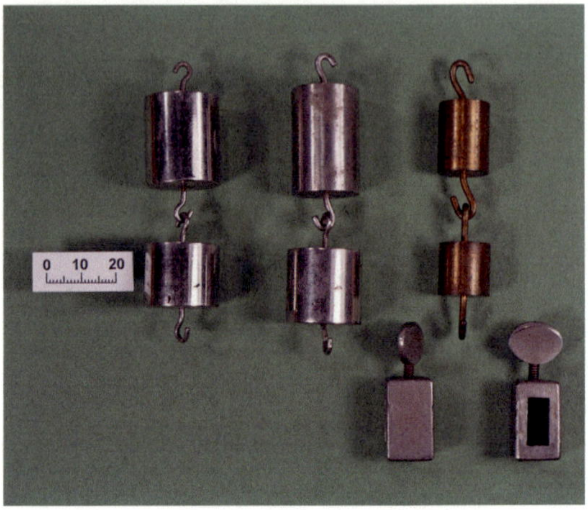

Derartige Massestücke lassen sich in beliebigen Kombinationen an die Spannvorrichtung eines Kehlkopfmodells anhängen, um unterschiedliche Stimmlippen-Spannungen zu erzeugen.

Unten rechts im Bild befinden sich zwei Massestücke, die sich auf den beiden Zinken von Stimmgabeln an beliebigen Stellen befestigen lassen (siehe 6 - 12).

Lit.: Wethlo, F.: Formen künstlicher Kehlköpfe. Zeitschrift für Phonetik, 3 (1949), H. 1/2, S. 108–113.

6–39 Kehlkopfmodell aus Blech

5 - 9 | Ch | 30064-000

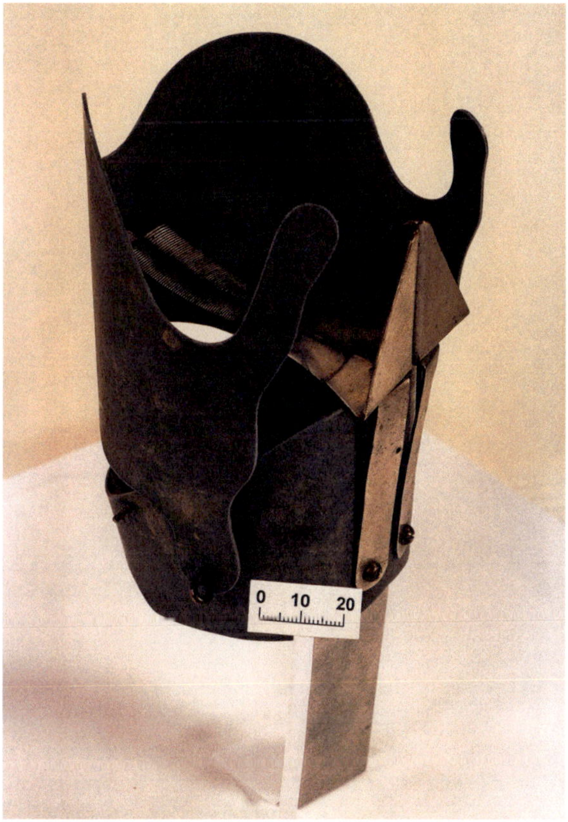

Obwohl es sich um ein sehr vereinfachtes Modell des menschlichen Kehlkopfes handelt, ist es dennoch geeignet, die wesentlichsten Bestandteile und deren Funktionsweise zu veranschaulichen. Das Modell ist aus Blech gefertigt, die einzelnen Teile sind über Scharniere und Gelenke beweglich miteinander verbunden. Der menschliche Kehlkopf besteht im Wesentlichen aus einem Knorpelgerüst (Ringknorpel, Schildknorpel, Stellknorpel und Epiglottisknorpel), dessen Teile teils durch Bindegewebe, teils durch eine außerordentlich komplizierte Kehlkopfmuskulatur miteinander verbunden sind. Im Bild ist die Nachbildung des Ringknorpels im unteren Teil zu sehen, daran ist gelenkig, nach links vorn kippbar der Schildknorpel befestigt. Die beiden dreieckig-pyramidenförmigen Elemente (helles Blech) bilden die Stellknorpel nach. Sie sind in zwei Ebenen beweglich. Sie können sich symmetrisch von der Mitte weg nach außen bewegen (Sattelgelenk) und sich außerdem um eine gedachte senkrechte Achse drehen. Am unteren Teil der beiden Stellknorpel (im Modell am unteren Teil der Pyramide) sind die Stimmlippen befestigt. Die anderen Enden der Stimmlippen sind am Schildknorpel angebracht. Entscheidend für die stimmhafte Anregung sind das Verhalten der Stimmlippen und die von ihnen gebildete Öffnung (Stimmritze bzw. Glottis). Durch ein kompliziertes Muskelsystem werden Form, Weite und Länge sowie das elastische Verhalten der Stimmlippen gesteuert.

Lit.: Ranke, O. F.; Lullies, H.: Der Spannapparat der Stimmlippen. In: Gehör-Stimme-Sprache. Berlin, Göttingen, Heidelberg: Springer, 1953, S. 173 ff.

6 – 39.1 Stimmlippenstellung bei Ruheatmung (Stimmlippen geöffnet)

5 - 9.1 | Ch | 30064-001

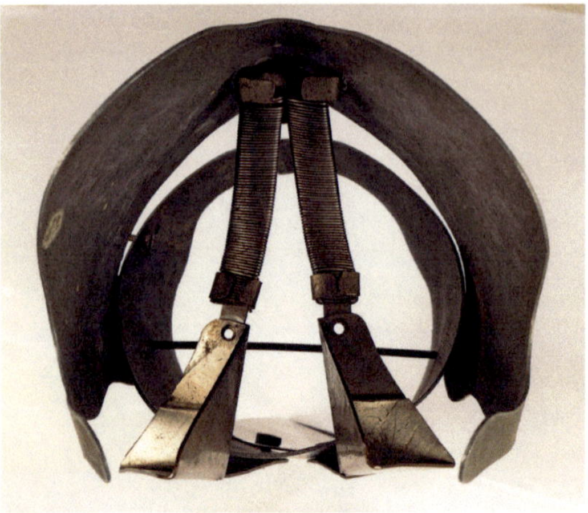

Die Bilder 6 - 39.1 bis 6 - 39.3 zeigen einen Blick von oben auf die Stimmlippen des Kehlkopfmodells.

Im Modell sind deutlich erkennbar die Stimmlippen (hier im Bild als Spiralfedern) und deren Befestigung an den beiden Stellknorpeln (im Bild unten), sowie am Schildknorpel oben.

Die hier gewählte Einstellung des Kehlkopfes zeigt den Zustand bei Ruheatmung, d. h. die Stimmlippen sind leicht geöffnet.

6 – 39.2 Stimmlippen in Phonationsstellung (Stimmlippen geschlossen)

5 - 9.2 | Ch | 30064-002

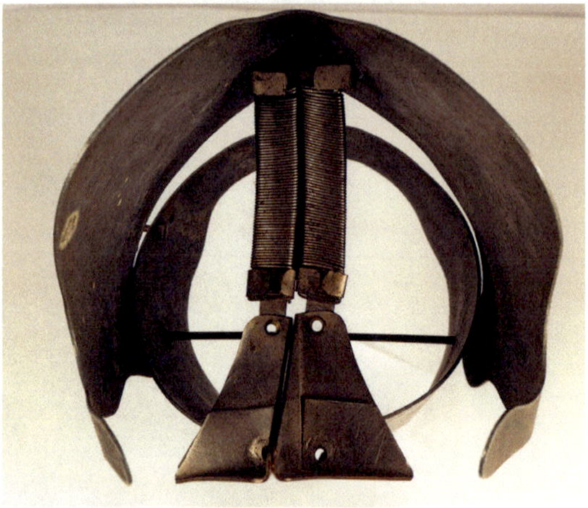

Die hier gewählte Einstellung des Kehlkopfes zeigt den Zustand in Phonationsstellung, d. h. die Stimmlippen sind geschlossen. Wird dieser Verschluss durch steigenden subglottalen Druck gesprengt, fangen die Stimmlippen an zu schwingen. Diese Schwingung wird während der Phonation aufrechterhalten durch myoelastische Kräfte und andere neuronal gesteuerte Mechanismen. Die dabei entstehende Schalldruckzeitfunktion hat angenähert einen sägezahnförmigen Verlauf, d. h. sie hat ein breitbandiges Spektrum.

6–39.3 Stimmlippen in Flüsterstellung

5 - 9.3 | Ch | 30064-003

Die hier gewählte Einstellung des Kehlkopfes zeigt den Zustand beim Flüstern, d.h. die Stellknorpel sind auf dem Sattelgelenk so verschoben, dass die verbleibende Öffnung angenähert ein gleichseitiges Dreieck bei geschlossenen Stimmlippen darstellt. Dadurch entsteht durch Verwirbelungen an den Stellknorpelkanten ein breitbandiges Anregungsspektrum. Es kann im Artikulationstrakt – so wie die stimmhafte Anregung – ebenfalls resonatorisch überformt werden.

6–40 Polsterpfeifen nach WETHLO

5 - 8 | B | 30060-000, 30061-000, 30062-000

Anspruchsvolle Modelle zur Demonstration und Untersuchung der komplizierten Vorgänge bei der Stimmerzeugung im Kehlkopf. Im Bild: Drei Größen (von links) mit 28, 20 und 15 mm Innendurchmesser

FRANZ WETHLO (1877 – 1960) ist besonders durch seine mechanischen Stimmlippen-Modelle bekannt geworden. Im Jahr 1898 hatte EWALD eine entscheidende Verbesserung der bis dahin existierenden Kehlkopfmodelle vorgeschlagen, und Wethlo hatte darauf aufbauend die bisher benutzten Gummi-Membranen durch luftgefüllte Polster mit einstellbarem Innendruck ersetzt. Dieses Modell, das einen Meilenstein in der Entwicklung der Theorie der Stimmerzeugung darstellt, wurde 1913 von WETHLO intensiv untersucht und ist mit dem Begriff Polsterpfeife in die Literatur eingegangen.

Lit.: Wethlo, F.: Versuche mit Polsterpfeifen. Passow und Schaefer: Beiträge für die gesamte Physiologie, 6 (1913), H. 3, S. 268–280. Lindner, G., Neppert, J.: Klangliche Reaktivierung Wethloscher Polsterpfeifen. In: Sprache-Stimme-Gehör. Zeitschrift für Kommunikationsstörungen, 18 (1994), H. 1, S. 38–43. Neppert, J.: Zur Schwingungsphysik der Wethloschen Polsterpfeife im Vergleich zum Smithschen Glottismodell. Hörgeschädigtenpädagogik – Beiheft, 36 (1995), S. 126–144. Mehnert, D.; Hoffmann, R.: Schallerzeugung, Schallaufzeichnung und Schallanalyse mit historischen phonetischen Geräten. Studientexte zur Sprachkommunikation, 29. Dresden: TUD press, 2003, S. 77–91.

6 – 40.1 Polsterpfeife mit 28 mm Innendurchmesser

5 - 8.1 | B | 30060-000

5 - 8.5 | B | 30272-000

Das von unten in den Metallrahmen hineinragende Rohrstück ist an seinem oberen Ende dachartig angeschnitten. Die beiden verbliebenen ausgeschnittenen Rohrecken lassen sich wieder einsetzen und mit zwei Stellschrauben (eine davon ist in der Mitte des Rahmens erkennbar) in den schrägen Spalt hineindrücken (vgl. auch 6 - 40.6). Zuvor wird für jede Seite eine etwa 0,2 bis 0,4 mm dicke Gummihaut über die Rohrecken so gespannt, dass zwei kleine abgeschlossene Volumina entstehen. Nach dem Einpressen entstehen zwei hohle Polster, die etwa die Form der Stimmlippen haben und deren Kanten die Glottis (= Stimmritze) bilden. Die beiden Hohlräume sind mit kurzen Rohrstutzen (im Bild rechts) versehen, durch die ein statischer Luftdruck zugeführt wird. Er dient zum Aufblasen der beiden Polster und damit zum Schließen der Glottis (Stimmstellung).

Das untere Rohrstück bildet einen Teil des subglottalen Raumes und dient zur Luftzuführung. Der subglottale Druck $P_{S.}$ lässt sich am links sichtbaren Rohrstutzen messen. Das obere Rohrstück ist der Anfang des supraglottalen Raumes, der mit einem aufgesteckten, sich erweiternden Rohr verlängert werden kann.

Bei geeigneter Kombination von subglottalem und Polster-Druck beginnen die Polster, ähnlich den menschlichen Stimmlippen, zu schwingen.

6 – 40.2 Detailansicht

5 - 8.1.1 | B | 30060-001

Ansicht von oben auf die Stimmlippen-Nachbildung (Polster) mit 28 mm Rohrweite, Polster sind mit Luft aufgeblasen. Im Bild sind die Stimmlippen leicht geöffnet.

6 – 40.3 Polsterpfeife mit 20 mm Innendurchmesser

5 - 8.2 | B | 30061-000, 5 - 45 | H | 30317-000, 5 - 8.4 | B | 30059-000, 5 - 8.6 | B | 30572-000

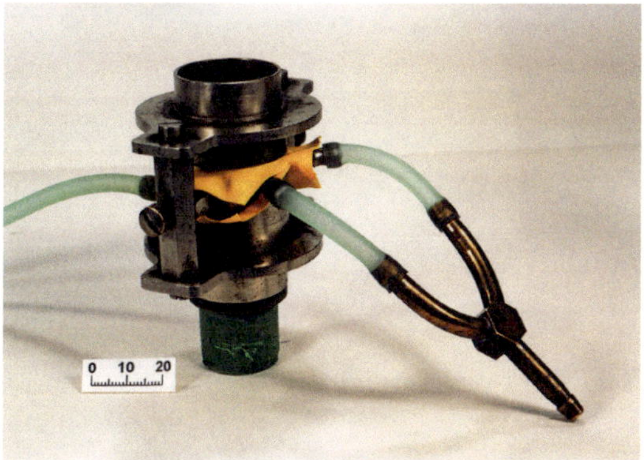

Diese etwas kleinere Polsterpfeife hat den gleichen Aufbau wie die unter 6 – 40.1 abgebildete.

6 – 40.4 Detailansicht

5 - 8.2.1 | B | 30061-001

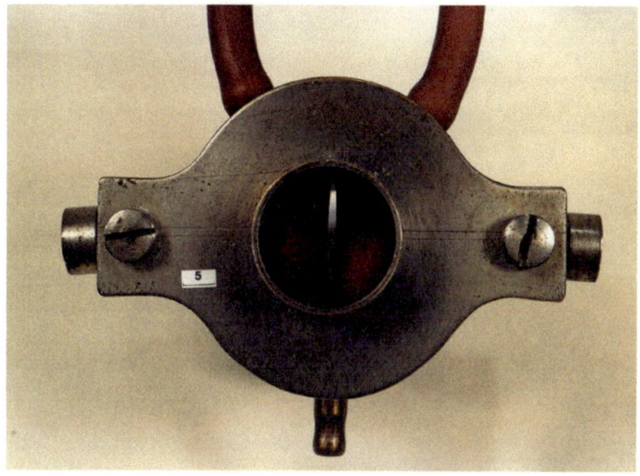

Ansicht von oben auf die Stimmlippen-Nachbildung (Polster) einer Polsterpfeife mit 20 mm Durchmesser. Im Bild sind die Stimmlippen leicht geöffnet.

6 – 40.5 Polsterpfeife mit 15 mm Innendurchmesser

5 - 8.3 | B | 30062-000

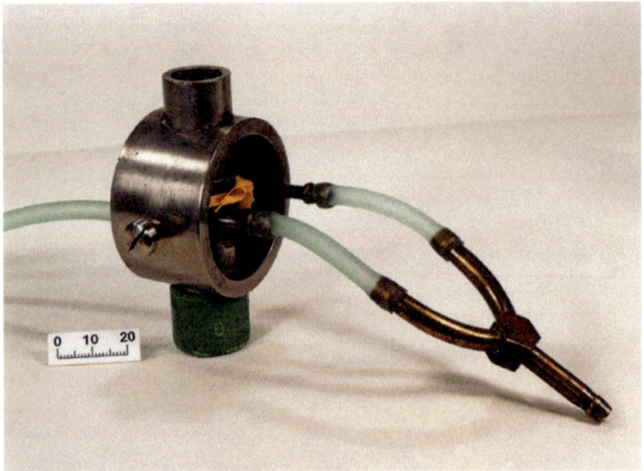

Diese Ausführung einer Polsterpfeife ist in einem ringförmigen Metallrahmen untergebracht.

6 – 40.6 Seitenansicht

5 - 8.3.1 | B | 30062-001

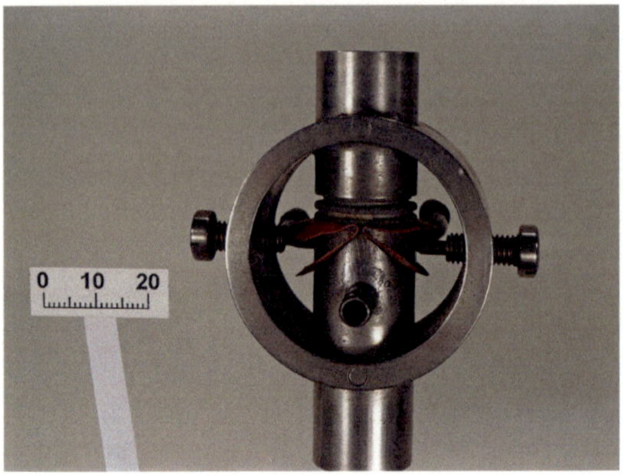

Im vorliegenden Bild sind besonders die beiden ausgeschnittenen Rohrecken mit den darüber gespannten Gummimembranen erkennbar.

6 – 41 Wundertrommel, auch als Mutoskop bezeichnet

J. Ganske, Berlin, 1912

5 - 43 | H | 30166-000

Apparat zur Demonstration von Bewegungsabläufen im Rachenraum.

Das Gerät dient zur Erzeugung stroboskopischer Bewegungstäuschungen. Die Konstruktion geht zurück auf den Engländer WILLIAM GEORGE HORNER (1833).

Der kurze Hohlzylinder mit senkrechter Achse lässt sich mit der unten angebrachten Kurbel über ein Kegelradgetriebe rasch drehen. Auf seiner Innenseite sind als plastische Nachbildungen Phasenbilder vom Längsschnitt durch den hinteren Rachenraum mit dem weichen Gaumen angeordnet. Im vorliegenden Fall sind es die Phasenbilder für die Velumbewegung beim Übergang von Vokal zum nasalen Laut.

Der Beobachter blickt durch die in der Trommelwand zwischen den Einzelbildern angebrachten Sehschlitze auf die jeweils gegenüberliegenden Phasenbilder. Er sieht diese in rascher Folge ablaufenden Einzelphasen wegen der Trägheit der Seh-Empfindung (Stroboskop-Effekt) als zusammenhängenden Bewegungsablauf.

Das abgebildete Gerät nannte HORNER Wundertrommel, so wird es auch in der Literatur bezeichnet. Es heißt bei G. PANCONCELLI-CALZIA und anderen Autoren Mutoskop.

Lit.: Ganske, J.: Illustriertes Verzeichnis von Apparaturen für die experimentelle Phonetik. Verlagsdruckerei Zehlendorf bei Berlin, 1918, S. 10–11. Zglinicki, F. v.: Der Weg des Films. Die Geschichte der Kinematographie und ihre Vorläufer. Berlin: Rembrandt-Verlag, 1956, S. 119–122.

6 – 41.1 Detail: Phasenbilder

5 - 43.1 | H | 30166-001

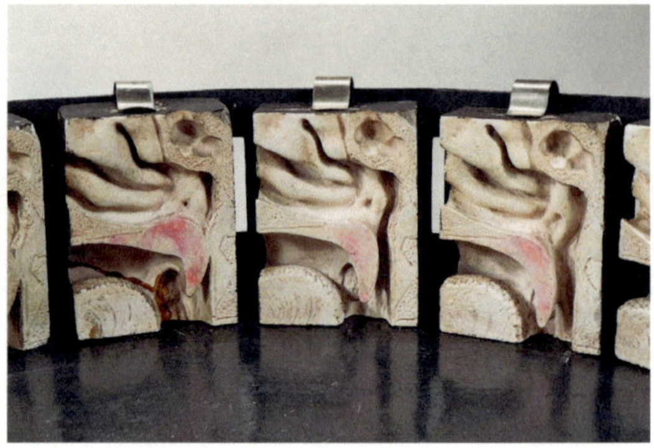

Die hier gezeigten Einzelphasen der Verschluss-Bewegungen des weichen Gaumens sind von H. GUTZMANN an einem Patienten beobachtet und danach in Gips modelliert worden.

Im linken Phasenbild ist der weiche Gaumen gehoben. Er verschließt die Verbindung zwischen oralem und nasalem Raum: Vokalanregung.

Im mittleren und rechten Phasenbild ist das Gaumensegel weniger bzw. mehr gesenkt. Dadurch wird der nasale Raum angekoppelt: Nasalanregung (m, n, ng).

6–42 Artikulationstrakt-Rohrmodell

5 - 21 | K | 30075-000

Einfaches Demonstrationsmodell zur Funktionsweise des menschlichen Artikulationstraktes.

Unter dem Begriff Artikulationstrakt versteht man den supraglottalen Raum von den Stimmlippen im Kehlkopf bis zur Lippenebene. Er ist etwa 17 cm lang, hat unterschiedlichen Querschnitt und die Form eines gebogenen Rohres. Im Modell kann dieser Artikulationstrakt durch lineare Aneinanderreihung von kurzen Rohrstücken mit unterschiedlichen Durchmessern näherungsweise nachgebildet werden. Bei der stimmhaften Anregung werden aus dem breitbandigen Anregungsspektrum der Glottis von den aneinander gefügten Rohrresonatoren jene Frequenzbereiche herausgehoben, die die unterschiedlichen stimmhaften Laute charakterisieren. Diese hervorgehobenen Frequenzbänder bezeichnet man als Formanten, im Regelfall sind es fünf (F1 bis F5). Die Formanten F1 und F2 beschreiben die Vokale; mit den weiteren (höherfrequenten) Formanten werden u.a. individuelle Qualitätsparameter der Stimme gebildet (Tragfähigkeit, Durchdringungsfähigkeit ect.). Im vorliegenden Modell werden durch 34 dicht aneinander gefügte Holzscheiben mit unterschiedlichen konzentrischen Bohrungen diejenigen Querschnittsformen gebildet, die für die Vokale charakteristisch sind, im Bild für den Vokal [a:]. Der Durchmesser jeder einzelnen Bohrung ist auf dem Rand der Holzscheiben rot gekennzeichnet, so dass man den Querschnittsverlauf des Artikulationstraktes sehen kann. An der rechten Öffnung des Modells erfolgt die Stimmanregung (z. B. mit einer WETHLOschen Polsterpfeife), an der linken Öffnung (Lippenebene) wird der Schall abgestrahlt. Zum Aufbau verschieden geformter Rohrmodelle steht für diese Ausführungsform eine Sammlung von 78 Sperrholzscheiben (5 mm dick) mit Bohrungsdurchmessern zwischen 5 mm und 46 mm zur Verfügung. Die geometrischen Abmessungen des Artikulationstraktes bei der Erzeugung von Lauten wurden durch Auswertung von Röntgenaufnahmen ermittelt (siehe FANT, G.).

Ein Experimentieraufbau, bei dem das Rohrmodell mit einer Polsterpfeife nach WETHLO zur Schallanregung verbunden ist, ist unter 1 – 4 dargestellt.

Lit.: Mehnert, D.; Hoffmann, R.: Schallerzeugung, Schallaufzeichnung und Schallanalyse mit historischen phonetischen Instrumenten. Studientexte zur Sprachkommunikation, 29. Dresden: TUD press, 2003, S. 77–91. Fant, G.: Acoustic theory of speech production. s'-Gravenhage,: Mouton u. Co, 1960.

6 – 43 DILEPHOT-Blöcke

Firma Fritz Schaefer, Hamburg (um 1930)

5 – 63 | H | 30175-000, 30286-000, 30395-000 bis 30398-000

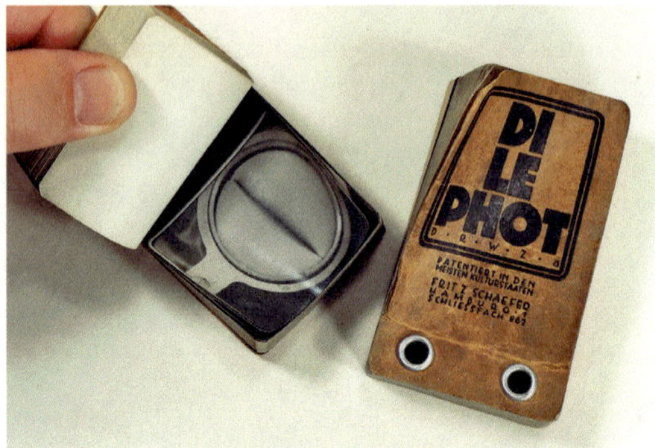

Zur genaueren Betrachtung der Stimmlippen im Kehlkopf während der Phonation hat sich die stroboskopische Beobachtung als außerordentlich nützlich erwiesen.

Nach den erfolgreichen Beobachtungen mit Kehlkopfspiegel kam der Wunsch auf, derartige Vorgänge bei Dauerlicht, später auch mit stroboskopischer Beleuchtung filmisch zu dokumentieren.

Im Phonetischen Laboratorium der Universität Hamburg sind derartige stroboskopische Filmaufnahmen der Stimmlippenschwingungen erfolgreich angefertigt worden. Als Ergebnis entstanden Filme mit hoher Bildzahl von einzelnen Schwingungsperioden.

Zunächst hatte man derartige Filmsequenzen mit speziellen Projektoren vorgeführt, wobei sowohl Vorwärts- als auch Rückwärtslauf möglich war.

Eine extrem vereinfachte Betrachtungsmöglichkeit bot sich an, indem man von den Filmnegativen alle Einzelbilder getrennt auf Photopapier vergrößerte und den Stapel aus solchen Einzelbildern (bis zu 300 Stück) jeweils zu einem handlichen Block zusammenheftete. Durch Abblättern mit der Hand – nach dem Prinzip des „Daumenkinos" – entsteht beim Betrachter aus der fortlaufenden Bildfolge ein scheinbar gleichmäßiger Bewegungseindruck.

Dieses Prinzip war schon 1868 von J. B. LINNERT für gezeichnete Bildfolgen als „Kineograph" patentiert worden. Auch M. SKLADANOWSKY hat 1894 damit gearbeitet.

Lit.: Panconcelli-Calzia, G.: Annotation zum DILEPHOT-Verfahren. VOX (1930), H. 2, S. 67–68.

6–44 Stimm-Mechaniken im Demonstrationskasten

5 - 53 | H | 30204-000

Die Kollektion der hier zusammengestellten Stimm-Mechaniken sind kleine Lautsynthese-Geräte. Sie bestehen aus dem Blasebalg, auf den eine Zungenpfeife montiert ist. Die Geometrie der Zungenpfeife und der konisch geformte Abstrahltrichter sind so gewählt, dass lauttypische Klänge abgestrahlt werden können.

Die Kollektion enthält zwölf Geräte, mit denen Einzellaute (die Grundvokale a, e, i, o, u), der r-Laut, der Diphthong au und Lautverbindungen (hurra, miau, emma, papa/mama und marie) erzeugt werden können.

Für die Demonstration vor einem größeren Hörerkreis sind alle Stimm-Mechaniken auf einer Grundplatte so angeordnet, dass sie von vorn und über einen Spiegel von hinten betrachtet werden können. Vorn ist eine Glasscheibe zum Schutz der Unikate und oben ein Drahtgitter für die ungehinderte Schallabstrahlung eingebaut.

Die Bedienung jedes einzelnen Blasebalgs erfolgt über ein kleines, nach oben herausgeführtes Zugbändchen.

Lit.: Hoffmann, R.; Mehnert, D.: Die Kesselschen Stimm-Mechaniken in der historischen akustisch-phonetischen Sammlung der TU Dresden. In: Fortschritte der Akustik – DAGA 2007, Stuttgart, S. 401–402.

6 – 45 Stimm-Mechanik [hurra]

5 - 54.4a | H | 30208-000

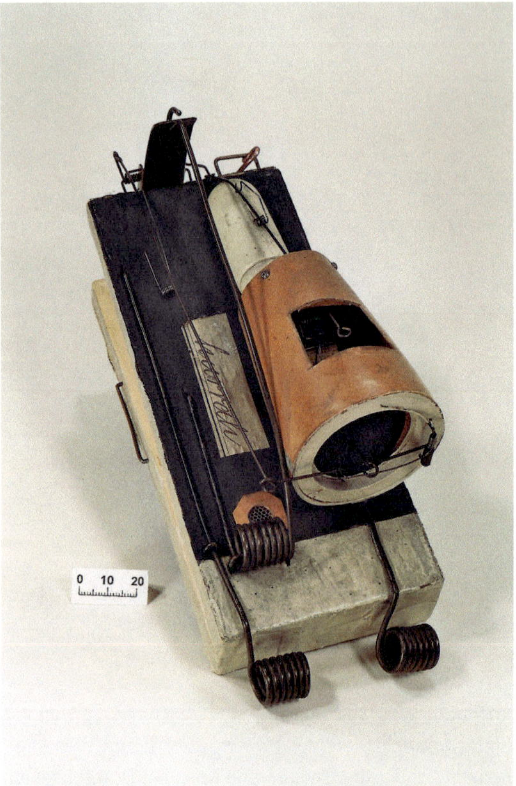

6 – 45.1 Detail: Ansicht mit halb geöffnetem Blasebalg

5 - 54.4b | H | 30208-001

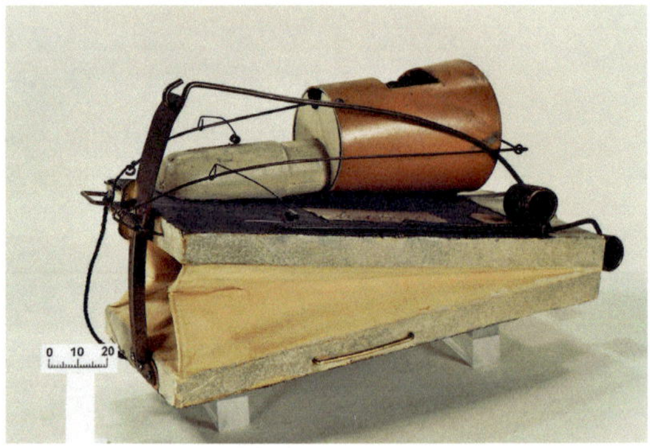

Links im Bild ist das bogenförmige Kulissenblech erkennbar, von dem die beiden Steuerdrähte zum Trichter-Ende und zur Freigabe der flatternden Blechklappe bewegt werden.

Die abgebildete Stimm-Mechanik enthält zwei mechanische Steuerelemente. Für die Erzeugung des Flatterlautes [r] ist eine höhere Energie, d.h. ein stärkerer Luftstrom als bei den übrigen Lauten nötig. Deshalb ist hierfür ein deutlich größerer Blasebalg mit zwei Schließfedern gewählt worden. Die im Bild erkennbare Kulissensteuerung betätigt das Steuerelement für das Öffnen und Schließen des Trichters-Endes; damit erzeugt diese Mechanik eine VCV (Vokal-Konsonant-Vokal) -Lautfolge.

Im oberen Teil des Trichters ist eine leichte, gelenkig gelagerte Blechklappe im Strömungskanal des Blasebalgs angebracht. Ein zweites Steuerelement gibt diese Klappe nur in der Mitte des Zeitverlaufes der Lautfolge frei. Die Klappe wird von der ausströmenden Luft zu flatternden Bewegungen angeregt und erzeugt so annähernd den intermittierenden [r]-Laut.

6 – 46 Lautbildung im Modell nach BÖHME-KÖHLER

C. Schneider, Hamburg, 1928

5 - 73 | H | 30194-000

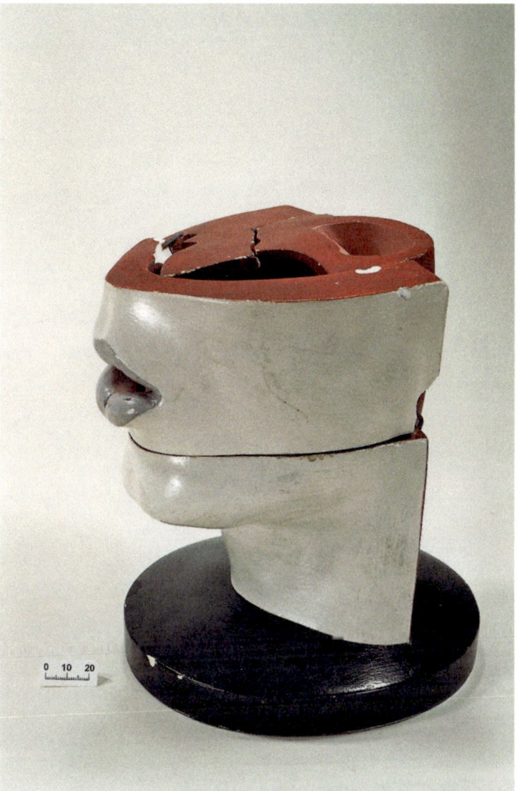

Für die phonetische Forschung und für Demonstrationszwecke sind plastische Modelle unentbehrlich. Das hier gezeigte zerlegbare Modell ist zur Veranschaulichung der Lauterzeugung und -bildung hergestellt worden. Damit ist es möglich, alle an diesem Vorgang wesentlich beteiligten Organe einzeln herauszunehmen und gegen anders geformte – für andere Laute erforderliche – Modellteile auszutauschen.

Durch deutlich unterschiedliche Farbgebung lassen sich bei der Demonstration die verschiedenen Organgruppen besser erkennen. Der Baukasten besteht aus einem dreiteiligen Hals-Kinn-Fundament, verschiedenen Kehlköpfen, Rachenwänden, Zungen, Wangenteilen und harten Gaumen.

Bei verschiedenen Konfigurationen aus diesen Teilen können Lage und Stellung der Artikulationsorgane für verschiedene Laute zusammengestellt werden.

6 – 46.1 Detail: Linke Wange entfernt

5 - 73.1 | H | 30194-001

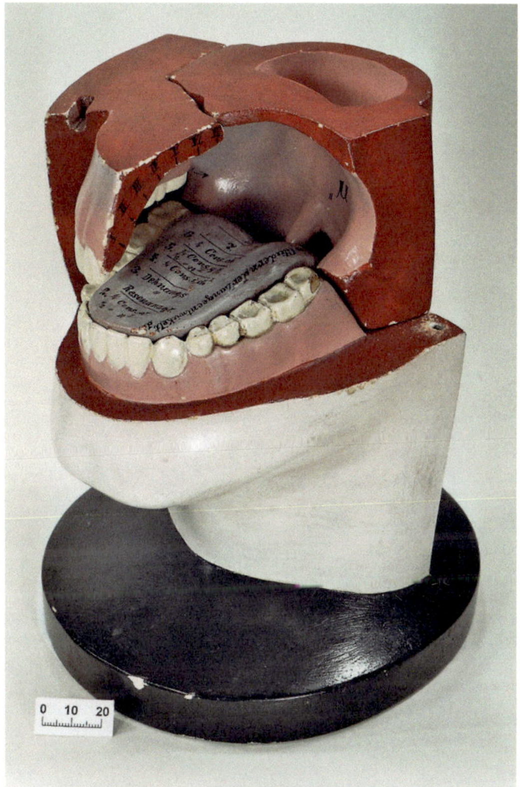

Das Bild zeigt das Modell ohne linke Wange mit Blick auf Zunge, harten Gaumen und Rachenraum.

Die Kombination demonstriert die Lautbildung für den Vokal [u:].

6 – 46.2 Detail: Linke Rachenwand entfernt

5 – 73.2 | H | 30194-002

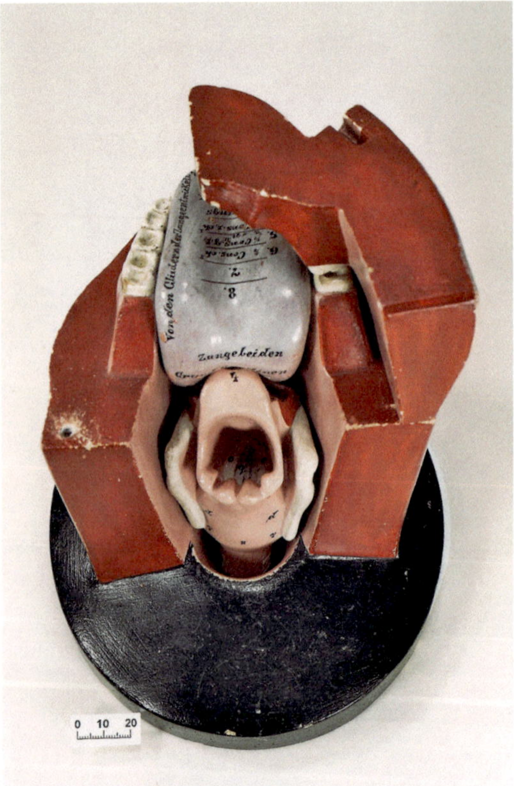

Das Bild zeigt das Modell in einer Ansicht von hinten mit Blick auf den Kehlkopf mit geschlossenen Stimmlippen.

6 – 46.3 Detail: Kehlkopf

5 – 73.3 | H | 30194-003

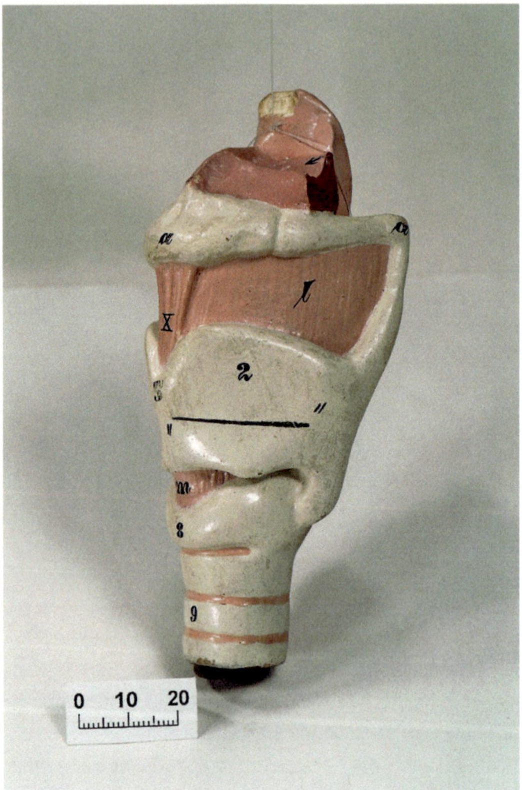

Der gezeigte Modell-Kehlkopf lässt das Knorpelgerüst mit den Ansätzen und Muskeln erkennen.

6 – 46.4 Detail: Explosivdarstellung

5 - 73.4 | H | 30194-004

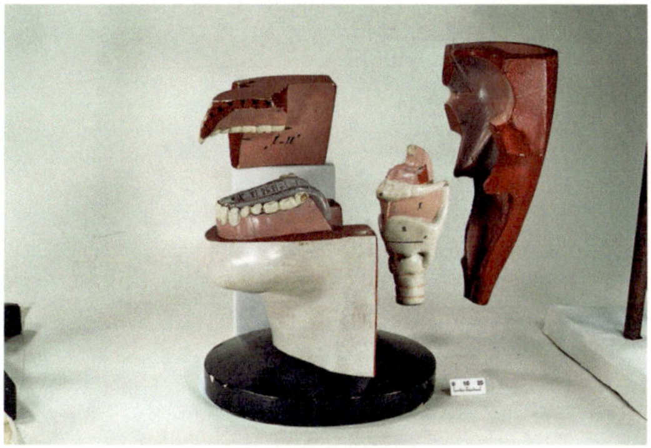

Das Bild zeigt außer der linken Wange und den Lippen die Modellbestandteile in ihrer räumlichen Zuordnung.

6 – 46.5 Detail: Drei ausgewählte Zungen-Modelle

5 - 73.5 | H | 30194-005

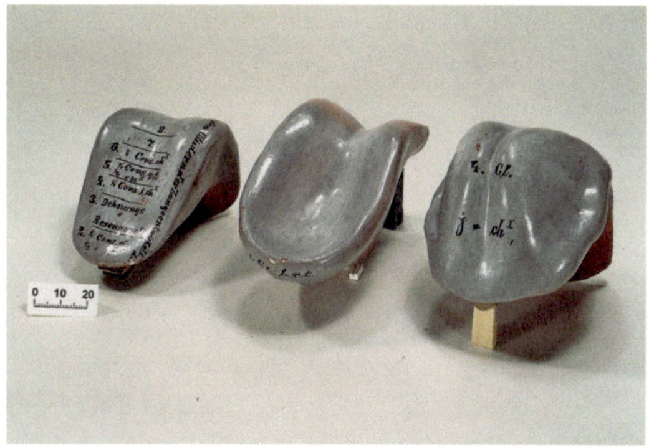

Die Zunge ist das aktivste bewegliche Organ zur Veränderung des Artikulationstraktes im oralen Raum.

Die aus einer größeren Anzahl ausgewählten Modelle zeigen angenähert links die Zungenformen für die Vokale [a:], [u:] und [o:], in der Mitte für die Laute [l], [r] und [t], und rechts [j] und [ch].

6 – 46.6 Detail: neun Zungen-Modelle im Etui

5 - 73.6 | H | 30194-006

Insgesamt sind in der Sammlung neun Zungen-Modelle vorhanden, mit deren Hilfe die Bildung des gesamten Lautsystems annähernd dargestellt werden kann.

6 – 46.7 Detail: Rachenwände und Kehlköpfe im Etui

5 - 73.7 | H | 30375-000

In der hier gezeigten Zusammenstellung findet man oben zwei Kehlköpfe, unten links einen harten Gaumen, unten rechts ein Gaumen- und Wangenteil, das mit dem oben rechts sichtbaren harten Gaumen kombiniert wird.

In der Mitte unten befindet sich ein rechtes Wangenteil mit einem Stück Oberkiefer mit Zähnen.

6–47 Modell zur Mittelohr-Schallleitung

Edelmann, München, 1915

5 - 70 | H | 30193-000

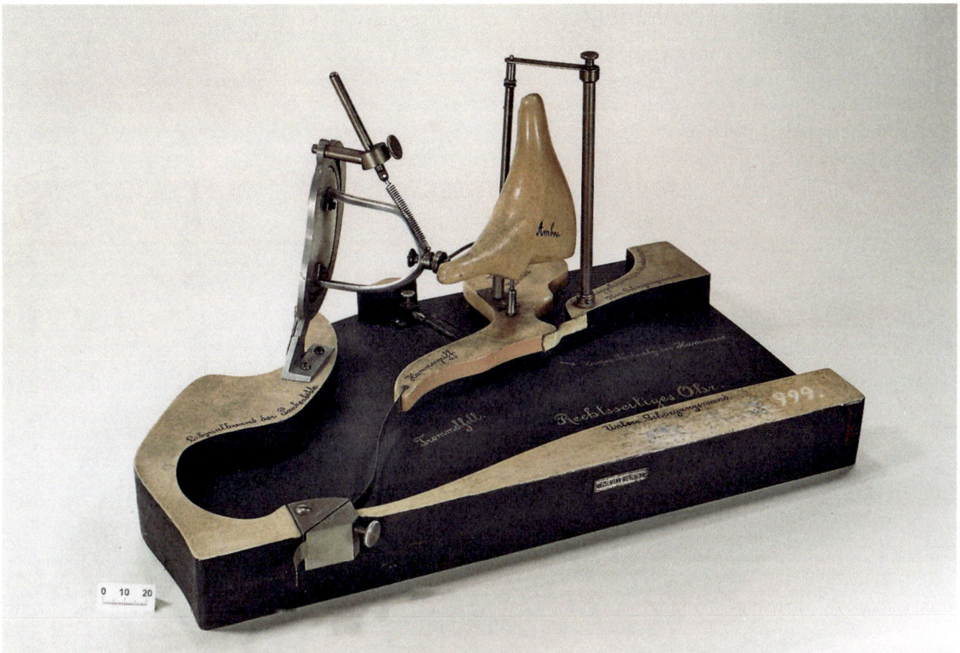

Den Experimental-Phonetiker interessierte außer der Schallerzeugung auch die Schallempfindung.

Für Demonstrationszwecke benutzte man Anschauungsmodelle, die die wesentlichen Mechanismen der Schallleitung vom Trommelfell bis zum ovalen Fenster vermitteln.

Das hier gezeigte Modell erlaubt es, die beweglichen Elemente des Mittelohres (Trommelfell, Hammer, Amboss und Steigbügel) in ihrer Funktion von Hand zu bewegen und die Grenzen ihrer akustischen Belastbarkeit sichtbar zu machen (M. stapedius).

Lit.: Ranke, O. F.; Lullies, H.: Gehör-Stimme-Sprache. Berlin, Göttingen, Heidelberg: Springer, 1953, S. 36–41.

6 – 47.1 Schallleitungselement

5 - 70.1 | H | 30193-001

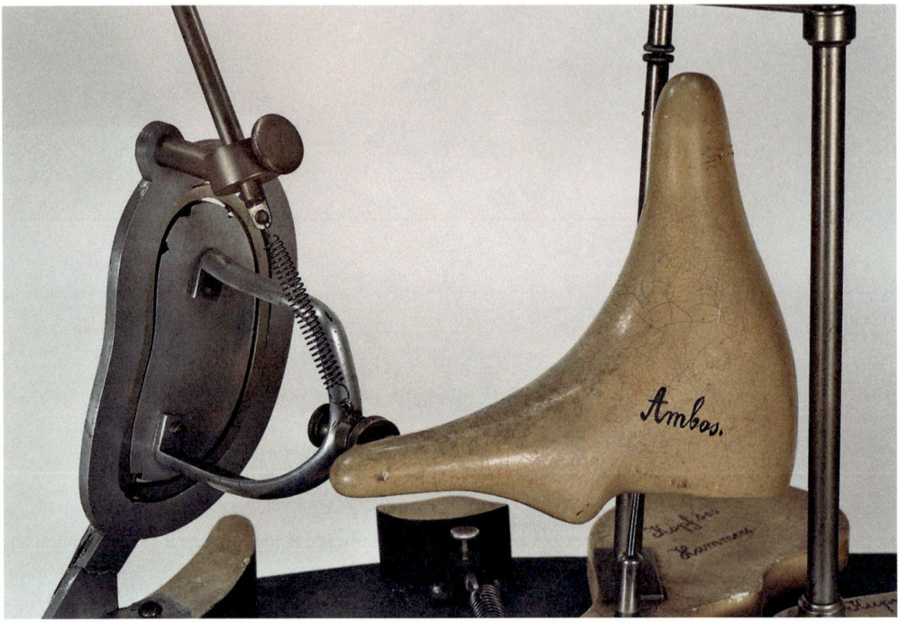

Im Bild sind die Elemente der Schallleitung – Steigbügel am ovalen Fenster und dessen Ankopplung an den Amboss – zu erkennen.

6 – 48 Vibrator zur Kehlkopf-Anregung

Buschmann, Hamburg, 1916

5 - 64 | H | 30191-000

Bei dem abgebildeten Vibrationsgerät handelt es sich um einen mechanischen Anregungsgenerator zur Erzeugung und Ankopplung von niederfrequenten breitbandigen Signalen.

Über auswählbare gabelförmige (unterschiedlich große) Koppelstücke wird der Kehlkopf von außen in Schwingungen versetzt. Damit beabsichtigte man, dem Probanden jene Schwingungen bewusst zu machen, die der Kehlkopf zur Spracherzeugung benötigt.

In der Regel waren die Probanden – wie aus der zeitgenössischen Literatur zu entnehmen ist – taubstumm. Das Gerät wurde vorwiegend für diese betroffenen Probanden entwickelt. Man hoffte, ihnen auf diese Weise ein Gefühl für die Lauterzeugung vermitteln zu können.

Mit der Kurbel wird eine Holzscheibe gedreht, an die eine hölzerne Schwingzunge mit Filzbelag (sog. Toneinsatz) angedrückt wird. Die Holzscheibe kann mit Kolophonium behandelt werden, dadurch gelingt es, mit trockener Reibung die Schwingung anzuregen, vergleichbar mit dem Anstreichen einer Saite mit dem Bogen.

Mit einem aus stabilem Federdraht geformten Übertragungsmechanismus regt die Schwingzunge das Formstück (im Bild rechts) zu Längsschwingungen an.

6 – 48.1 Detail: Gerät geöffnet, mit Toneinsatz (gis-a-ais)

5 - 64.1 | H | 30191-001

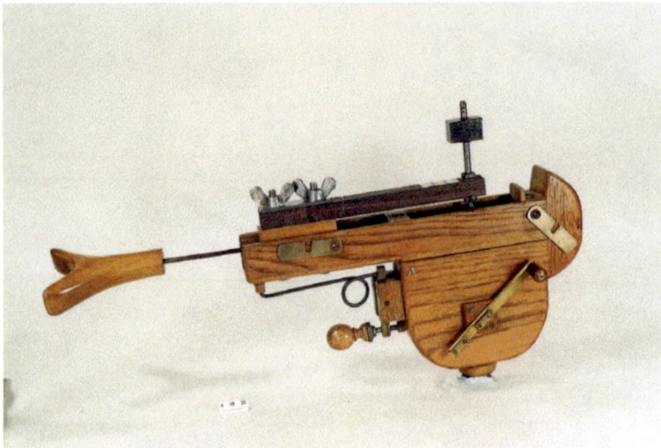

Am Grundkörper des Gerätes ist mit zwei Flügelmuttern der stabförmige Holzresonator befestigt.

Die rechts erkennbare Zusatzmasse ist am Ende des Holzstabes auf einem Metallstab so befestigt, dass sie vertikal verschoben werden kann. Damit lässt sich die Biege-Resonanzfrequenz verändern, im vorliegenden Fall von gis über a bis ais, d. h. von 207,7 Hz über 220 Hz bis 233,1 Hz.

6 – 48.2 Detail: Zwei Holzresonatoren mit Zusatzmassen

5 - 64.2 | H | 30191-002

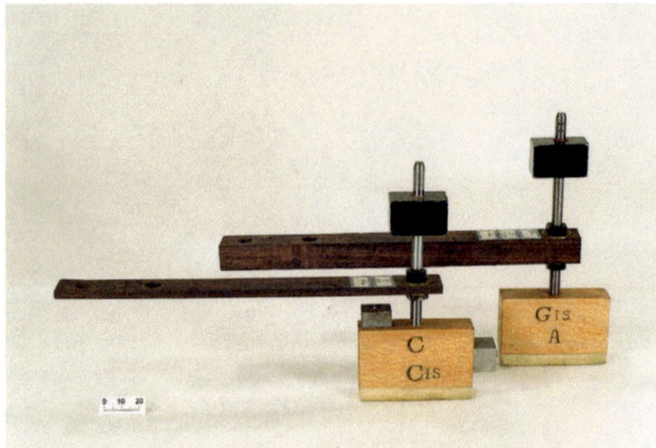

Im Bild sind aus dem Sortiment aller Resonatoren diejenigen abgebildet, mit dem sich die untere oder die obere Grenze der Resonanzfrequenzen erzeugen lässt.

Mit einem dünnen Biegestab aus Holz lassen sich durch verschieben der Zusatzmassen (rechts oben) Frequenzen von 65,4 Hz (C) bis 69,3 Hz (Cis) erzeugen, mit dem dicken Biegestab und seiner Zusatzmasse können Frequenzen zwischen 207,7 Hz (gis) über 220 Hz (a) bis 233,1 Hz (ais) erzeugt werden. Dieser Frequenzbereich entspricht etwa dem Stimmton-Frequenzbereich männlicher und weiblicher Probanden. Die Metallstäbe, auf denen sich die Zusatzmassen verschieben lasen, haben Einkerbungen für die Positionierung entsprechend der zu wählenden Stimmton-Grundfrequenz.

An der Unterseite der beiden Holzstücke (mit den eingeprägten musikalischen Tonbezeichnungen) sind die Filzbelege erkennbar, die an die sich drehende Holztrommel angedrückt werden und zur Schwingungserzeugung dienen, (vergleichbar mit der Tonerzeugung einer gestrichenen Saite).

Die Biege-Resonatoren werden auch Toneinsätze genannt.

6 – 48.3 Detail: Zehn Holz-Resonatoren mit Zusatzmassen

5 - 64.3 | H | 30191-003

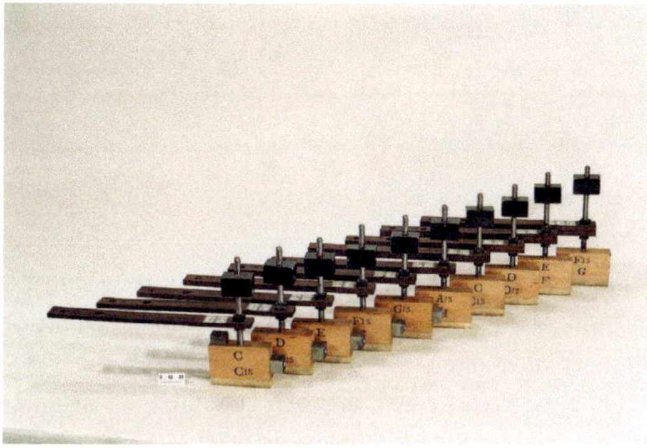

Für die Anregung der Resonanzfrequenzen zwischen C (65,4 Hz) bis $a^{\#}$ (233 Hz) stehen insgesamt elf unterschiedliche Resonatoren (Toneinsätze) zur Verfügung. An der aufgereihten Folge ist erkennbar, dass die Dicke der Holzstäbe mit steigender Frequenz zunimmt und für die unteren Resonanzfrequenzen noch zusätzlich Metall-Klötzchen an den Holzstücken angeschraubt sind. Beim Resonator für die tiefste Frequenz (ganz vorn) sind sogar zwei derartige Metall-Klötzchen angebracht.

6 – 48.4 Detailansicht

5 - 64.4 | H | 30191-004

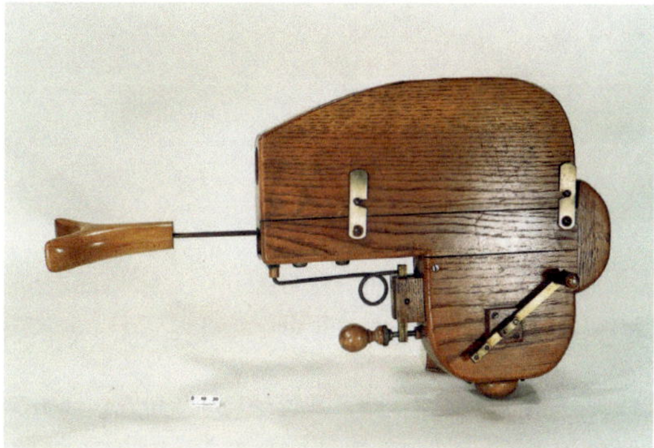

Im vorliegenden Bild ist das Gerät in der Lage aufgestellt, wie es im Bild 6 – 48.1 im geöffneten Zustand zu sehen ist.

Wenn der Proband selbst das Gerät zum Training der Kehlkopf-Anregung benutzte, hat er es (als Rechtshänder) in dieser Position gehalten und die Kurbel gedreht.

6–49 Vibrator zur Überprüfung der Knochenleitung

5 - 65 | H | 30192-000

Mit dem abgebildeten Gerät lassen sich tieffrequente Schwingungen erzeugen, mit denen man die Knochenleitung überprüfen konnte.

Über eine Kurbel wird ein Holzrad gedreht. Durch trockene Reibung läst sich damit ein mit Filz überzogener Hebelmechanismus mit angekoppeltem Biege-Resonator (im Bild die Holz-Zunge mit dem pilzförmigen Aufsatz und der Kugel am Ende) in seiner Resonanzfrequenz anregen.

Durch die Ankopplung (mit der Kugel bzw. mit einem pilzförmigen Aufsatz in der Mitte) an den Schädelknochen hinter dem Ohr (Mastoid) oder in der Mitte der Schädeldecke wird die Knochschall-Leitung geprüft.

6–50 Klapper zur Prüfung des Richtungshörens

5 - 66 | H | 30190-000

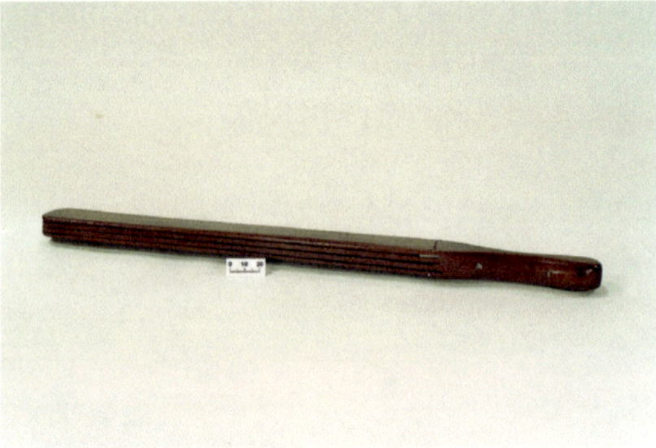

Um bei Probanden mit einfachen Mitteln die Fähigkeit zum Richtungshören festzustellen, wurde eine derartige Klapper verwendet.

Sie besteht aus einem dreifach geschlitzten Hartholzkörper mit vier Klapperstäben, die beim Aufschlagen auf die Handfläche einen impulsförmigen Schall mit hoher Intensität erzeugt.

6–51 Kehlkopf-Klingel nach ZÜND-BURGUET

5 - 67 | H | 30189-000

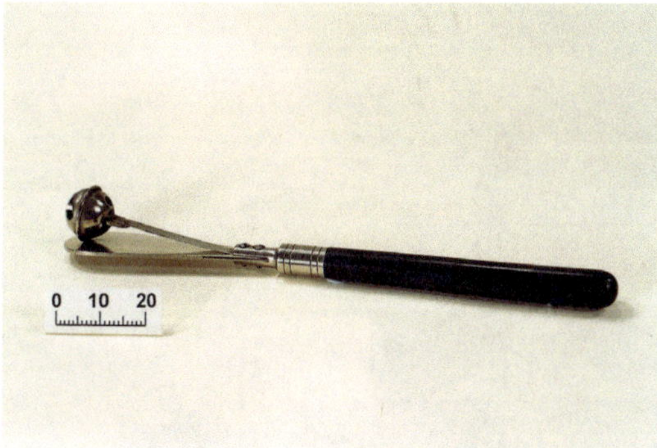

Das kleine Gerät dient dazu, durch Anlegen an den Kehlkopf stimmhafte und stimmlose Laute zu unterscheiden.

Die Metallplatte wird an den Schildknorpel leicht angedrückt. Bei stimmhafter Phonation werden die Schwingungen des Kehlkopfes auf die Metallplatte übertragen und regen die daran federnd anliegende Schelle zum Klingen an. Bei stimmlosen Lauten bleibt die Schelle in Ruhe. Derartige Feststellungen reichten in vielen Fällen zur einfachen Demonstration der richtigen Lauterzeugung aus.

Lit.: Panconcelli-Calzia, G.: Einführung in die angewandte Phonetik. Berlin: Fischer's Medicinische Buchhandlung, 1914, S. 28-29.

6–52 Atemfähnchen nach RÖTZER (1913)

5 - 68 | H | 30188-000

Dieses kleine Hilfsmittel dient zur Beobachtung der beiden Luftströme durch Mund und Nase beim Ein- und Ausatmen. Das Drahtgestell mit der dünnen Zelluloid-Platte wird so vor Mund und Nase gehalten, dass die gewölbte Kante der dünnen Platte dicht unter der Nase anliegt.

Beim Einatmen durch die Nase bewegt sich das obere (grüne) Fähnchen von außen nach innen, beim Ausatmen durch den Mund bewegt sich das untere (weiße) Fähnchen nach außen.

Mit dem kleinen Gerät lässt sich auch kontrollieren, ob beim Sprechen von oralen Lauten der Nasenraum durch das Gaumensegel fest verschlossen wird.

Lit.: Panconcelli-Calzia, G.: Einführung in die angewandte Phonetik. Berlin: Fischer's Medicinische Buchhandlung, 1914, S. 15

6 – 53 Interferenzrohr nach QUINCKE

Firma Paul Kröplin, Pinneberg, 1916

1.2 - 65 | H | 30132-000

Das Gerät eignet sich zum Nachweis akustischer Interferenzerscheinungen und zur Bestimmung der Schallwellenlänge.

Es wurde 1866 von GEORG HERMANN QUINCKE erfunden und beschrieben.

Zwei U-förmig ineinander gesteckte Rohre, die sich wie bei einer Posaune auseinander und zusammen ziehen lassen, sind zwischen einem Eingangs- und einem Ausgangsrohr angebracht. Am Eingang befindet sich die zu untersuchende Schallquelle, am Ausgang ein Schallempfänger (Ohr oder Mikrofon).

Der Schall von Eingangsrohr teilt sich in zwei Teile, d. h. in den oberen und unteren Rohrbogen auf. Wenn diese beiden Rohrbögen unterschiedlich lang sind (wie im Bild gezeigt), kommt es am Ausgangsrohr zu Schallinterferenzen, die deutlich als Lautstärkeunterschiede hörbar sind.

Bei einem Schall mit der Wellenlänge λ kommt es bei einer Wegdifferenz vom ungeradzahligen Vielfachen der halben Wellenlänge (λ/2, 3λ/2, 5λ/2 usw.) fast zu einer Auslöschung, und bei einer Wegdifferenz mit geradzahligem Vielfachen der halben Wellenlänge (2λ/2, 4λ/2, 6λ/2 usw.) zu einer Verstärkung.

Das QUINCKEsche Rohr wurde in der experimentellen Phonetik bei Hörversuchen und für Demonstrationszwecke verwendet.

6–54 Quadrant nach ZÜND-BURGUET

1.2 - 41 | H | 30121-000

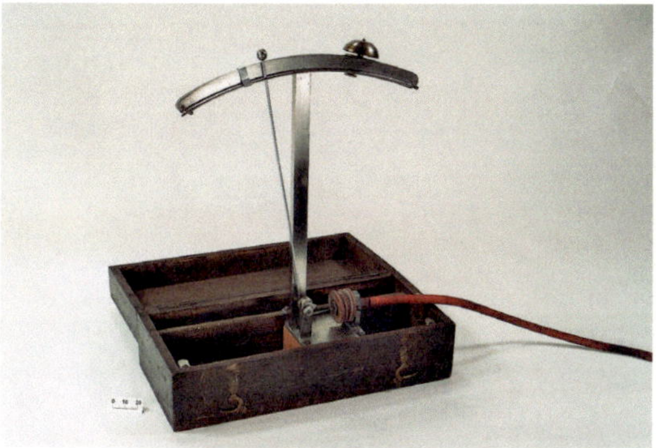

Das Gerät stammt aus der frühen Phase der experimentellen Phonetik. Es diente dazu, eine Artikulationsstelle im Mundraum zu finden und zu beschreiben.

Im Mund des Probanden wird dazu im vorderen Mundraum ein kleiner Gummiball positioniert. Der Druck im Inneren dieses Gummiballes wird über einen Schlauch zum Gerät übertragen und verändert die Länge eines zylindrischen Faltbalgens. Der zu messende Druck erzeugt durch die Volumenänderung des kleinen Gummiballes, der sich z. B. zwischen dem Vorderteil der Zunge und dem vorderen harten Gaumen oder zwischen den Lippen befindet und durch die Zungen- bzw. Lippenbewegungen elastisch verformt wird.

Das freibewegliche Ende des Faltbalgens lenkt über einen kurzen Verbindungsstab einen zweiarmigen Hebel aus, dessen langes Ende sich über den oben sichtbaren Kreisbogen bewegt. Linker und rechter Anschlagpunkt des Hebelarmes sind verstellbar, am rechten ist eine kleine Glocke angebracht.

Das Gerät diente nicht nur zur Ermittlung der richtigen Artikulationsstelle, sondern auch zu Übungszwecken beim Artikulationstraining (Lippenspannung, Zungenbewegung ect.).

Lit.: Panconcelli-Calzia, G.: Einführung in die angewandte Phonetik. Berlin: Fischer's Medizinische Buchhandlung, 1914, S. 49. Onishi, Masao: A Dictionary of Phonetics [Onseigatu Daijiten]. Tokyo: The Phonetic Society of Japan, 1976, S. 585,

6–55 Zwei tieffrequente Biegeschwinger mit MAREYschen Kapseln

1.2 - 26 | Ch | 30030-000, 30379-000

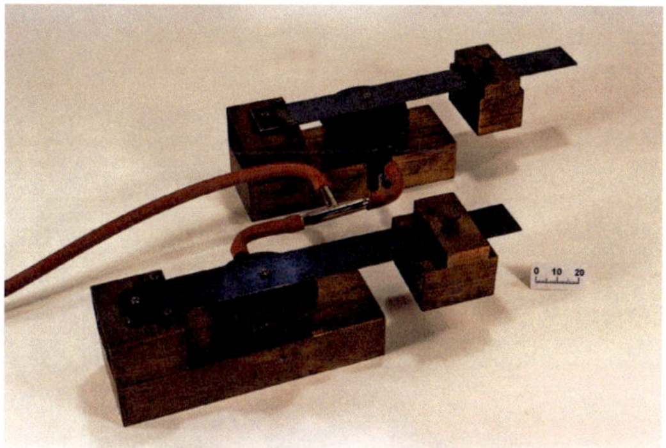

Zur Demonstration der Klangsynthese

An einem stabilen Grundkörper ist eine Blattfeder befestigt, an deren freiem Ende ein Massestück verschiebbar festgeschraubt ist. Je nach Entfernung zwischen Einspannung und Massestück lassen sich Biegeschwingungen unterschiedlicher Frequenz erzeugen. In der Mitte des Grundkörpers befindet sich eine große MAREYsche Kapsel, deren Membran durch ein Verbindungsstück von der Biegefeder ausgelenkt wird. Der erzeugte Wechseldruck in der MAREYschen Kapsel lässt sich am angeschlossenen Schlauch messen.

Werden zwei derartige Anordnungen mit unterschiedlichen Frequenzen über ein T-Rohrstück miteinander verbinden, lässt sich die Überlagerung zweier Wechseldruck-Vorgänge demonstrieren. Diese mit einem Kymographen registrierten Zeitfunktionen des resultierenden tiefstfrequenten Schalldruckes hat je nach Phasenwinkel zwischen beiden Teildrücken ein unterschiedliches Aussehen.

6 – 56 Kleiner Kymograph für Demonstrationszwecke

Paul Kröplin, Pinneberg bei Hamburg

5 - 61 | H | 30174-000

Zur Funktionsweise und zu den Einsatzgebieten vgl. 2 – 1 (Universal-Kymograph).

Ein Kymograph, wie im Bild gezeigt, diente vorwiegend zu orientierenden Aufzeichnungen, Messungen und Demonstrationen von Zeitvorgängen.

Das kleine Federwerk und der sehr einfache Fliehkraftregler zeigen das Antriebssystem eines solchen Gerätes.

Die Trommel für das Aufzeichnungspapier hat eine Höhe von 80 mm; der Umfang beträgt 280 mm entsprechend der Länge eines A4-Papierblattes.

6 – 57 Spiegel-Oszillograph

Lehrmittelfabrik Recklinghausen, 1928

1.2 - 66 | H | 30137-000

Das Gerät diente zur Aufzeichnung und Demonstration von Phonationsvorgängen.

Der Mund des Probanden wurde dicht an das rechts im Bild erkennbare Einsprechrohr angedrückt. Zur Umwandlung des Schalldruckes in mechanische Auslenkungen eines kleinen quadratischen Planspiegels dient eine Membran am Rohr-Ende. Der Spiegel ist an zwei dünnen Drähten so befestigt, dass Membranschwingungen zu Torsionsschwingungen des Spiegels führen.

Auf den Spiegel fällt der fokussierte Lichtstrahl einer Glühlampe, die im links erkennbaren Lampengehäuse hinter einem senkrechten Spalt angebracht ist. Eine axial verschiebbare Kondensorlinse fokussiert den beleuchteten Spalt auf den kleinen drehbaren Spiegel. Der reflektierte Lichtstrahl, moduliert vom Phonationsstrom, musste mit geeigneten optischen Hilfsmitteln (Prismen und Drehspiegel) auf die Projektionsfläche oder auf einen Kymographen mit lichtempfindlichem Papier umgelenkt werden.

6 – 57.1 Detail: Befestigung des Schwingspiegels

1.2 - 66.1 | H | 30137-001

Zwischen den beiden waagerechten Spannbolzen ist einer der beiden Drähte zu erkennen, die den Schwingspiegel halten und ihn bei phonatorischer Anregung in Torsionsschwingungen versetzen.

6–58 Gerät zur Projektion von Schallschwingungen

1.2 - 67 | H | 30240-000

Die abgebildete Anordnung diente zur Demonstration von Phonationsvorgängen.

In den rechts sichtbaren Trichter wurden die zu demonstrierenden Laute hineingesprochen. Auf dem Rohrstutzen am Trichterende ist eine Kapsel angebracht, in der sich eine Membran befindet. Deren Schwingungen lenken einen kleinen, leichten Schwingspiegel so aus, dass ein aus dem Lampengehäuse (vorn links) austretender, fokussierter Lichtstrahl moduliert wird.

Mit einem kleinen Projektionsobjektiv wird dieser Lichtstrahl zunächst auf den Drehspiegel geworfen und dann auf der Projektionsfläche (Bildwand) sichtbar gemacht.

Der Drehspiegel wird von einem Federwerkmotor gleichmäßig angetrieben. Seine acht einzelnen Planspiegel erzeugen die Zeitablenkung (in Abszissen-Richtung), so dass die Zeitfunktion des gesprochenen Lautes sichtbar gemacht werden kann, vergleichbar mit der später eingeführten oszillographischen Aufzeichnung.

6 – 59 Lauttafel – System VIËTOR

N. G. Elwertsche Verlagsbuchhandlung, Marburg, Hachette & Co. Publishers, London

5 - 57 | H | 30195-000, 30196-000, 30197-000

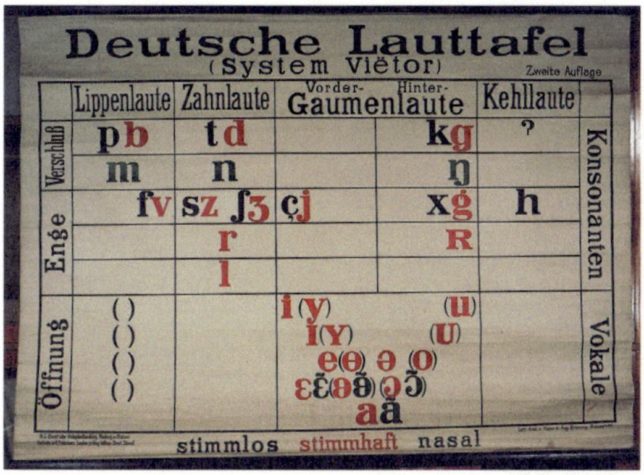

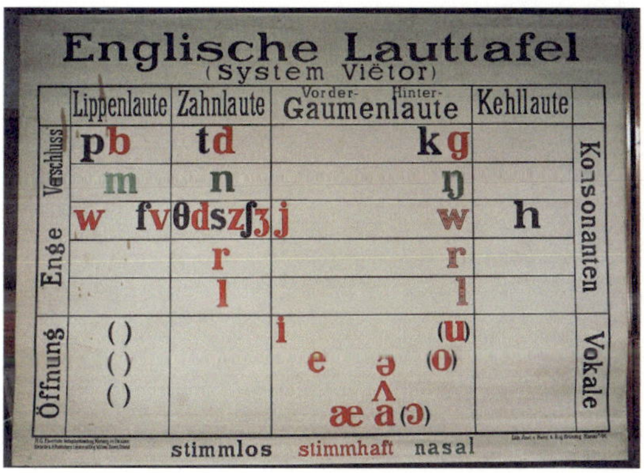

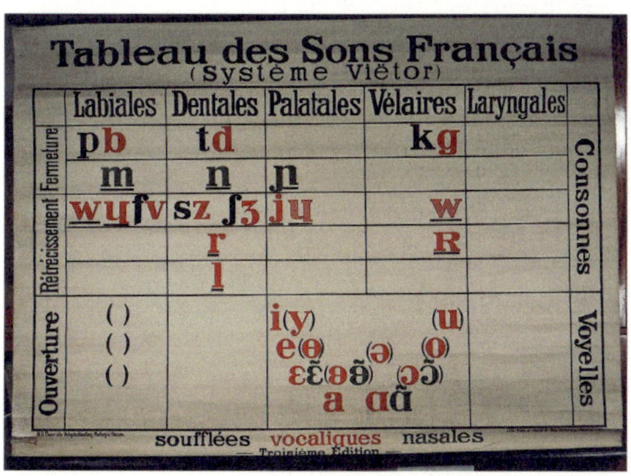

Zur systematischen Beschreibung und Ordnung der Laute in einer Sprache sind zahlreiche Lösungen vorgeschlagen worden.

Einer der ersten Phonetiker, der entsprechende Ordnungskriterien formuliert hat, war W. VIËTOR (1850–1918). Er hat für die Lautbildung folgende Unterscheidungskriterien beschrieben: Artikulationsstelle (wie Lippen, Zahnreihe, ...); artikulierendes Organ (Zunge, Stimmlippen, ...) und Artikulationsmodus, wie die voran genannten Bestimmungsstücke zur Lautbildung zusammenwirken. Dabei wird unterschieden zwischen Öffnung, Enge und Verschluss.

In dieses grundlegende System lassen sich alle Laute einer Sprache einordnen, die Vokale als stimmhafte Öffnungslaute, alle Konsonanten als Verschluss- und Enge-Laute, stimmhaft bzw. stimmlos.

In der hier abgebildeten Lauttafel sind diese Artikulationsmerkmale eingetragen.

Die obere Zeile der Tafel beschreibt außerdem die Artikulationsstelle. Alle stimmhaften Laute (Vokale und stimmhaften Konsonanten) sind rot, alle stimmlosen Konsonanten schwarz und die Nasallaute und nasalierten Vokale grün gedruckt.

Die hier gezeigte Systematik stammt von 1893. Sie wurde in den folgenden Jahrzehnten zwar verfeinert, blieb aber im Wesentlichen unverändert.

Lit.: Viëtor, W.: Lauttafeln (deutsch, französisch, englisch). Marburg, 1893. Viëtor, W.: Elemente der Phonetik des Deutschen, Englischen und Französischen. 6. Aufl., Leipzig, 1915. Wängler, H.-H.: Atlas deutscher Sprachlaute. 4. Aufl., Berlin: Akademie-Verlag, 1968, S. 28 ff.

oben: Deutsche Lauttafel
Mitte: Englische Lauttafel
unten: Französische Lauttafel

6-60 Lauttafel nach RAUSCH

Friedrich Rausch, Nordhausen, 1914, N.G. Elwertsche Verlagsbuchhandlung, Marburg

5 - 58.1 | H | 30202-000

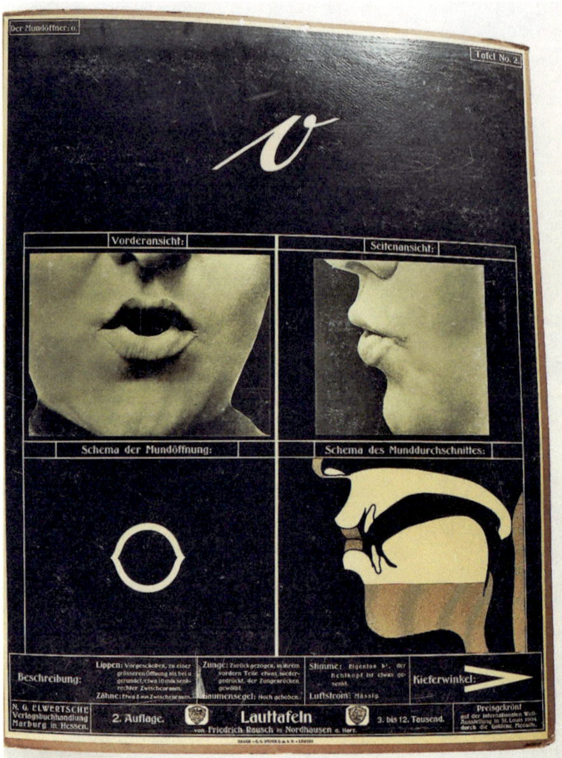

Tafel No. 2, Der Mundöffner [o:]

Lauttafeln wie die hier gezeigten dienten als Lehr- und Anschauungsmittel beim Erlernen von Sprachen.

Auf jeder der zu dieser Ausgabe gehörenden insgesamt 26 Tafeln steht oben das Lautzeichen.

In den beiden Teilbildern darunter sind Vorder- und Seitenansicht des sprechenden Mundes fotografisch abgebildet, darunter die Mundöffnung und der Querschnitt mit der Lage der Sprechorgane schematisch.

Die Textbeschreibung in der Fußzeile erläutert Lippenform, Zahnstellung, Zungenlage und Gaumensegelstellung. Unter der Rubrik Stimme werden eine Tonhöhe genannt, die Intensität des Luftstromes verbal und der Kieferwinkel mit einem Winkelsymbol beschrieben.

Die Tafeln enthalten alle Lautgruppen der deutschen Sprache. Außerdem gibt es Tafeln mit je drei ausgewählten Lauten der französischen und englischen Sprache.

Bevorzugt wurden solch Lauttafeln eingesetzt im ersten Lese-Unterricht in Normalschulen und außerdem in Sonderschulen, in der Lehrerbildung und zum Selbststudium.

Lit.: Rausch, F.: Lauttafeln für den Sprachunterricht. 3. Aufl., Marburg: N. G. Elwert, 1926. Rausch, F.: Lauttafeln für den deutschen und fremdsprachlichen Unterricht nach den Grundsätzen der Lautlehre. Marburg: N. G. Elwert, 1927, S. 54. Panconcelli-Calzia, G.: Die Rausch'schen Lauttafeln. Annotationes phoneticae. Med.-Päd. Monatsz. für die ges. Sprachheilkunde, 21 (1911), S. 52–54. Panconcelli-Calzia, C.: Die französischen und englischen Lauttafeln von Rausch. Annotationes phoneticae. Med.-päd. Monatsz. für die ges. Sprachheilkunde, 21 (1911), H. 8 u. 9, S. 291–294.

6 – 61 Lauttafel nach RAUSCH

Friedrich Rausch, Nordhausen, 1914, N. G. Elwertsche Verlagsbuchhandlung, Marburg

5 - 58.2 | H | 30203-000

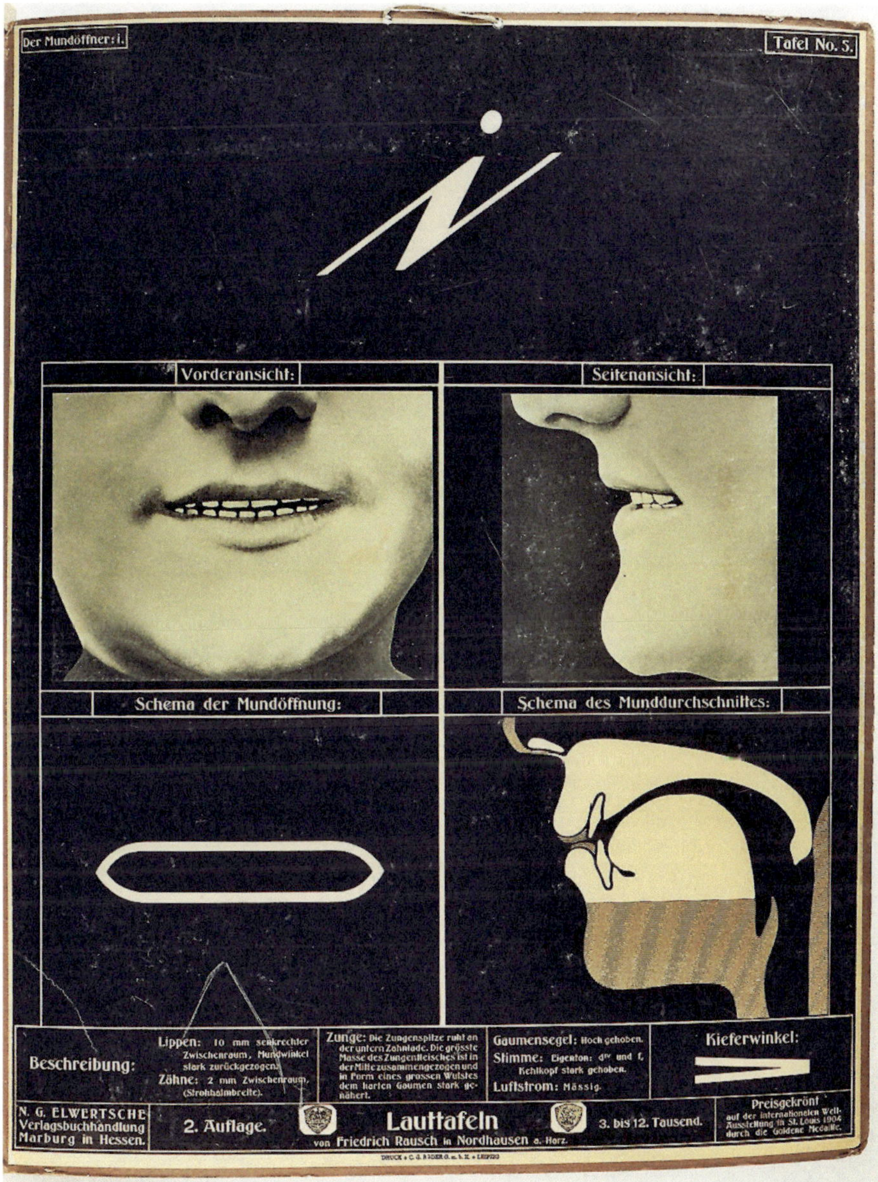

Tafel No. 5: Der Mundöffner [i:]

Zum Inhalt und zur Anwendung derartiger Lauttafeln siehe 6 – 60.

6 – 62 Lauttafel nach VIËTOR

5 - 59.1 | H | 30198-000

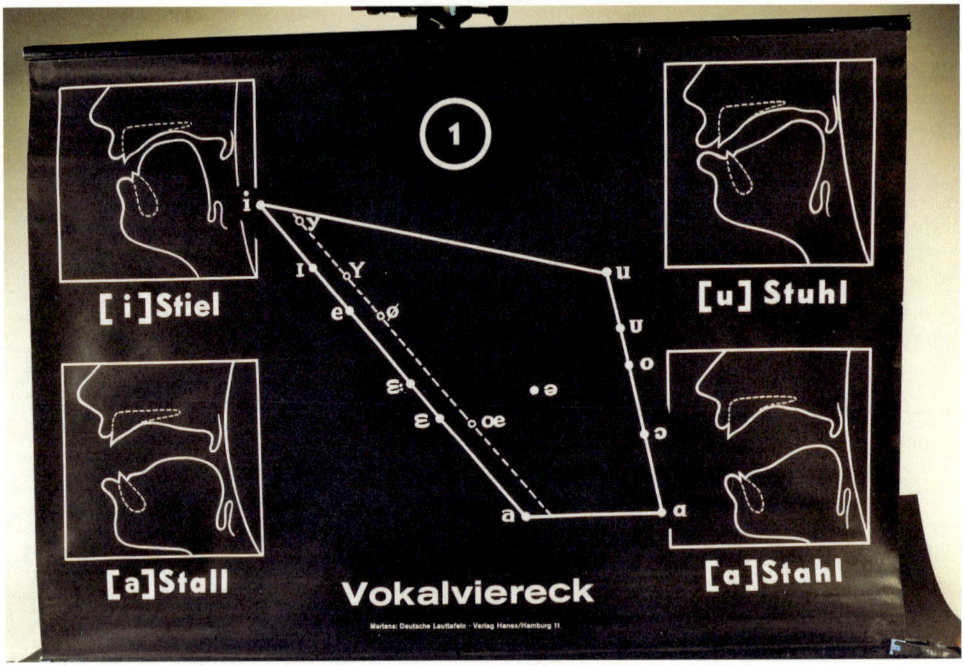

Tafel Nr. 1: Vokalviereck

Auf dieser Tafel sind in einem Viereck die Vokale der deutschen Sprache positioniert hinsichtlich ihrer sprachphysiologischen Merkmale, nämlich der Lage und Extremstellung der Zunge.

Erste Arbeiten zu dieser Thematik stammen von HELLWAG, der 1781 alle Vokale in einem Vokaldreieck anordnete. Er orientierte sich an der Zungenlage und nahm deren Extremstellungen als Eckpunkte: [a] - tiefste Zungenlage, [i] - größte Hebung der Vorderzunge, [u] - größte Hebung der Hinterzunge.

Die anderen Vokale ließen sich dann nach Zwischenstellungen einordnen.

Es gab später viele Erweiterungen und Berichtigungen dieses Dreiecks, bis schließlich 1925 von der Kopenhagener Konferenz das hier abgebildete Vokalviereck der so genannten Kardinal-Vokale angenommen und als verbindlich erklärt wurde.

Im hier gezeigten Bild sind für die Eck-Vokale die schematischen Mundquerschnitte mit der Lage und der Form der Zunge bei den entsprechenden Beispiel-Lauten dargestellt.

Der gesamte Satz dieser Serie von Lauttafeln umfasst 63 Stück.

6 – 63 Lauttafel nach VIËTOR

5 - 59.2 | H | 30199-000

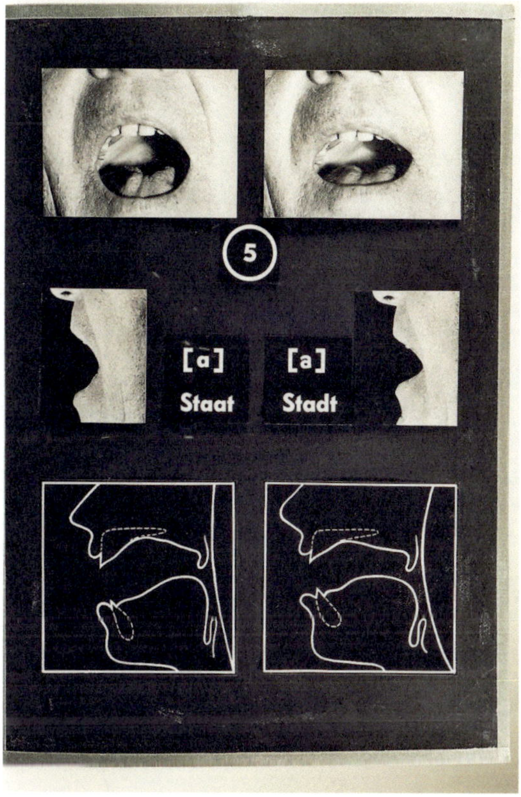

Tafel Nr. 5: Langer und kurzer Vokal [a]

Ähnlich wie bei den zeitlich früher erschienenen Lauttafeln von RAUSCH (vgl. 6 - 60), sind derartige Tafeln als Anschauungs- und Lehrmaterial hergestellt worden.

Sie enthalten u.a. Darstellungen von Einzellauten, von Elementen der Lautbildung (vgl. 6 - 64) und spezifische Bildungselemente.

In der vorliegenden Tafel wird an Beispielwörtern die Bildung des langen [a:] und Kurzen [a] gezeigt.

6 – 64 Lauttafel nach VIËTOR

5 - 59.3 | H | 30200-000

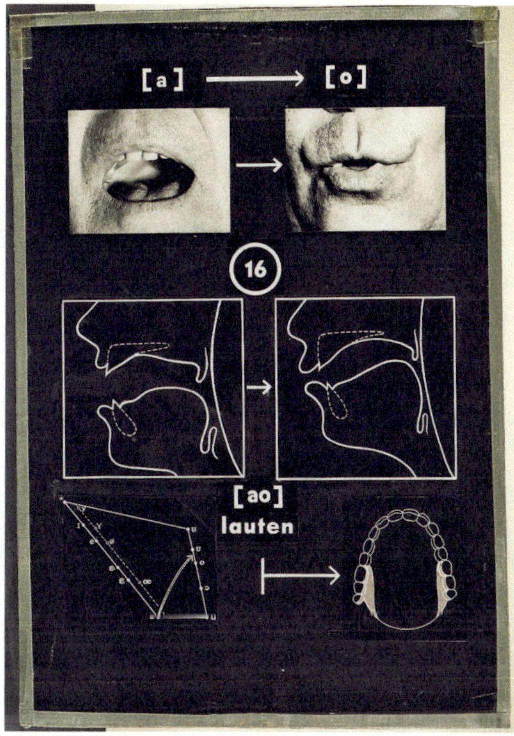

Tafel Nr. 16: Diphthong [ao]

Zur Darstellungsweise vgl. 6 - 63

In dieser Tafel ist die Bildung des Diphthongs [ao] aus den Bewegungsabläufen vom Vokal [a] zum [o] dargestellt.

In dem unten eingezeichneten Vokalviereck bezeichnet die gekrümmte Linie den genannten Lautübergang.

6 – 65 Lauttafel nach VIËTOR

5 - 59.4 | H | 30201-000

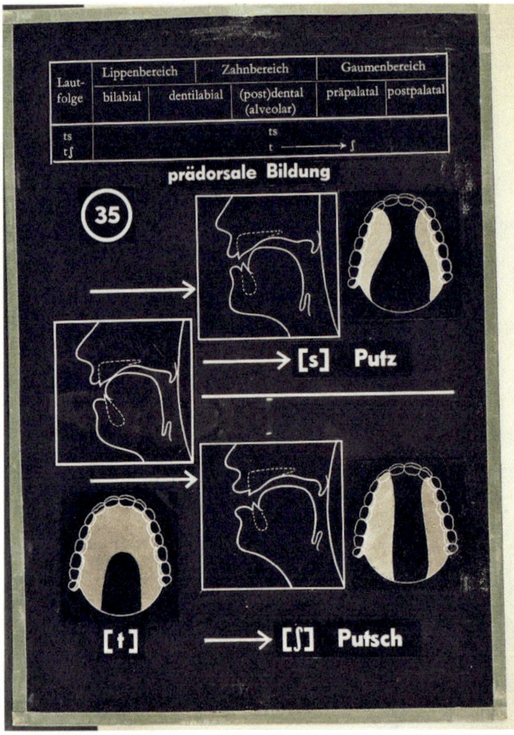

Tafel Nr. 35: Prädorsale Bildung [t ⟶ s] und [t ⟶ sch]

Zur Darstellungsweise vgl. 6 - 63

Die Tafel veranschaulicht die prädorsale Lautbildung [ts] und [tʃ] in den Beispielwörtern Putz und Putsch. Der Text im oberen Teil des Bildes entspricht der oberen Zeile in der Lauttafel (System VIËTOR - deutsch), vgl. 6 - 59 Zu Beginn der Lautbildung beim [t] berührt der vordere Zungenteil den Gaumen. Der orale Verschluss wird bei leicht geöffneten Lippen und geringem Kieferwinkel nach Anlegen des Zungensaumes gegen den oberen Zahndamm (prädorsal) erreicht, (vgl. Palatogramm [t] - Bild links unten und vgl. 5 - 5.1). Beim Übergang zum folgenden [s]-Laut löst sich der vordere Teil der Zunge vom vorderen Teil des Gaumens, es entsteht durch die saggitale (pfeilförmige) Rinnenbildung der Zunge das stimmlose [s], (vgl. Palatogramm [s] - Bild rechts oben). Im Beispielwort Putsch (Übergang zum [ʃ]) wird die Zungenspitze etwas mehr zurückgezogen, der Zungenrücken wölbt sich und legt sich mit seinen lateralen Rändern dem Gaumen an, (vgl. Palatogramm [ʃ] - Bild rechts unten). Die sagittale Rinne ist etwas größer (runder) als beim [s], erkennbar auch im Bild des Mundquerschnitts.

Kapitel 7

Modernere Geräte
Experimentalphonetik/Rehabilitation

Mit der raschen Entwicklung der elektroakustischen Mess-, Registrier- und Gerätetechnik standen der experimentellen Phonetik alle Möglichkeiten offen, ihre Forschungsthemen in viele verschiedenen Richtungen auszudehnen und die dabei verwendeten Methoden zu verfeinern.

Weitblickende naturwissenschaftlich orientierte Phonetiker haben diese Möglichkeiten erkannt und mit den entsprechenden ingenieurwissenschaftlichen Richtungen zusammen gearbeitet, um ihre fachspezifischen Wünsche und Vorstellungen zu verwirklichen.
Aus der Zeit etwa bis zum Einzug des Computers (Ende der 50er Jahre des 20. Jahrhunderts) stammen zahlreiche Bestände der Sammlung.
Als wesentlichstes Gerät dieser Zeit gilt der Sonagraph. Mit ihm kann eine spektrale Sprachsignal-Analyse mit zahlreichen Zusatzfunktionen vorgenommen werden.

Für die Schallspeicherung spielte die Magnetband-Aufnahme und -Wiedergabe eine entscheidende Rolle. Damit war es technisch einfach möglich, Sprache mit hoher Qualität aufzunehmen und zu speichern. Somit stand sie für nachfolgende subjektive und objektive Analysen zur Verfügung.

In der objektiven Sprachsignal-Analyse sind mehrere Signal-Parameter von besonderem Interesse: Die Zeitabhängigkeit der Stimmton-Grundfrequenz, des Schalldruckpegels und der Lautstärke. Mehrere der hier vorgesellten und beschriebenen Geräte erlauben außerdem weitere Signalanalysen wie z. B. Messung der Bewegungsabläufe der Stimmlippen (Glottograph), Messung des Phonationsstromes während des Sprechens (Elektro-Aerometer), Messung der Atembewegungen (Pneumograph) und der Volumenströme.

Von den Fortschritten der elektroakustischen und experimentalphonetischen Forschung profitierte auch die Rehabilitation von Sprach- und Hörbehinderten. Eine Reihe derartiger in der Praxis bewährter Geräte gehören ebenfalls zur hier beschriebenen Sammlung.

7–1 Sonagraph Modell R

Fa. Kay electric Co., USA, 1957

6.1 - 1 | B | 30076-000*

Gerät zur Sprachsignalanalyse, das nach der Visible-Speech-Methode arbeitet und auf der Anwendung der Suchtonmethode für die spektrale Analyse von Schallsignalen beruht.

Das Bild zeigt die erste (dezentrale) Ausführung des Messplatzes mit (von links) Netzteil, Aufzeichnungsteil, Contour-Display, Amplitude-Display, Scale-Magnifier, Steuer- und Bedienungsteil, davor das Aufnahmemikrofon.

*Inventarnummern der Einzelgeräte:

6.1 - 1 | B | 30076-000 (Steuer- und Bedienteil)

6.1 - 1.1 | BTU | 300176-000 (Aufzeichnungsteil)

6.1 - 16 | B | 30282-000 (Aufzeichnungsteil)

6.1 - 1.7 | B | 30274-000 (Contour Display)

6.1 - 15.1 | Mü | 30595-000 (Contour Display)

6.1 - 1.8 | B | 30275-000 (Amplitude Display)

6.1 - 1.9 | B | 30276-000 (Scale Magnifier)

6.1 - 1.10 | B | 30277-000 (Aufnahmemikrofon)

6.1 - 1.11 | B | 30278-000 (Netzteil)

Sonagraphen (Sound-Spectrographen) waren in den 50er Jahren des vorigen Jahrhunderts die ersten Geräte zur genauen objektiven Analyse und Darstellung des Sprachsignals in seiner spektralen Gestalt. Zum damaligen Zeitpunkt war dies ein großer Fortschritt in der experimentellen Phonetik und Sprachakustik.

Lit.: Potter, R. K.; Kopp, G. A.; Green, H. G.: Visible Speech. New York, 1966 (mit detaillierter Geräte- und Verfahrensbeschreibung).

7 – 1.1 Detail: Aufzeichnungsteil mit Trommel

6.1 - 1.1 | B_{TU} | 30176-000, 6.1 - 16 | B | 30282-000

Das Gerät ist Bestandteil des in 7 - 1 beschriebenen Messplatzes

Der zu untersuchende Lautabschnitt wurde auf die kreisförmige Magnetfolie (aus Magnetbandmaterial) in normaler Geschwindigkeit aufgezeichnet, dann zur Analyse (Suchtonverfahren) mit dreifacher Geschwindigkeit abgespielt.

Das Registrierpapier auf der Trommel, die sich mit der gleichen Geschwindigkeit wie die Magnetbandfolie dreht, ist ein spezielles Kontaktpapier (Faksimile Papier), das bei Stromdurchfluss geschwärzt wird (hoher Schallpegel ⟶ hoher Schreibstrom ⟶ größere Schwärzung und umgekehrt). Damit war eine quasi drei-dimensionale Aufzeichnung der am Sprachsignal gemessenen Größen möglich: Die Zeit wird auf der Abszisse, die Frequenz auf der Ordinate und die Amplitude durch den Schwärzungsgrad abgebildet.

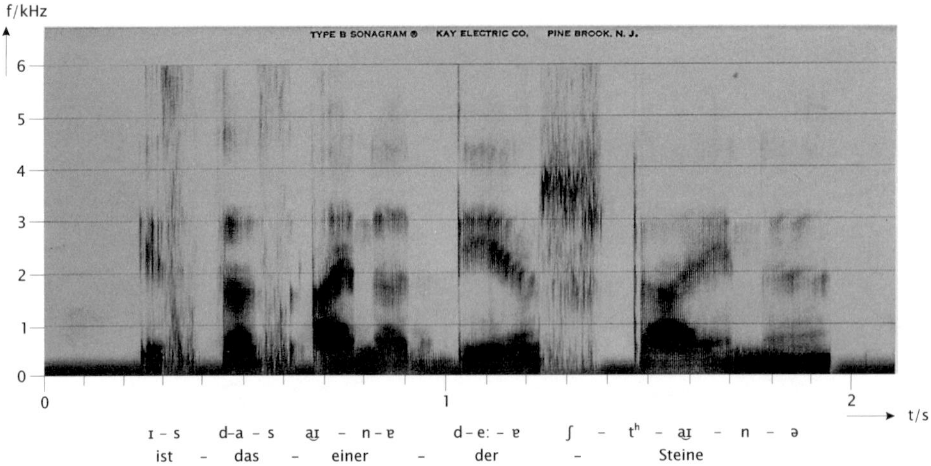
f/kHz
TYPE B SONAGRAM ® KAY ELECTRIC CO. PINE BROOK, N. J.
6
5
4
3
2
1
0
0
1
2
t/s
ɪ - s d-a - s aɪ̯ - n - ɐ d - eː - ɐ ʃ - tʰ - aɪ̯ - n - ə
ist - das - einer - der - Steine

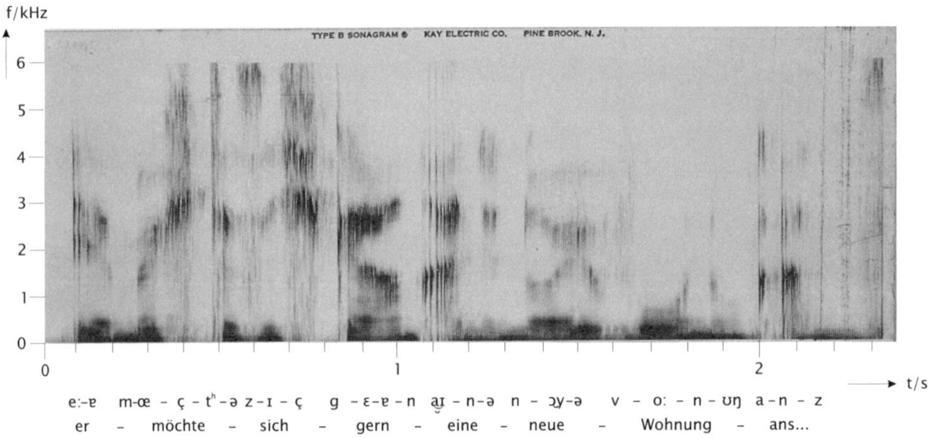
f/kHz
TYPE B SONAGRAM ® KAY ELECTRIC CO. PINE BROOK, N. J.
6
5
4
3
2
1
0
0
1
2
t/s
eː-ɐ m-œ - ç - tʰ-ə z-ɪ - ç g - ɛ-ɐ - n aɪ̯ - n-ə n - ɔy-ə v - oː - n - ʊŋ a-n - z
er - möchte - sich - gern - eine - neue - Wohnung - ans...

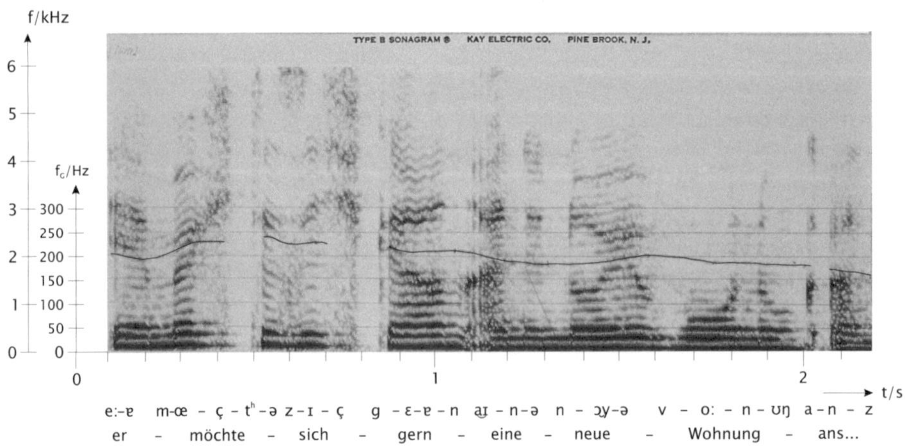
f/kHz
TYPE B SONAGRAM ® KAY ELECTRIC CO. PINE BROOK, N. J.
6
5
4
3
2
1
0
f_c/Hz
300
250
200
150
100
50
0
0
1
2
t/s
eː-ɐ m-œ - ç - tʰ-ə z-ɪ - ç g - ɛ-ɐ - n aɪ̯ - n-ə n - ɔy-ə v - oː - n - ʊŋ a-n - z
er - möchte - sich - gern - eine - neue - Wohnung - ans...

7 – 1.2 Sonagramm vom Sonagraph Modell R

6.1 - 1.2 | B | 30076-002

Die maximal zu analysierende Beispiellänge beträgt 2,4 s (Abszisse), der Frequenzbereich umfasst 0 - 6 kHz, wahlweise 6 - 12 kHz (Ordinate), der Intensitätsbereich (Schwärzungsgrad) umfasst 35 dB.

Die Analyse-Bandbreite ist zwischen 300 Hz (Breitband) und 45 Hz (Schmalband) umschaltbar.

Breitband-Aufzeichnung des Beispielsatzes: *Ist das einer der Steine.*

Der in diesem Sonagramm auf der Ordinate aufgetragene Frequenzbereich (0 – 6 kHz) umfasst jene Frequenzen, die im Wesentlichen im Sprachsignal enthalten sind: Vom Bereich der Sprach-Grundfrequenzen über die Formanten bis zu den Frikativ-Lauten im oberen Frequenzbereich.

Im hier gewählten Zeitintervall aus einem gesprochenen Beispielsatz sind im Bild u. a. erkennbar:

Der kurze Vokal [a] in d-a-s mit seinen Formanten, die Frikativlaute [s] in d-a-s und [sch] in S-t-ei-n-e mit ihren Rauschspektren bis 6 kHz und darüber; die Diphthonge [ei] mit den Formantbewegungen.

7 – 1.3 Sonagramm vom Sonagraph Modell R

6.1 - 1.3 | B | 30076-003

Breitband-Aufzeichnung des Beispielsatzes: *Er möchte sich gern eine neue Wohnung,..*

7 – 1.4 Sonagramm vom Sonagraph Modell R

6.1 - 1.4 | B | 30076-004

Schmalband-Aufzeichnung des Beispielsatzes: *Er möchte sich gern eine neue Wohnung ....*

Die hier gewählte Spektraldarstellung (Bandbreite Δf = 45 Hz) ist feiner strukturiert und lässt dadurch die spektralen Anteile der Oberwellen und deren zeitliche Bewegungen deutlicher erkennen.

Damit ist es z. B. möglich, die Änderungen der Grundfrequenz in einem höher gelegenen Frequenzbereich mit vergrößertem Frequenzhub darzustellen und abzulesen. Im hier gezeigten Beispiel ist der Faktor 10 gewählt worden. Das heißt, im Beispiel ist die 10. Harmonische der Grundfrequenz mit einer durchgehenden Linie hervorgehoben worden. Die zweite eingezeichnete Ordinate umfasst also hier im Sonagramm den Frequenzbereich bis 300 Hz.

Während des gesprochenen Satzabschnittes bewegt sich die Grundfrequenz der Sprechmelodie zwischen 190 Hz und 250 Hz; der Beispielsatz war also von einer weiblichen Stimme gesprochen.

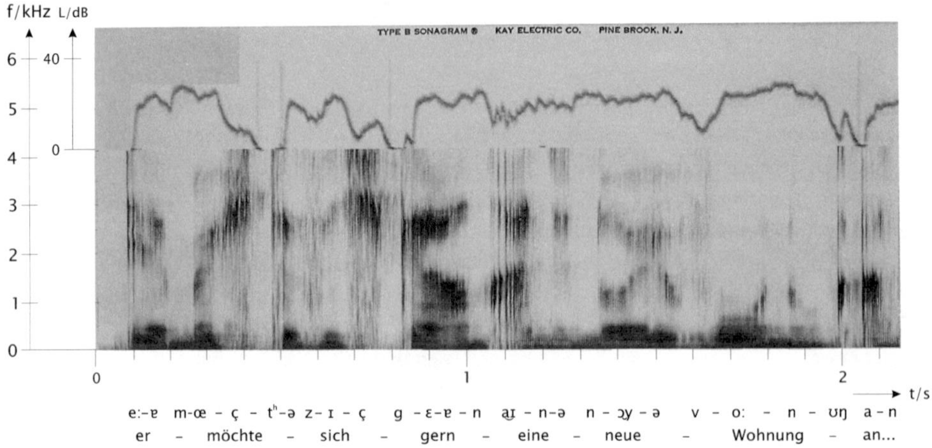
f/kHz L/dB
TYPE B SONAGRAM ® KAY ELECTRIC CO. PINE BROOK, N. J.
t/s
eː-ɐ m-œ - ç - tʰ-ə z - ɪ - ç g - ɛ-ɐ - n a̯ɪ - n-ə n - ɔy - ə v - oː - n - ʊŋ a - n
er - möchte - sich - gern - eine - neue - Wohnung - an...

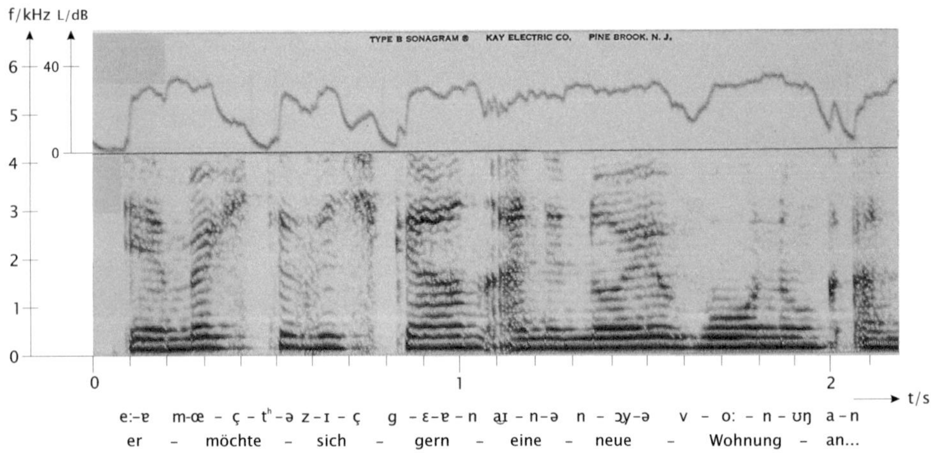
f/kHz L/dB
TYPE B SONAGRAM ® KAY ELECTRIC CO. PINE BROOK, N. J.
t/s
eː-ɐ m-œ - ç - tʰ-ə z - ɪ - ç g - ɛ-ɐ - n a̯ɪ - n-ə n - ɔy-ə v - oː - n - ʊŋ a - n
er - möchte - sich - gern - eine - neue - Wohnung - an...

7 – 1.5 Sonagramm vom Sonagraph Modell R

6.1 - 1.5 | B | 30076-005

Breitband-Aufzeichnung des Beispielsatzes: *Er möchte sich gern eine neue Wohnung,..*

Der untere Teil dieses Sonagrammes ist identisch mit dem in 7 – 1.3 gezeigten Bild.

Im oberen Drittel ist der Schalldruckpegel-Verlauf des Beispielsatzes dargestellt. Die zeitliche Strukturierung, z. B. die Pausen im Signalverlauf lassen sich darin deutlicher erkennen.

7 – 1.6 Sonagramm vom Sonagraph Modell R

6.1 - 1.6 | B | 30076-006

Schmalband-Aufzeichnung des Beispielsatzes: *Er möchte sich gern eine neue Wohnung ...*

Der untere Teil dieses Sonagrammes ist identisch mit dem in 7 – 1.4 gezeigten Beispiel.

Im oberen Drittel ist der Schalldruckpegel-Verlauf des Beispielsatzes dargestellt

7–2 Sonagraph Modell 662 – B

KAY Electric Co. Pine Brook, N.J., USA, um 1970

6.1 - 30 | H | 30209-000, 30340-000, 30341-000, 30608-000

Sonagraphen dienten in der experimentellen Phonetik zur Analyse von Sprachsignalen. Sie arbeiten nach der Suchtonmethode für die spektrale Analyse von Schallen. Sie waren in den 50er Jahren des vorigen Jahrhunderts die damals modernsten Geräte zur genauen objektiven Analyse und Darstellung eines Sprachsignals in zielabhängiger spektraler Darstellung.

Der hier gezeigte Messplatz in dezentraler Ausführung besteht aus:

- Analyse- und Steuerteil (links oben) für 85 Hz - 4 kHz und 4 kHz - 8 kHz mit Mikrofon,
- Aufzeichnungsteil (rechts oben),
- Netzteil (Mitte links),
- Contour-Display und
- Analyse- und Steuerteil (unten) für 85 Hz - 6 kHz und 6 kHz - 12 kHz.

Das rechts im Gestell befindliche verschließbare Fach diente zur Unterbringung von Zubehör.

Die genannten Geräte sind in einem stabilen fahrbaren Stahlrahmen untergebracht und waren damit für den Lehrbetrieb transportabel.

Lit.: Potter, R. K.; Kopp, G. A.; Green, H. G.: Visible Speech. New York, 1966. Meyer-Eppler, W.: Automatische Spracherkennung. In: Steinbuch, K. (Hrsg.): Taschenbuch der Nachrichtenverarbeitung. Berlin, Göttingen, Heidelberg: Springer, 1962, S. 837–838.

7 – 2.1 Detail: Aufzeichnungsteil mit Trommel

6.1 - 30.1 | H | 30608-000

Das Gerät ist Bestandteil der unter 7 - 2 beschriebenen Gesamtanordnung.

Im Gegensatz zu einem Vorgängermodell (vgl. 7 - 1) befindet sich hier unter der Trommel verdeckt eine rotierende kreisförmige Magnetplatte.

Der zu untersuchende Lautabschnitt wird mit normaler Geschwindigkeit auf dieser Magnetplatte aufgezeichnet und zur Analyse mit dreifacher Umdrehungsgeschwindigkeit abgespielt.

Das Registrierpapier auf der Trommel, die sich mit der gleichen Geschwindigkeit wie die Magnetplatte dreht, ist ein spezielles Faksimile-Papier, das bei Stromdurchfluss geschwärzt wird (hoher Schallpegel ⟶ hoher Schreibstrom ⟶ größere Schwärzung).

Mit Hilfe dieses Visible-Speech-Verfahrens war eine quasi dreidimensionale Aufzeichnung der am Sprachsignal gewonnenen Größen möglich: Die Zeit wird auf der Abszisse des Registrierpapiers, die Frequenz auf der Ordinate und die Amplitude durch den Schwärzungsgrad abgebildet.

Der Support wird von einer Zugspindel proportional mit steigender Frequenz in vertikaler Richtung bewegt und damit das Analyseergebnis spiralförmig aufgezeichnet.

7 – 2.2 Detail: Teil der Aufzeichnungstrommel mit Drahtfeder zur elektro-thermischen Papierschwärzung

6.1 - 30.2 | H | 30209-002

Auf der Oberfläche des Faksimile-Papiers schleift der erkennbare dünne Federdraht, durch den der Schreibstrom durch das Papier zu metallenen Trommel fließt.

Proportional zur Amplitude der Schallintensität im jeweiligen Spektralbereich verändert sich der Schreibstrom und ruft unterschiedliche Schwärzungen hervor.

7 – 2.3 Detail: Aufzeichnungstrommel, Teilerscheibe und Schalterhebel

6.1 - 30.3 | H | 30209-003

Im Sonagramm eines Sprachsignals sind die spektralen Frequenzen in Abhängigkeit von der Zeit (Gesamtdauer 2,4 s) aufgezeichnet.

Für weitergehende Untersuchungen ist es an ausgewählten, besonders interessanten Stellen des untersuchten Sprachsignal-Abschnittes möglich, Schnitte in die sonagraphische Darstellung zu legen.

An der Stelle eines solchen Schnittes können die spektralen Amplituden als Funktion der Frequenz dargestellt werden. Die Schwärzung erscheint dann auf dem Papier auf der um 90 ° gedrehten Ordinate.

Mit den im Bild erkennbaren Steckstiften können die gewünschten Stellen im Sonagramm markiert werden. Auf dem Trommelumfang befinden sich 60 Bohrungen, so dass im Sonagramm in 40 ms-Schritten Abtastungen möglich waren.

Der in der Mitte erkennbare Schaltarm löste durch den entsprechenden Markierungsstift den beabsichtigten Analyseschritt aus.

Der Aufzeichnungsvorgang mit dem thermo-elektrischen Verfahren erzeugt an der Kontaktstelle des Federdrahtes Atemreiz auslösende Verbrennungsdämpfe. Sie wurden über den Schlauch, der um den Federdraht angeordnet ist, abgesaugt und mit einer kleinen Filteranlage (die sich im Aufzeichnungsteil befindet) aufgesaugt und gereinigt.

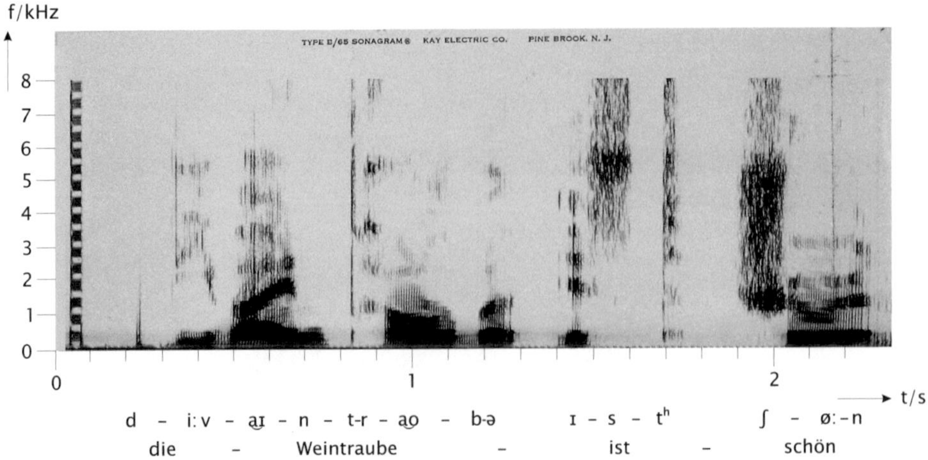
f/kHz
TYPE E/65 SONAGRAM® KAY ELECTRIC CO. PINE BROOK, N. J.
t/s
d – i:v – aɪ̯ – n – t-r – ao̯ – b-ə ɪ – s – tʰ ʃ – ø: – n
die – Weintraube – ist – schön

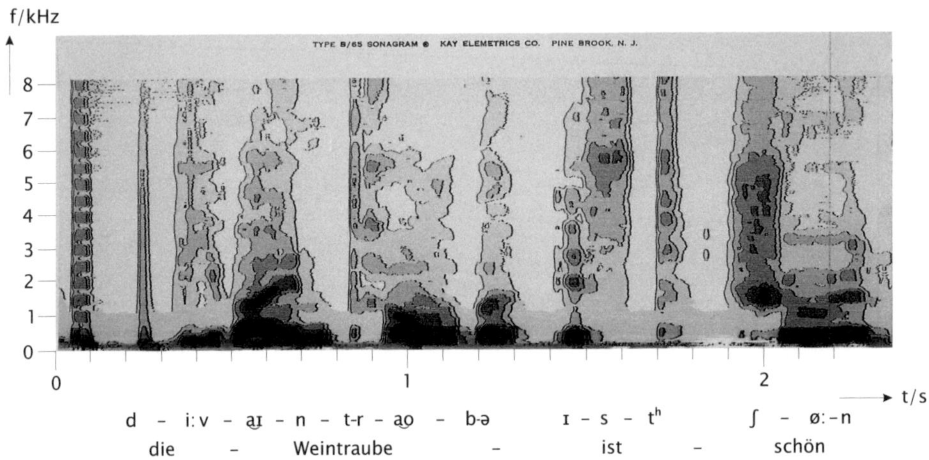
f/kHz
TYPE B/65 SONAGRAM® KAY ELEMETRICS CO. PINE BROOK, N. J.
t/s
d – i:v – aɪ̯ – n – t-r – ao̯ – b-ə ɪ – s – tʰ ʃ – ø: – n
die – Weintraube – ist – schön

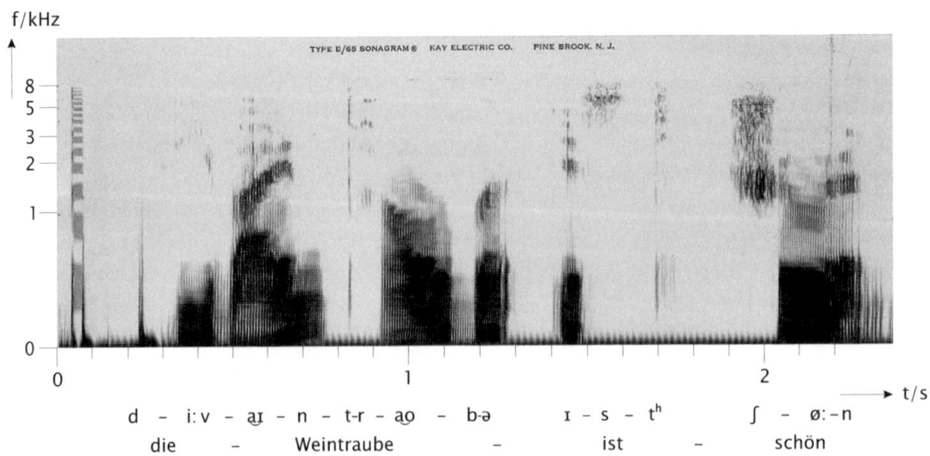
f/kHz
TYPE E/65 SONAGRAM® KAY ELECTRIC CO. PINE BROOK, N. J.
t/s
d – i:v – aɪ̯ – n – t-r – ao̯ – b-ə ɪ – s – tʰ ʃ – ø: – n
die – Weintraube – ist – schön

7 – 2.4 Sonagramm vom Sonagraph Modell 662 B

6.1 - 30.4 | H | 30209-004

Der in diesem Sonagramm auf der Ordinate aufgetragene Frequenzbereich (0 – 8 kHz) umfasst jene Frequenzen, die im wesentlichen im Sprachsignal enthalten sind; vom Bereich der Sprachgrundfrequenzen über die Formanten der Vokale bis zu den oberen Frequenzbereichen der Frikativlaute.

Breitband-Aufzeichnung des Beispielsatzes: *Die Weintraube ist schön ....*

Im hier gewählten Zeitintervall aus dem Beispielsatz sind im Bild u. a. erkennbar: der Vokal [i] mit seinen Formanten, die Diphthonge [ei] und [au] in Weintraube, der Verschlusslaut [t]; außerdem die Frikative [s] und [ʃ].

7 – 2.5 Sonagramm vom Sonagraph Modell 662 B

6.1 - 30.5 | H | 30209-005

Breitband-Aufzeichnung des Beispielsatzes: *Die Weintraube ist schön ...* in Contour-Darstellung.

In den bisher beschriebenen Sonagrammen werden die Amplituden der Spektralanteile durch unterschiedliche Schwärzungsgrade dargestellt (helle Grauwerte für kleine Amplituden, schwärzere für hohe Amplituden).

Eine elektronische Schaltung zur Amplitudendiskreditierung erlaubt es, den gesamten Amplitudenbereich in nur sieben Schwärzungsstufen (zu je 6 dB) darzustellen.

Die damit gewonnene Abbildung ist somit ähnlich einer topographischen Darstellung mit Hohenlinien.

7 – 2.6 Sonagramm vom Sonagraph Modell 662 B

6.1 - 30.6 | H | 30209-006

Breitband-Aufzeichnung des Beispielsatzes: *Die Weintraube ist schön ...* mit logarithmischer Ordinatenteilung.

Die logarithmisch geteilte Ordinate wird besonders dann gewählt, wenn im Frequenzbereich der Grundfrequenz und des ersten Formanten eine detailliertere Aussage erforderlich ist. Das heißt, diese Darstellungsart bedeutet, dass der untere Frequenzbereich gegenüber der linearen Ordinatenteilung im Bild 7 – 2.4 deutlich gespreizt wird.

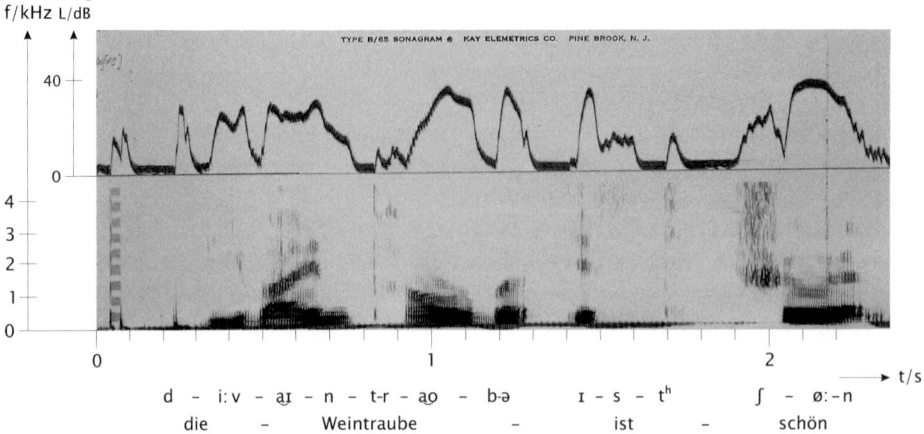
f/kHz L/dB
40
0
4
3
2
1
0
TYPE B/65 SONAGRAM ® KAY ELEMETRICS CO. PINE BROOK, N. J.
0
1
2
t/s
d - i: v - aɪ - n - t-r - ao - b-ə ɪ - s - tʰ ʃ - ø: - n
die - Weintraube - ist - schön

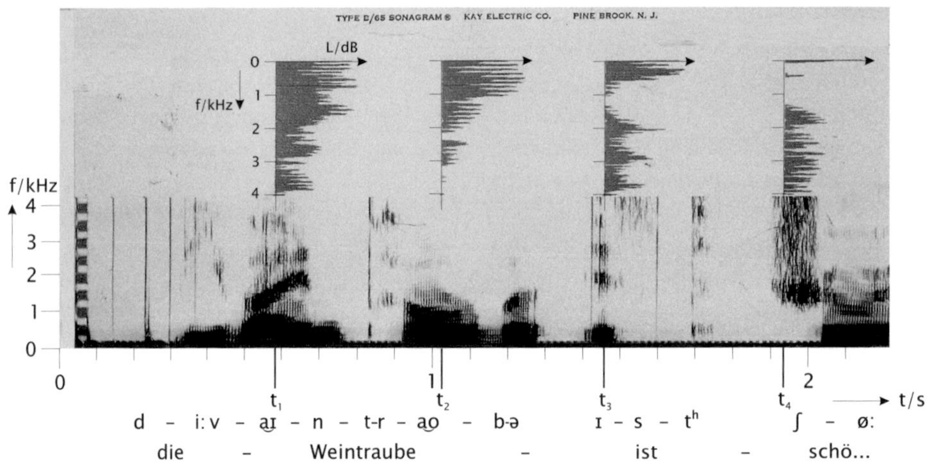
TYPE B/65 SONAGRAM ® KAY ELECTRIC CO. PINE BROOK, N. J.
L/dB
0
1
2
3
4
f/kHz
f/kHz
4
3
2
1
0
0
1
2
t₁
t₂
t₃
t₄
t/s
d - i: v - aɪ - n - t-r - ao - b-ə ɪ - s - tʰ ʃ - ø:
die - Weintraube - ist - schö...

7 – 2.7 Sonagramm vom Sonagraph Modell 662 B

6.1 - 30.7 | H | 30209-007

Breitband-Aufzeichnung des Beispielsatzes: *Die Weintraube ist schön ...*

Die untere Hälfte dieses Sonagrammes ist identisch mit dem in 7 – 2.4 gezeigten Bild.

In der oberen Hälfte ist der Schalldruckpegel-Verlauf des oben genannten Beispielsatzes mit einem Dynamik-Umfang von 40 dB dargestellt.

7 – 2.8 Sonagramm vom Sonagraph Modell 662 B

6.1 - 30.8 | H | 30209-008

Breitband-Aufzeichnung des Beispielsatzes: *Die Weintraube ist schön ...*, darüber Einzelspektren.

Die untere Hälfte des hier gezeigten Sonagrammes ist identisch mit der unteren Hälfte des Sonagrammes in 7 - 2.4, d. h. im Frequenzbereich 0 – 4 kHz.

Im oberen Teil sind an 4 ausgewählten Zeitpunkten die jeweiligen momentanen Spektren dargestellt:

- Für t_1 das Spektrum des Diphthongs [ei],
- für t_2 das Spektrum des Diphthongs [au],
- für t_3 das Spektrum des Vokals [i] und
- für t_4 das Spektrum des Frikativs [ʃ].

7–3 Repetiergerät und Zeitmesseinrichtung

nach F. Winckel, 1950

6.1 - 2 | B | 30077-000

Ein Gerät zum wiederholten Abhören einer bestimmten Stelle auf einem Tonband. Das Gerät war ursprünglich als Tonstellen-Suchgerät zum Cuttern für Rundfunkstudios konstruiert worden, hat dann aber eine intensive Nutzung in der experimentellen Phonetik zur subjektiven Sprachanalyse und breite Anwendung beim Abhören von Sprachbeispielen (für ein Aussprachewörterbuch ....) gefunden. Das bespielte Tonband (Geschwindigkeit 76 cm/s) wird um eine Trommel gelegt, in der gleichmäßig ein Hörkopf rotiert. Bandlänge und Umlaufgeschwindigkeit sind so dimensioniert, dass Ausschnitte von 1 s abgetastet werden. Das Tonband wird durch die Vorspul- und Rückspulmotoren des Magnetbandgerätes (im Bild nicht zu sehen) straff gehalten, kann aber über entsprechende Schalter langsam vorwärts oder rückwärts bewegt werden, d. h. das Tonband kann auch in der gesamten Länge abgehört werden. Bei bekannter Aufnahme-/Wiedergabegeschwindigkeit des Tonbandes (hier 76 cm/s) kann bei definiertem Anfangs- und Endpunkt eines Sprachbeispiels auf dem Tonband dessen Länge gemessen bzw. im Zeitbereich in ms angegeben werden. Dazu gibt es eine im Bild 7 – 3.3 erkennbare Umschaltvorrichtung für die Schallwiedergabe des ausgewählten Bandausschnittes. Der umlaufende Wiedergabekopf kann entweder für den gesamten Bandausschnitt (Umschlingungswinkel 0 ° bis 360 °) oder für die erste Hälfte (0 ° bis 180 °) bzw. für die zweite Hälfte (180 ° bis 360 °) eingeschaltet sein. Die Lage der Umschaltstelle befindet sich an der schwarzen Markierung (rechts an der Trommel). Als Beispiel: Aus einer Vokal-Konsonant-Vokal-Verbindung [o:ma:] soll die Zeitdauer des Nasals [m] gemessen werden. Die Einstellung erfolgt zunächst so, dass auf der ersten Hälfte der Bandschleife [o:m] gehört wird, und nach Umschaltung auf die zweite Hälfte [a:] zu hören ist. Dann wird das Band mit beiden Händen an den Bandtellern so bewegt, dass beim Abspielen auf der ersten Hälfte [o:], auf der zweiten Hälfte [ma:] zu hören ist. Das Band wurde demzufolge um die Länge des Nasals [m] bewegt. Die links im Bild erkennbare Zeitmesseinrichtung gestattet es, die Länge desjenigen Tonbandabschnittes zu messen, auf dem der interessierende Lautabschnitt aufgezeichnet ist. Dazu ist das Tonband um die drei Rollen der Zeitmesseinrichtung gelegt, und es hat sie mitbewegt. An der Skala der mit farbigen Punkten markierten großen Rolle kann die Länge vom Tonbandabschnitt des untersuchten Abschnitts (im Beispiel [m]) ermittelt werden. Die Ableseskala ist in ms kalibriert: Eine Umdrehung der Rolle entspricht t = 200 ms, 1 Teilstrich entspricht 10 ms. Die Messunsicherheit der Einrichtung war sehr niedrig.

Lit.: Winckel, F.: Repetier-Zusatzgerät zum Magnetophon für Lautuntersuchungen. Zeitschrift für Phonetik, 5 (1951), S. 15-23. Wethlo, F.: Wiederholer für Redeteile aus Bandaufnahmen. Zeitschrift für Phonetik und allgemeine Sprachwissenschaft, 11 (1958), H. 4, S. 368-369.

7 – 3.1 Anwendung mit kleinerem Umschlingungswinkel der Tonbandschleife

6.1 – 2.1 | B | 00000-008

Sollen Lautuntersuchungen an kürzeren Abschnitten des Tonbeispiels vorgenommen werden, kann das bespielte Tonband über verschiebbare kleine Führungsrollen (im Bild oben bzw. unten) auch tangential an die Trommel gelegt werden. Dadurch verringert sich der Umschlingungswinkel des Tonbandes.

7 – 3.2 Repetiergerät im Messplatz zur Segmentierung und subjektiven Sprachanalyse

D. Mehnert, Humboldt-Universität Berlin 1965

6.1 - 2.2 | B | 00000-009

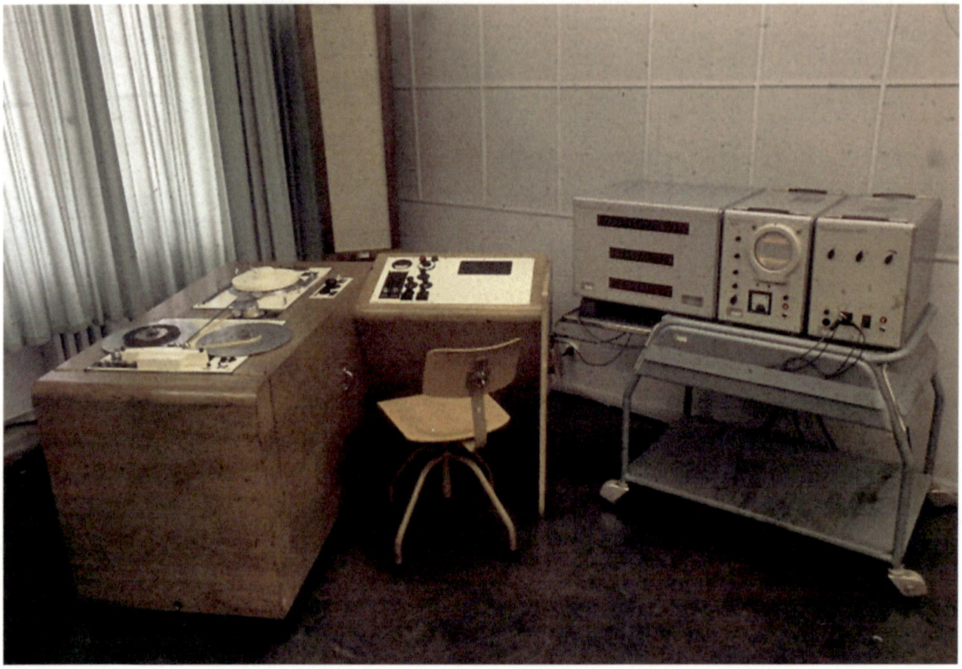

Der Messplatz besteht aus einem AEG-Studio-Magnetbandgerät K4, Repetiergerät, Bedienpult und Frequenzspektrometer FS. – 1; dahinter Abhörlautsprecher.

Der Anschluss eines Frequenzspektrometers wurde dann notwendig, wenn z. B. ein Vokal über die Segmentiereinrichtung isoliert war und dessen spektrale Komponenten gemessen werden sollten.

7 – 3.3 Repetiergerät und Bedienelemente zur Steuerung von Magnetbandgerät K 4 und Bandschleife

6.1 - 2.3 | B | 00000-010

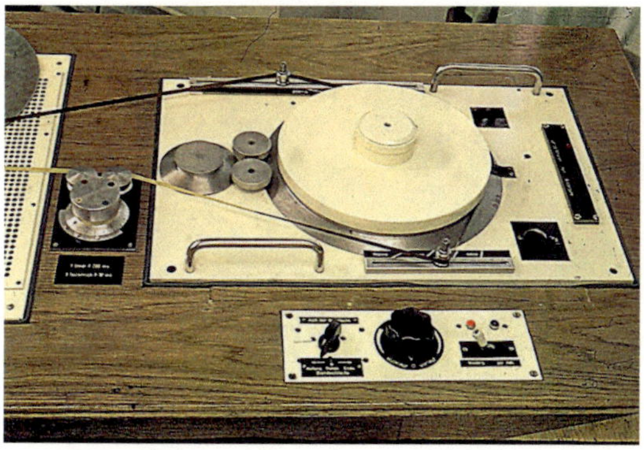

Mit dem linken Schalter im unteren Bildteil konnte die erste Hälfte, die ganze Länge (entspricht 360 ° Umschlingungswinkel), oder die zweite Hälfte der Bandschleife abgehört werden. Mit dem mittleren Schalter wurden Vorlauf bzw. Rücklauf des Tonbandes gesteuert. Der rechte Kippschalter gestattete das periodische Abhören (mit umlaufendem Wiedergabekopf) bzw. die übliche Tonbandwiedergabe (mit stehendem Wiedergabekopf).

7 – 3.4 Repetiergerät – Bandführungen

6.1 - 2.4 | B | 00000-011

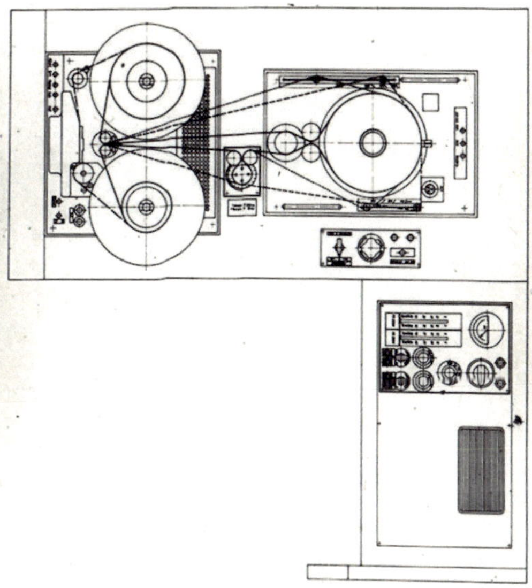

Die Zeichnung zeigt die möglichen Bandführungen für die in 7 - 3.1 und 7 - 3.2 erläuterten Varianten zur Messung und Analyse von Lautabschnitten.

7 – 4 Kurvenal nach GERŠIC

6.1 - 49 | H | 30255-000

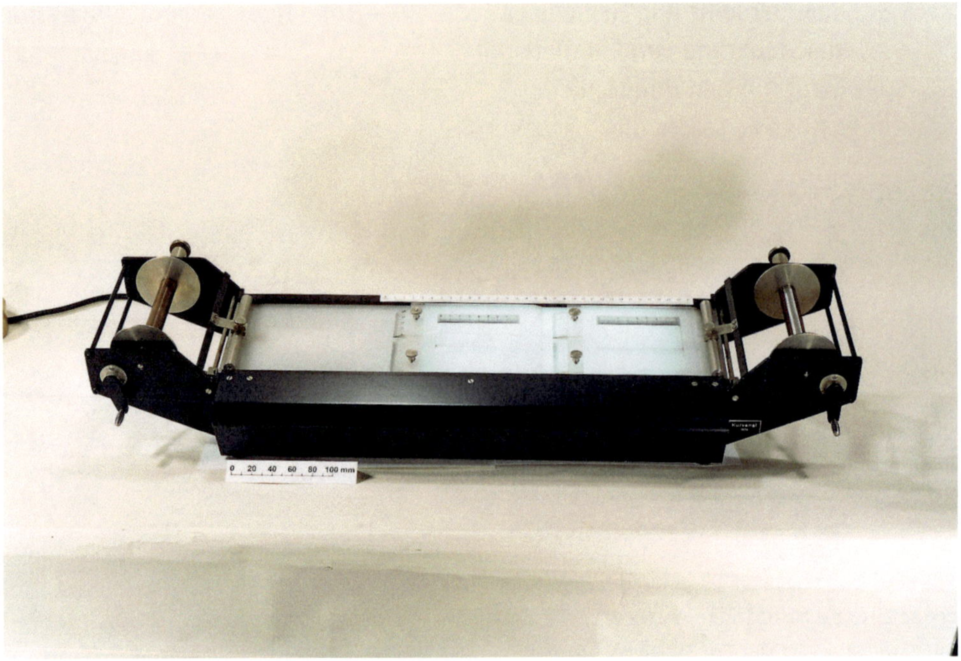

Hilfsgerät zur Auswertung von Registrierstreifen.

Zur besseren Handhabung der bis zu 15 m langen Registrierstreifen (Fotopapier oder UV-empfindliches Registrierpapier) wurde von S. GERŠIC dieses Gerät konzipiert, gebaut und als Kurvenal (Kurvenauswertelineal) bezeichnet.

Auf die von unten beleuchtete Glasplatte können verschiedene auswechselbare Schablonen gelegt werden, so dass jeder registrierte und gemessene Vorgang in beiden Koordinatenrichtungen (x und y) ausgewertet werden kann.

Das Registrierpapier (120 mm breit) ist auf beiden Seiten (links und rechts) aufgewickelt, die Rollen können mit Kurbeln über Zahnradgetriebe schnell gedreht werden.

Die auswertbare Länge des Registrierpapiers beträgt 500 mm.

Lit.: Geršic, S.: Kurvenal, ein neues Gerät zur Auswertung von Registrierstreifen. Phonetica, 18 (1968), H. 2, S. 89-94.

7 – 5 Kurvenal – Kurvenauswertegerät nach GERŠIC (Nachbau 1970)

D. Mehnert, Humboldt-Universität Berlin

6.1 – 3 | B | 30078-000

Hilfsgerät zur Auswertung von Registrierstreifen, z. B. des Mehrkanal-Sprachanalysegerätes (7 – 14).

Zur besseren Handhabung der bis zu 15 m langen Registrierstreifen (Fotopapier oder UV-empfindliches Registrierpapier) wurde diese Einrichtung von Geršic konstruiert und Kurvenal (= Kurvenauswertelineal) benannt.

Das Registrierpapier wird auf zwei Rollen gewickelt und liegt in der Mitte flach in einer Führung von 120 mm Breite und ca. 500 mm Länge. Darauf kann ein Träger aus zwei Piacrylscheiben mit auswechselbaren Schablonen zur Auswertung verschoben werden.

An beiden Enden waren Handkurbeln zum Drehen der Papierrollen angebracht.

Lit.: Geršic, S.: Kurvenal, ein neues Gerät zur Auswertung von Registrierstreifen. Phonetica, 18 (1968), H. 2, S. 89-94.

7 – 5.1 Messschablone für Grundfrequenz, Messbereich bis 400 Hz

6.1 – 3.1 | B | 30078-001

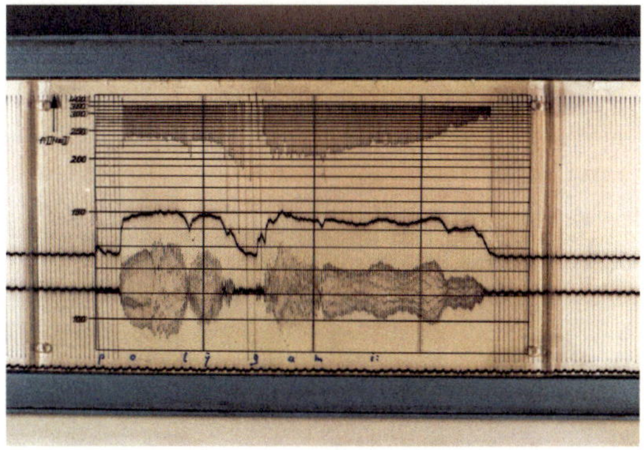

Der Messschablonenträger besteht aus zwei Piacrylscheiben, zwischen denen die Messschablone fest eingespannt ist.

Auf dem Registrierstreifen (in diesem Beispiel Fotopapier) sind drei Zeitfunktionen aufgezeichnet, Oben die Stimmgrundfrequenz als Funktion der Zeit. Die beiden weiteren Zeitfunktionen sind in diese Registrierungen hineingeschrieben. Der mittlere Kurvenverlauf zeigt den Schalldruckpegel als Funktion der Zeit. Der untere Kurvenverlauf enthält das Oszillogramm der Schalldruck-Zeitfunktion.

Alle drei aufgezeichneten Zeitfunktionen haben den gleichen Zeitmaßstab. Diese Form der Aufzeichnung gestattet es, die genaueste Zuordnung der Bestandteile dieser drei Zeitfunktionen zu erkennen.

Im hier gezeigten Bild mit dem Beispielwort Polygamie, von einer Frau gesprochen ist die Schablone für die Auswertung der oberen Zeitfunktion $f_G(t)$ aufgelegt.

7 – 5.2 Messschablone für Intensität, Messbereich 40 dB

6.1 - 3.2 | B | 30078-002

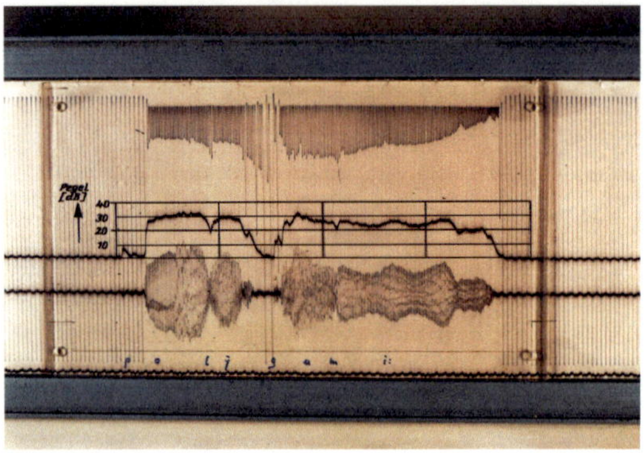

Im hier gezeigten Bild mit demselben Beispielwort ist die Schablone zur Messung des Schalldruckpegels aufgelegt.

7 – 5.3 Messschablone für Zeit 0 – 1,1 s (für Papier-Vorschubgeschwindigkeit 16 cm/s)

6.1 - 3.3 | B | 30078-003

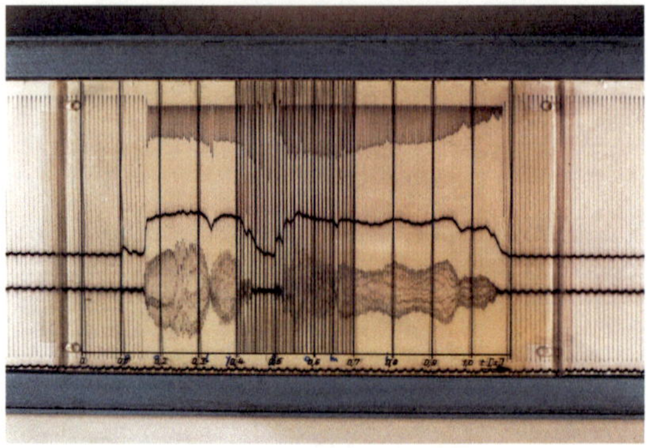

Auf dem hier gezeigten Bild, ebenfalls mit dem Beispielwort Polygamie, ist es möglich, alle drei Zeitfunktionen hinsichtlich ihres Zeitverlaufes auszumessen.

Für andere Messaufgaben (abweichende Ordinaten-Einteilungen, andere Papier-Vorschubgeschwindigkeiten, z. B. 5 cm/s) gibt es weitere Messschablonen.

7 – 6 Studio-Magnetbandgerät M 5 von Telefunken (1959)

6.1 - 6 | B | 30082-000

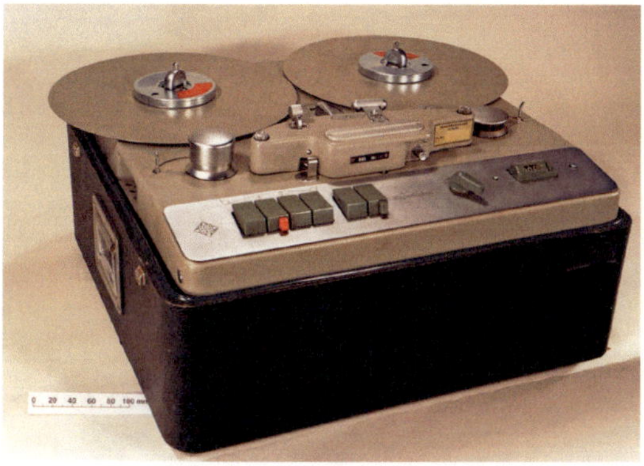

Tonbandgerät mit drei Köpfen zur Aufnahme und Wiedergabe von Schallereignissen mit höchster Qualität.

Das Gerät ist umschaltbar für drei Bandgeschwindigkeiten (76,2 / 38,1 / 19,05 cm/s) bei gleichzeitiger Umschaltung der Frequenzgangentzerrung.

Es können Tonbänder bis 1000 m Gesamtlänge auf Spulenkernen (Bobbies) und Spulen aller Größen aufgelegt werden.

Das war für die experimentalphonetische Arbeit im Labor von großem Vorteil, da Bänder unterschiedlicher Art und außerdem Aufnahmen unterschiedlicher Herkunft bearbeitet werden mussten.

Lit.: Telefunken: Studiogerät Magnetophon M5, Gerätekatalog, (1959) Wethlo, F.: Lautforschung am Magnetophon. Archiv für Vergleichende Phonetik, 6 (1942), H. 2, S. 87-88.

7 – 6.1 Halbspur-Kopfbrücke für Studio-Magnetbandgerät M 5 von Telefunken, 1959

6.1 - 6.1 | B | 30083-001

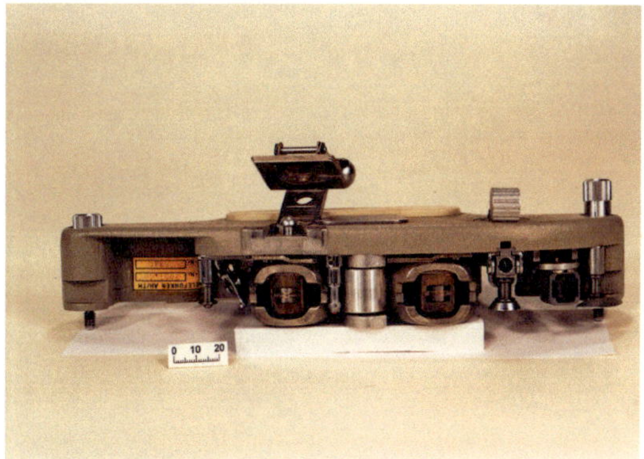

Neben der üblichen Vollspur-Aufzeichnung war mit dieser Kopfbrücke eine Halbspur-Aufzeichnung möglich.

Die Kopfbrücke ist Bestandteil des in 7 – 6 beschriebenen Tonbandgerätes. Im Bild ganz rechts erkennt man eine starre Höhenführung, den Löschkopf, daneben eine zweite Höhenführung. Es schließen sich (nach links) an: Der μ-Metall-geschirmte Sprechkopf, eine mitlaufende massive Rolle zur Beruhigung des Bandlaufs, eine weitere Höhenführung, der μ-Metall-geschirmte Wiedergabekopf, eine Bandschere (um 45 ° geneigt), eine weitere Höhenführung.

Die zweite Höhenführung lässt sich über einen Kipphebel nach vorn verstellen, so dass das Band bei ausschließlichem Wiedergabebetrieb Lösch- und Sprechkopf nicht berührt.

Letztere wurden dadurch mechanisch nicht beansprucht und wirksam geschont.

Die im Bild nach oben gekippte magnetische Abschirmung über dem Wiedergabekopf wurde bei Wiedergabe-Betrieb heruntergeklappt und verhinderte jede störende Brummeinstreuung.

7–7 Bandschleifen-Zusatzgerät für Studio-Magnetbandgerät M5

D. Mehnert, Humboldt-Universität Berlin, 1972

6.1 – 7 | B | 30084-000

Dieses Zusatzgerät wurde zur Realisierung verschiedener Mess- und Untersuchungsaufgaben in der experimentellen Phonetik benötigt, z. B. bei der Segmentierung von Lautbeispielen mit dem Zeitfilter, bei Suchtonanalysen, bei Perzeptionsversuchen (periodisches Abhören) und anderen Arbeiten.

Über die Rollen des Zusatzgerätes und die Umlenkrollen des Studio-Magnetbandgerätes M5 sind verschiedene Bandschleifenlängen und somit verschiedenlange Bandabschnitte (d. h. unterschiedliche Zeitdauern) zur periodischen Wiederholung realisierbar.

Zwischen den kleinen Führungsrollen war ein zusätzlicher, schräg (45° geneigt) angebrachter Kombi-Kopf angeordnet, der zur Aufnahme/Wiedergabe eines Startimpulses auf der Bandschleife für den Betrieb mit dem elektronischen Zeitfilter diente. Die schräge Aufzeichnung des Startimpulses auf der Bandschleife hatte dadurch keinen Einfluss auf die Wiedergabe des zu untersuchenden Sprachsignals.

Das Zusatzgerät wird hinten am Chassis des Magnetbandgerätes mit zwei Schrauben befestigt.

7 – 7.1 Bandschleifen-Zusatzgerät, angeschraubt am Studio-Magnetbandgerät M5, und Zeitfilter

6.1 - 7.1 | B | 30084-001

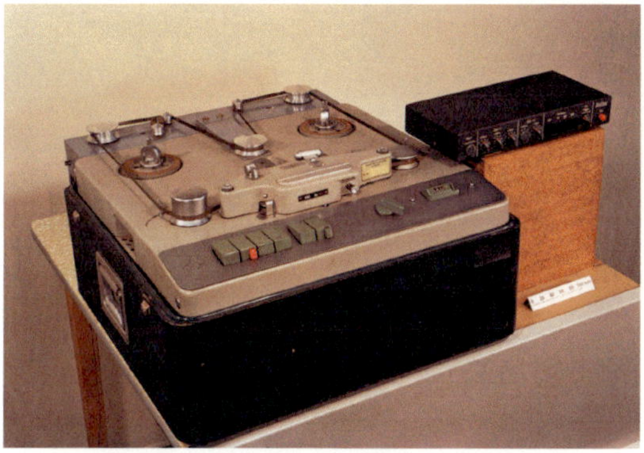

Dieser Messplatz diente dazu, die Zeitdauer von Sprachsegmenten, die auf einer Magnetbandschleife gespeichert vorlagen, zu messen.

Zur Funktionsweise des Zeitfilters siehe 7 - 13.

7 – 7.2 Bandschleifen-Zusatzgerät, angeschraubt am Studio-Magnetbandgerät M5

6.1 - 7.2 | B | 30084-002

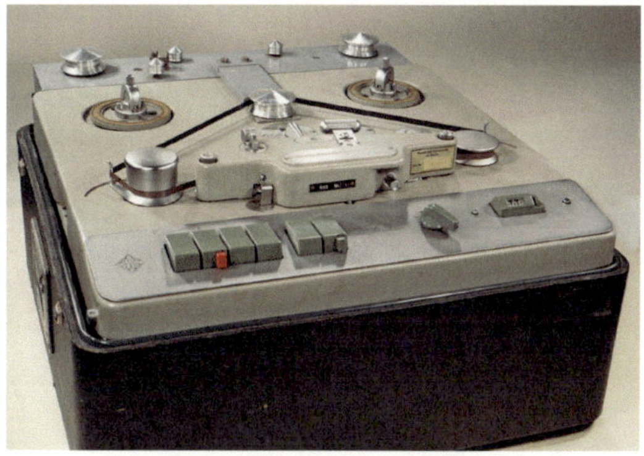

Im vorliegenden Bild ist eine Bandschleife mit der kleinsten Länge (100 cm) zu sehen.

Durch die drei umschaltbaren Bandgeschwindigkeiten (76/38/19 cm/s) waren so die drei Speicherzeiten 1,3 s, 2,6 s und 5,2 s realisierbar.

7 – 7.3 Bandschleifen-Zusatzgerät, angeschraubt am Studio-Magnetbanggerät M5

6.1 - 7.3 | B | 30084-003

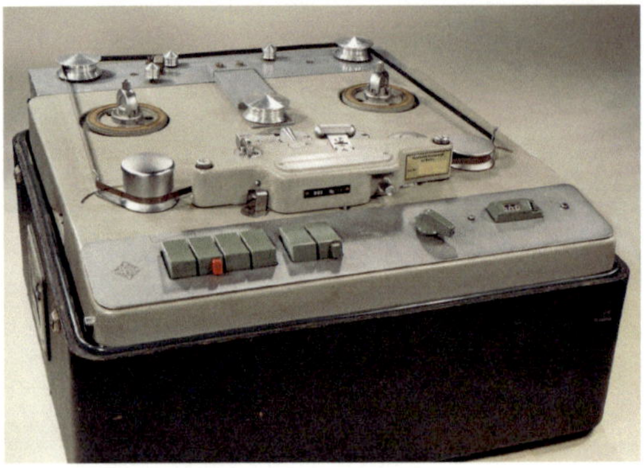

Im vorliegenden Bild ist eine Bandschleife mit einer mittleren Länge (156 cm) zu sehen.

Durch die drei umschaltbaren Bandgeschwindigkeiten (76/38/19 cm/s) waren so die drei Speicherzeiten 2,0 s, 4,0 s und 8,0 realisierbar.

7 – 7.4 Bandschleifen-Zusatzgerät, angeschraubt am Studio-Magnetbandgerät M5

6.1 - 7.4 | B | 30084-004

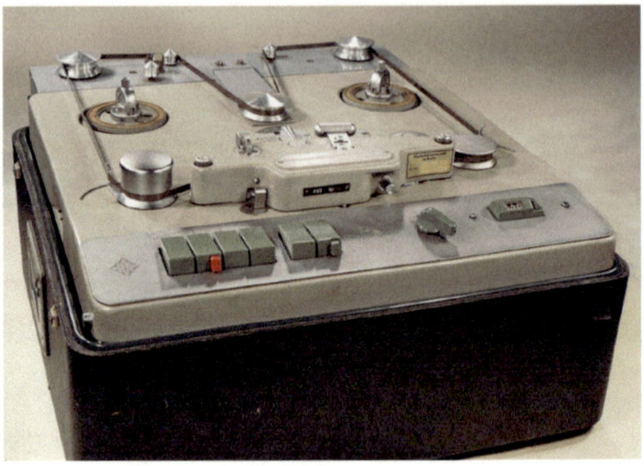

Im vorliegenden Bild ist eine Bandschleife mit der größtmöglichen Länge (190 cm) zu sehen.

Durch die drei umschaltbaren Bandgeschwindigkeiten (76/38/19 cm/s) waren so die drei Speicherzeiten von 2,5 s, 5,0 s und 10,0 s realisierbar.

7 – 8 Tonbandschneide und -klebevorrichtung, 1950

6.1 – 4 | B | 30079-000

Im Bild ist die geschlossene Schneide- und Klebevorrichtung mit eingelegtem Tonband zu sehen, das Bild 7 – 8.1 zeigt sie geöffnet.

In der experimentellen Phonetik bestand häufig die Aufgabe darin, aus fortlaufenden Magnetband-Aufzeichnungen ausgewählte Teilstücke für die nachfolgende Analyse aneinander zu fügen, bzw. überflüssige Pausen herauszuschneiden oder bei Bandriss das Magnetband wieder zu verbinden.

Ursprünglich mussten bei C- und CH-Bändern solche Arbeiten mit Aceton ausgeführt werden, d. h. zunächst musste man die Magnetschicht an der Trennstelle mit Aceton ablösen und abwischen, danach beide Teilstücke erneut mit Aceton bestreichen, um das Trägermaterial geringfügig anzulösen und anschließend mit sanftem Druck zu verkleben. Dazu bedurfte es außerordentlicher Geschicklichkeit und Fingerfertigkeit.

Wesentlich einfacher gelang es später mit dem so genannten Hinterklebeband beide Magnetband-Enden auf der Bandrückseite miteinander zu verbinden. Für eine rationelle Arbeitsweise im Labor bzw. in der Studiotechnik war eine Hilfsvorrichtung notwendig, die ein passgenaues Zusammenfügen ermöglichte.

In der hier gezeigten Vorrichtung werden die beiden zu verbindenden Magnetband-Enden zunächst überlappend in ein flaches U-Profil (mit der Breite des Tonbandes) gelegt und links und rechts mit zwei federnden Klemmen festgehalten. Danach wird der Klappbügel nach unten geschwenkt, in dem sich ein um 45 ° schräg angeordnetes Messer befindet. Nach vollzogenem Schnitt liegen die beiden Bandenden passgenau nebeneinander. Auf die Trennstelle wird ein kleines Stück Hinterklebeband aufgedrückt. Mögliche störende seitliche Klebebandreste lassen sich anschließend mit einem parallelen Messerpaar abtrennen. Dazu müssen der Klappbügel angehoben, durch Verschieben der Messerbank die parallelen Messer in die Arbeitsstellung gebracht und nach unten gedrückt werden.

7 – 8.1 Detailansicht

6.1 - 4.1 | B | 30079-001

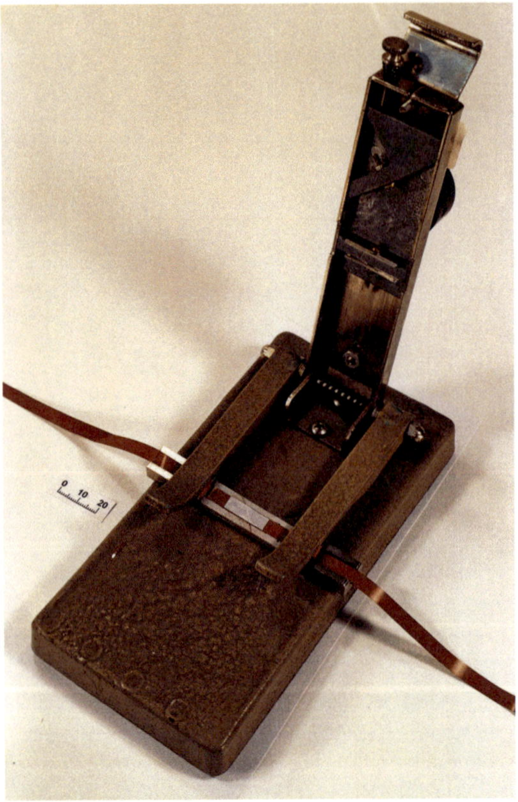

Das Bild zeigt die geöffnete Schneide- und Klebevorrichtung mit eingelegtem, geklebtem Tonband.

7 – 9 Tonband- Schneid- und Klebelehre

HU Berlin (um 1964)

6.1 - 26 | B | 30236-000

Zum Verfahren und zu Handhabung einer solchen Hilfsvorrichtung zum Verbinden von Tonbändern mit Hinter-Klebeband siehe 7 – 8.

Bei der vorliegenden Anordnung, die im Eigenbau angefertigt wurde, gibt es zwei Möglichkeiten für die Richtung des Schnittes der beiden Magnetband-Enden. In der Audiotechnik wurde der Schnitt üblicherweise unter 45 ° ausgeführt, um einen mechanisch gleitenden Übergang zu erreichen und außerdem vermied man damit störende abrupte Übergänge.

Für die experimental-phonetische Forschung war der Schnitt senkrecht zur Laufrichtung unumgänglich, weil Trennungen z. B. bei Lautübergängen oder bei Silbengrenzen mit hoher Präzision nötig sind.

Für den Schnitt der Bänder diente die an der rechten Seite der Klebelehre aufbewahrte oben abgeklebte Rasierklinge.

7 – 10 Magnetband-Betrachter

Magnetic-Tape-Viewer von 3 M-Company Scotch, 1960

6.1 - 5 | B | 30080-000

Gerät zur Sichtbarmachung von magnetischen Schallaufzeichnungen auf Tonband

In einer oben durch eine Glasscheibe abgedeckten flachen (11 mm hohen) Kapsel befindet sich eine kolloide Lösung von Carbonyl-Eisenpulver feinster Körnung. Der Boden der Kapsel besteht aus einem Material, das die magnetisch aufgezeichnete Spur auf dem Tonband (Remanenz) hindurchläßt.

Legt man die Kapsel auf ein bespieltes Tonband, so sammeln sich die Carbonyl-Eisenpulver-Teilchen in der kolloiden Lösung in Abhängigkeit von der Höhe der Magnetisierung des Tonbandes. Dieser Effekt wird außerdem noch verstärkt durch ein magnetisches Gleichfeld, dessen Feldlinien senkrecht zur Magnetbandebene gerichtet sind. Im vorliegenden Gerät ist diese Gleichfeld-Magnetisierung durch geeignete Anordnung von kleinen Dauermagneten im Innern der ringförmigen Kapsel realisiert.

Die Bilder 7 - 10.1 bis 7 - 10.8 zeigen Beispiele von Magnetband-Aufzeichnungen unterschiedlicher Spuranordnungen, Bandgeschwindigkeiten *v* und mit verschiedenen Aufzeichnungswellenlängen.

Der im Bild 7 - 10.8 aufgelegte Maßstab (5 mm) gestattet es, aus den gemessenen Wellenlängen und den bekannten Bandgeschwindigkeiten die Frequenz des gespeicherten Signals zu ermitteln.

Lit.: Guckenburg, W.: Sichtbarmachung von magnetischen Schallaufzeichnungen. Funk und Ton, 11 (1954), S. 600-604.

7 – 10.1 Magnetband-Betrachter

6.1 - 5.1 | B | 30081-001

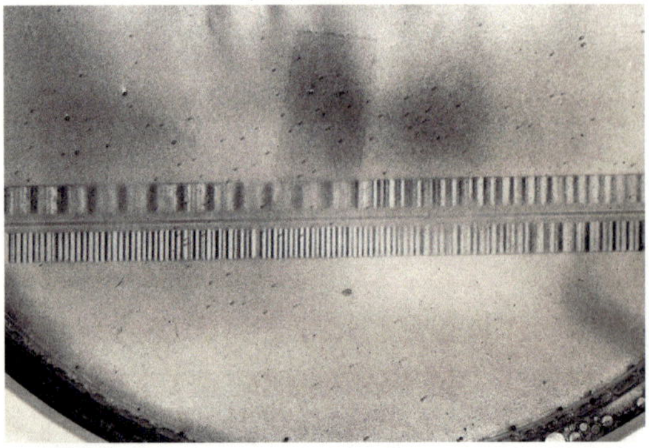

Bandaufzeichnung $v = 19.05$ cm/s
Halbspuraufzeichnung Musik

7 – 10.2 Magnetband-Betrachter

6.1 - 5.2 | B | 30081-002

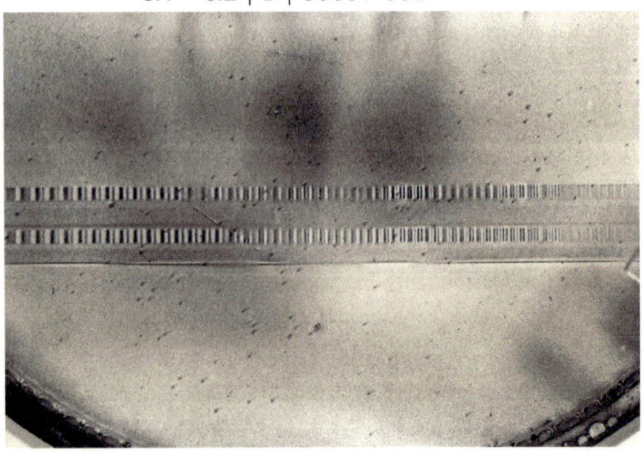

Bandaufzeichnung $v = 19{,}05$ cm/s
Stereo-Viertelspuraufzeichnung Sprache, nur die Spuren 1 und 3 sind bespielt, die Spuren 2 und 4 (Gegenrichtung) sind unbespielt.

7 – 10.3 Magnetband-Betrachter

6.1 - 5.3 | B | 30081-003

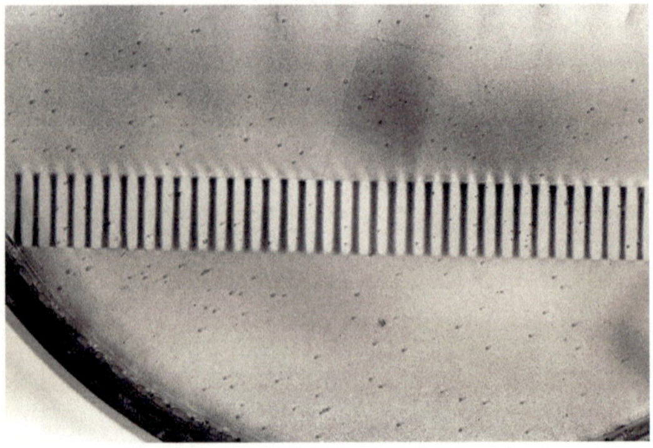

Bandaufzeichnung $v = 76{,}2$ cm/s
Vollspur, 500 Hz Sinus-Ton

7 – 10.4 Magnetband-Betrachter

6.1 - 5.4 | B | 30081-004

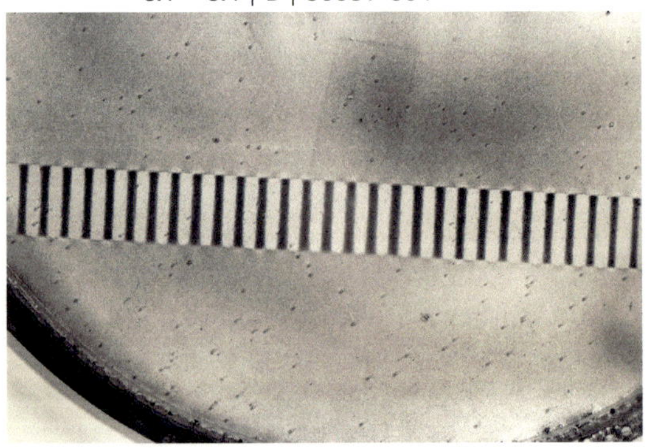

Bandaufzeichnung $v = 38{,}1$ cm/s
Vollspur, 200 Hz Sinus-Ton

7 – 10.5 Magnetband-Betrachter

6.1 - 5.5 | B | 30081-005

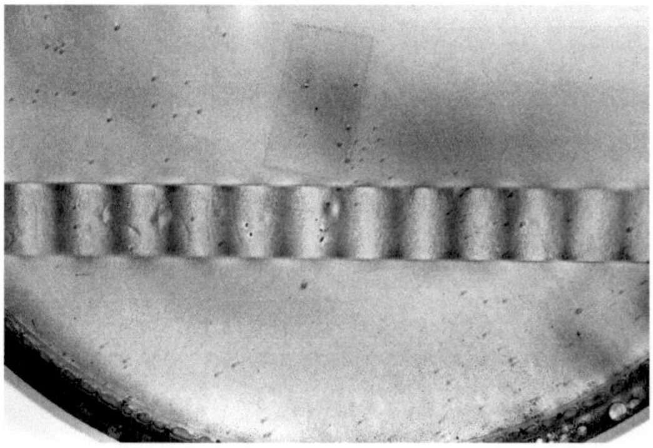

Bandaufzeichnung $v = 38{,}1$ m/s

Vollspur, 80 Hz Sinus-Ton

7 – 10.6 Magnetband-Betrachter

6.1 - 5.6 | B | 30081-006

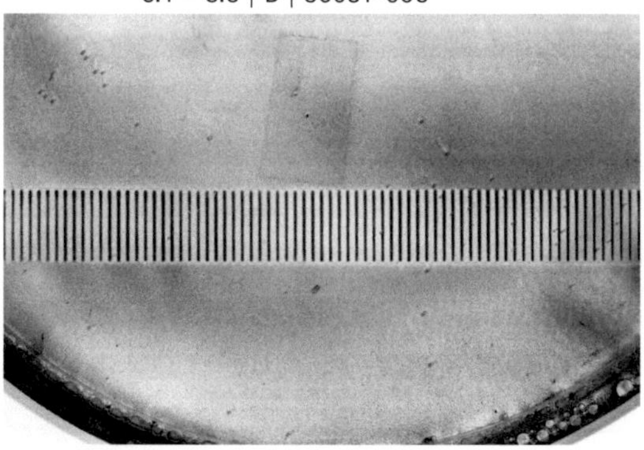

Bandaufzeichnung $v = 38{,}1$ cm/s

Vollspur, 500 Hz Sinus-Ton

7 – 10.7 Magnetband-Betrachter

6.1 - 5.7 | B | 30081-007

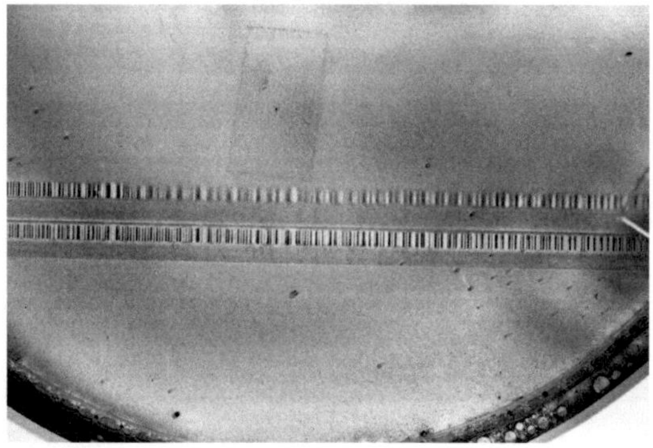

Bandaufzeichnung $v = 9.53$ cm/s

Stereo-Viertelspuraufzeichnung, Musik. Nur die Spuren 1 und 3 sind bespielt, die Spuren 2 und 4 (Gegenrichtung) sind unbespielt

Im Vergleich zu der im Bild 7 - 10.2 gezeigten Aufzeichnung mit einer Bandgeschwindigkeit von v = 19,05 cm/s sind hier die Wellenlängen der Aufzeichnung nur halb so groß.

Im Interesse einer Erhöhung der Speicherkapazität eines Tonbandes war man stetig bemüht, die Bandgeschwindigkeiten zu verringern. Deshalb mussten die Spaltbreiten der Aufnahme-und Wiedergabeköpfe durch Verfeinerung der Fertigungstechnologien weiter verringert werden.

7 – 10.8 Magnetband-Betrachter

6.1 - 5.8 | B | 30081-008

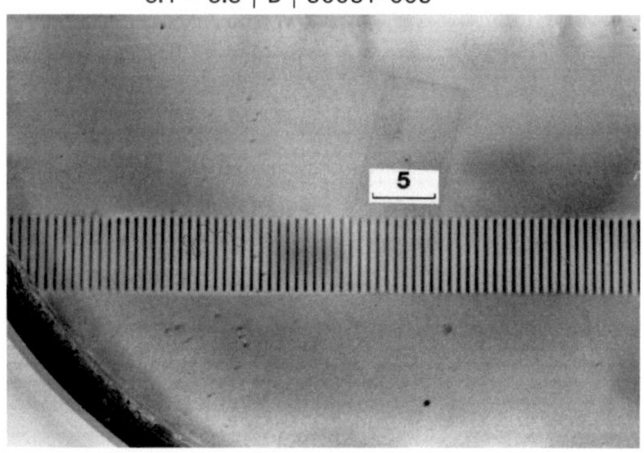

Bandaufzeichnung $v = 38{,}1$ cm/s

Vollspur, 500 Hz Sinus-Ton, mit Maßstab

Aus der Bandgeschwindigkeit v und der auf dem Tonband aufgezeichneten Wellenlänge lässt sich mit dem aufgelegten 5 mm Maßstab die Frequenz des gespeicherten Sinus-Tones ermitteln. Im vorliegenden Fall zeigt es sich, dass die Bandgeschwindigkeit nicht genau mit dem genormten Wert übereinstimmte, sondern nur etwa $v = 36$ cm/s betrug.

7 – 11 Studio-Schallplattenabspielgerät

Tontechnik Berlin, 1974

6.1 - 14.1 | B | 30092-000, 6.1 - 14.2 | B | 30280-000

Für die experimentellen phonetischen Untersuchungen gab es umfangreiches Quellenmaterial, u. a. auf Schallplatten gespeicherte Sprachaufzeichnungen. Als Beispiel sei hier das Lautarchiv an der Humboldt-Universität zu Berlin genannt, in dem sich über 3500 Schallplatten mit Sprachaufzeichnungen (auf Schellack-Platten) aus sehr vielen europäischen und außereuropäischen Sprachgebieten befinden.

Auch Sprachschallplatten neuerer Produktion (Langspiel-Schallplatten) sind nach wie vor von wissenschaftlichem Interesse, z. B. Platten mit unterschiedlichen Sprachen, Mundarten und Dialekten.

Das hier gezeigte Gerät zeichnet sich besonders dadurch aus, dass es wegen des extrem schweren Plattentellers sehr geringe Gleichlauf-Schwankungen hat.

Außerdem lassen sich damit Schallplatten aller historischen bzw. gängigen Drehzahlen abspielen: 78 U/min., 33 1/3 U/min., 45,11 U/min. und 16 U/min.

Lit.: Mehnert, D.: Historische Schallaufnahmen – Das Lautarchiv an der Humboldt-Universität zu Berlin. Studientexte zur Sprachkommunikation, 13. Dresden: TUD press, 1996, S. 28-45.

7 – 12 Kombinationsfilter KF 1

Messelektronik Berlin, 1965

6.1 - 13.1 | B | 30091-000, 6.1 - 13.2 | B | 30279-000

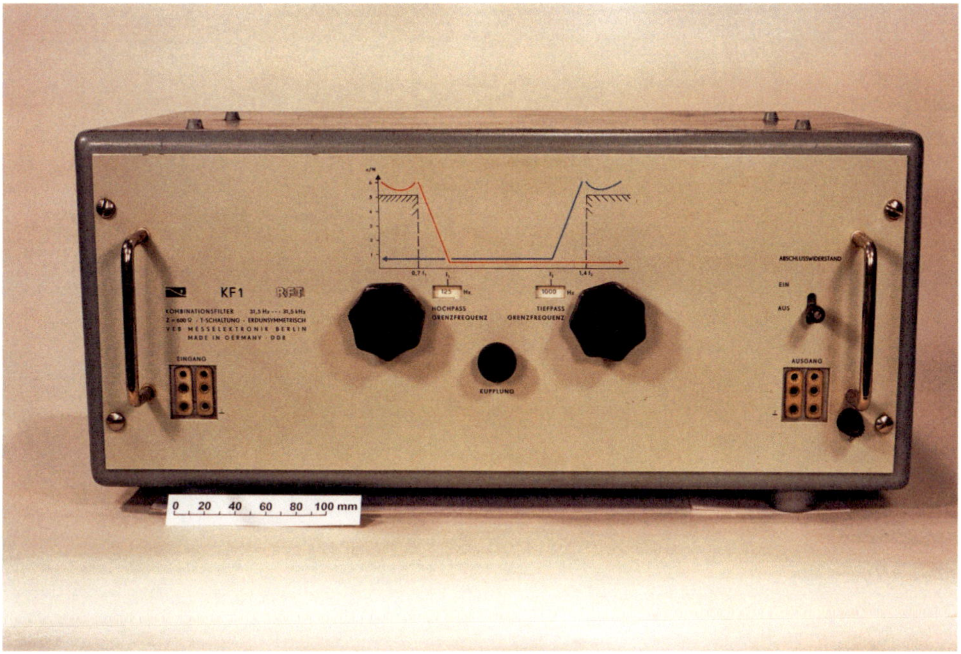

Für zahlreiche Untersuchungen der Aufnahme, Übertragung, Speicherung und Wiedergabe akustischer Signale ist es erforderlich, das Frequenzgebiet einstellbar zu begrenzen, um das Nutzsignal von unvermeidlichen Störanteilen zu trennen, bzw. solche Komponenten herauszufiltern, die durch nichtlineare Übertragungsglieder erzeugt worden sind. Dazu hat man zunächst z. B. Filter gebaut, die nur Frequenzanteile oberhalb einer einstellbaren Grenzfrequenz hindurch ließen (Hochpässe), analog dazu Tiefpassfilter, die nur Frequenzanteile unterhalb einer Grenzfrequenz hindurch ließen, oder man hat durch Kombination beider Grund-Typen Bandpassfilter bzw. Bandsperren realisiert. Das abgebildete Gerät vereint alle vier notwendigen Filter-Typen mit stufenweise veränderbaren oberen und unteren Grenzfrequenzen im Bereich von 31,5 Hz bis 31,5 kHz. Mit Hilfe einer wahlweise einrastbaren mechanischen Kopplung der beiden Bereichsumschalter vom Hoch- und Tiefpass kann man einen Bandpass mit stufenweise durchstimmbarer, gleich bleibender relativer Bandbreite ($\Delta f/f$) zusammenschalten. Zum Beispiel hat ein Oktavfilter umschaltbare Durchlass-Frequenzbereiche, die sich jeweils um eine Oktave ansteigend aneinander reihen lassen. Die kleinste erzielbare relative Bandbreite entspricht einer halben Oktave. Dann lassen sich z. B. folgende aneinander gereihte Filterdurchlassbereiche erzeugen: (31,5 .... 45) Hz; (45 .... 63) Hz; (63 .... 90) Hz usw. Es ist aber ebenfalls möglich ein umschaltbares Oktavfilter zusammen zu schalten, dessen Frequenzbereiche dann z. B. lauten: (31,5 ... 63) Hz; (45 ... 90) Hz; (63 .... 125) Hz usw. Wenn man drei derartige Filter parallel betreibt und mit einem elektrischen Generator mit einer annähernd dreieckförmigen Zeitfunktion (ähnlich der menschlichen Stimmtonanregung) ansteuert, lassen sich damit erstaunlich wirklichkeitsnahe vokalähnliche Laute herstellen (Vokalsynthese mit drei Formanten).

7 – 13 Zeitfilter

D. Mehnert, Humboldt-Universität Berlin, 1985

6.1 – 8 | B | 30085-000

Das elektronische Zeitfilter war Bestandteil einer Messanordnung, die sowohl zur subjektiven Analyse (z. B. periodisches Abhören) als auch zur Isolierung von Lautabschnitten bei der gerätetechnischen Analyse diente.

Es war mit diesem Gerät möglich, die Zeitfunktion des (durch die Bandschleife) periodisch wiederholten Sprachsignals über elektronische Torschalter ein- und auszuschalten.

Der Einschaltvorgang des ersten Schalters wurde durch das gespeicherte Signal selbst – bei einstellbarer Amplitudenschwelle – ausgelöst und konnte nach einer einstellbaren Zeit (in 10 ms-Schritten) beendet werden.

In Anlehnung an die Begriffswelt im Frequenzbereich wurde dieser Vorgang Zeit-Tiefpass (TP) genannt (d. h. auf der Abszisse ist statt der Frequenz die Zeit aufgetragen). Für die Auswahl von interessierenden Phonemfolgen im Sprachsignal konnten Ein- und Ausschaltvorgang kombiniert und längs der Zeitachse verschoben werden. Diese Vorgänge wurden als Zeit-Bandpass (BP) bzw. bei Austastung eines Signalabschnittes als Zeit-Bandsperre (BS). bezeichnet. Analog dazu konnten außerdem Zeit-Hochpass-Einstellungen verwirklicht werden.

7 – 14 Mehrkanal-Sprachanalysegerät MKA

D. Mehnert, Humboldt-Universität Berlin, 1975

6.1 - 22 | B | 00000-012

Das Bild zeigt den Messplatz mit dem Mehrkanal-Sprachanalysegerät, Magnetbandgerät M 5 und Lichtstrahl-Oszillograph 12 LS-1. In der objektiven Sprachsignalanalyse, insbesondere der experimentellen Phonetik, sind mehrere Parameter des Sprachsignals von besonderem Interesse: Die Zeitabhängigkeit der Bestimmungsgrößen Stimmton-Grundfrequenz $f_G(t)$, Schalldruckpegel $L(t)$, Lautstärkepegel $L_N(t)$ und Schalldruck $p(t)$. Zur Ermittlung dieser einzelnen Zeitfunktionen sind Jahrzehnte lang einzelne angepasste Messverfahren und -geräte entwickelt worden, deren Anwendungsmöglichkeiten, Genauigkeit und Bedienungskomfort wesentlich vom aktuellen Stand der technischen Entwicklung bestimmt wurden. Das abgebildete Gerät besteht aus mehreren Komponenten, die es gestatten, die oben genannten Zeitfunktionen einer Sprachsignalprobe zu messen, zu bewerten und mit Registriergeräten aufzuzeichnen. Im Bild ist beispielsweise ein zwölfkanaliger Lichtstrahl-Oszillograf mit Fotopapier bzw. UV-empfindlichem Registrierpapier angeschlossen. Besonders die Ermittlung der Stimmton-Grundfrequenz f_G birgt zahlreiche Schwierigkeiten, die in der Kompliziertheit der Anregungsfunktion begründet sind. Die tiefste im Sprachsignal vorhandene Harmonische wird als Grundton bezeichnet und nur deren zeitlicher Verlauf innerhalb eines fortlaufenden Sprachsignalabschnittes ist von wissenschaftlichem Interesse. Die Obertöne sind ganzzahlige Vielfache des Grundtones und haben in der Regel geringere Intensität als der Grundton. Durch geeignete, z.T. sehr aufwendige elektronische Verfahren muss sichergestellt sein, dass nur die Zeitfunktion der Grundtonänderung gemessen wird. Die weiteren Komponenten des Sprachsignals können mit dem gezeigten Gerät zunächst überschlägig (an Zeigerinstrumenten) und nach entsprechender Messbereichs-Einstellung mit hoher Auflösung mit Registriergeräten ermittelt werden. Mit dem eingebauten Ohrkurven-Bewertungsfilter ist es möglich, den Schalldruckpegel so zu bewerten, dass er der empfundenen Lautstärke nahe kommt.

Lit.: Mehnert, D.: Grundfrequenzanalyse und -synthese der stimmhaften Anregungsfunktion, ein Beitrag zur Erzeugung und Verarbeitung sprachlicher Signale. Diss. A, TU Dresden, 1975, S. 112-133.

7 – 14.1 Mehrkanal-Aufzeichnung von vier Beispielwörtern

6.1 - 22.1 | B | 00000-013

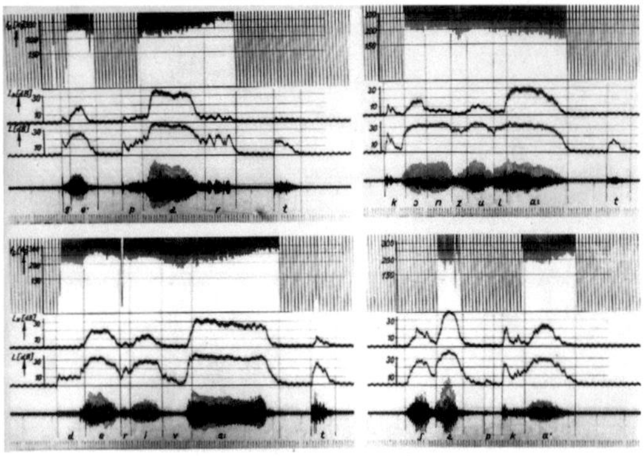

Das Bild zeigt Aufzeichnungen der Komponenten von vier Beispielwörtern (Gepard, Konsulat, Derivat, Schapka), die mit dem Mehrkanal-Sprachanalysegerät MKA (vgl. 7-14) ermittelt worden sind. Folgende Zeitfunktionen sind jeweils gleichzeitig gemessen und untereinander geschrieben.

Von oben: Grundfrequenz f_G in Hz, Lautstärkepegel L_N in dB, Schalldruckpegel L in dB, Schalldruck (Oszillogramm); am unteren Bildrand erkennt man die Zeitmarken, die von einem Zeitmarken-Generator mit dekadischen Hervorhebungen (10 | 100 ms bzw. 100 | 500 ms) erzeugt werden. Die Vorschubgeschwindigkeit betrug hier 160 mm/s.

7 – 14.2 Mehrkanal-Aufzeichnung von einem Beispielwort

6.1 - 22.2 | B | 00000-014

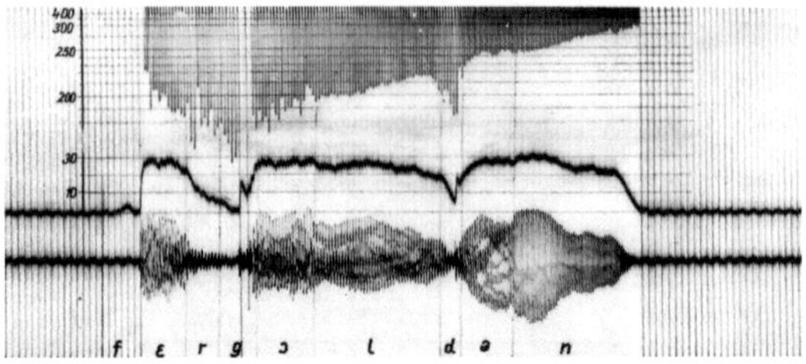

Das Bild zeigt eine Aufzeichnung der Komponenten eines Beispielwortes (vergolden), die mit dem Mehrkanal-Sprachanalysegerät MKA (vgl. 7-14) ermittelt worden sind.

Bei diesem Beispiel sind die Zeitfunktionen vom Schalldruckpegel L in dB und Schalldruck (Oszillogramm, unten) in die Aufzeichnung der Grundfrequenz f_G in Hz (Mitte) hineingeschrieben. Das hat den Vorteil, dass der Ordinaten-Maßstab für die Grundfrequenz f_G erheblich gespreizt werden konnte. Daraus ist die Auflösung der Grundfrequenz-Aufzeichnung hinsichtlich ihrer Feinstruktur deutlicher erkennbar.

7 – 15 Grundfrequenz-Analysator

D. Mehnert, Humboldt-Universität Berlin, 1980

6.1 – 9 | B | 30086-000

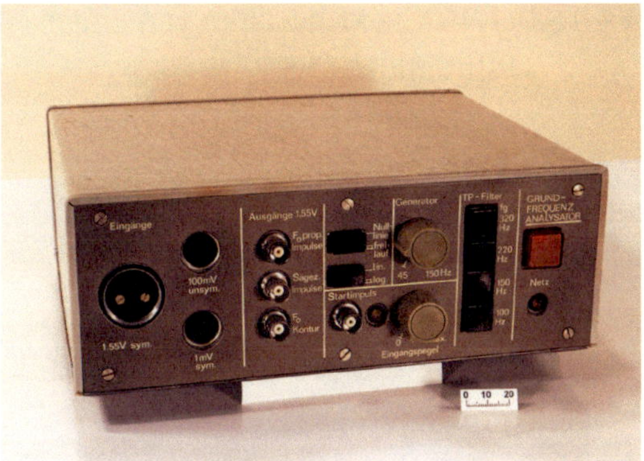

Aufbauend auf den Ergebnissen und Erfahrungen, die mit dem Mehrkanal-Sprachanalysegerät MKA (vgl. 7 – 14) erzielt worden sind, wurde das hier gezeigte Gerät entwickelt.

Es diente ausschließlich zur Messung und Registrierung der Zeitabhängigkeit von der Stimmton-Grundfrequenz f_G.

An dieses Gerät konnten alle seinerzeit verfügbaren Registriergeräte angeschlossen werden.

7 – 16 Frequenz-Spektrograph FNA (Rhode & Schwarz)

6.1 – 23 | B | 00000-015

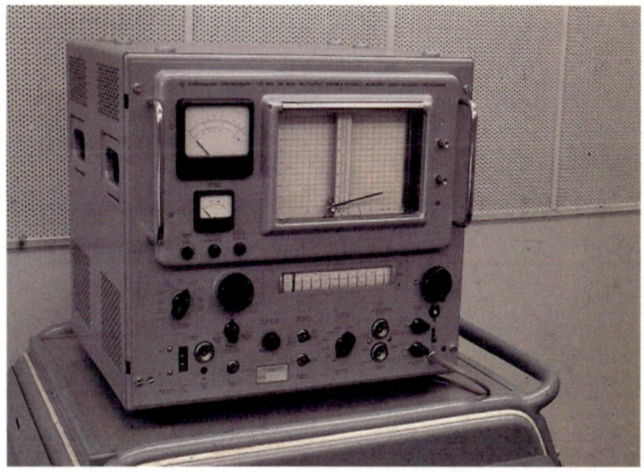

Zur Analyse von periodischen Signalen, deren spektrale Komponenten (d. h. deren FOURIERkoeffizienten) gemessen werden sollen, benötigt man ein stetig durchstimmbares Schmalbandfilter mit sehr hoher Auflösung, d. h. mit sehr kleiner relativer Bandbreite (Frequency Narrowband Analyzer = FNA).

Das hier gezeigte Gerät gestattet derartige Spektralanalysen von geeignet gespeicherten akustischen Vorgängen, umschaltbar in den Frequenzbereichen 0 – 4 kHz und 0 – 20 kHz.

Das Messergebnis konnte sowohl abgelesen wie auch direkt als Spektrogramm auf einem Vordruckpapier (mit aufgedruckter Koordinatenbeschriftung) registriert werden.

Für sehr hohe Ansprüche an die Auflösung ist es außerdem möglich, an einer mitlaufenden Trommelskala (im Bild unter dem Registrierfeld) die aktuelle Filter-Mittenfrequenz abzulesen.

Für Übersichtsmessungen, bei denen keine große Auflösung erforderlich ist, gibt es die Möglichkeit, den Motorantrieb des durchstimmbaren Filters in Stufen umzuschalten und damit kürzere Analysierzeiten zu erreichen.

Bei Analysen mit der höchstmöglichen Auflösung im gesamten Frequenzbereich (0 – 20 kHz) dauerte der Abtastvorgang etwa 10 Minuten. Das zu analysierende Signal musste also in dieser Zeit ständig wiederholt zur Verfügung stehen (vgl. hierzu 7 – 7 Bandschleifen-Zusatzgerät für Magnettongerät M5).

7 – 16.1 FNA-Spektrogramm vom Vokal [a:]

6.1 - 23.1 | B | 00000-016

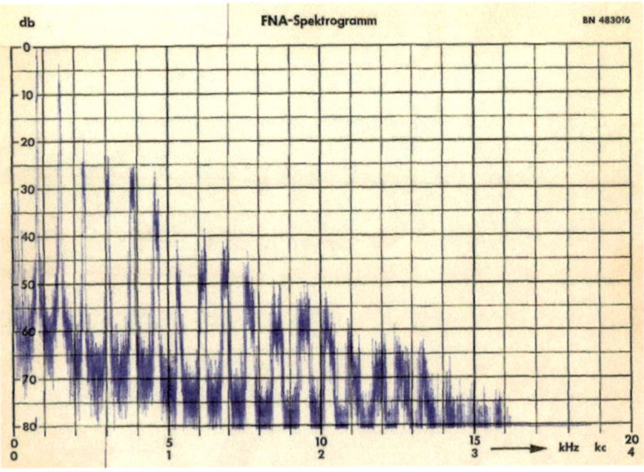

Vokal [a:] gesungen auf 784 Hz (g^2 - Grundton) ausgebildete weibl. Stimme (Konzertsängerin)

Mit dem Frequenz-Spektrograph FNA (frequency narrow band) sind in der experimentellen phonetischen Forschung u. a. zahlreiche Untersuchungen verschiedener Stimmen vorgenommen worden, um charakteristische Qualitätsparameter zu messen und zu vergleichen.

Das hier gezeigte Beispiel ist das Ergebnis einer Spektralanalyse eines gesungenen Vokales [a:] mit der Tonhöhe g^2, gesungen von einer ausgebildeten Konzertsängerin.

Auf der Abszisse gilt der Frequenzbereich von 0 – 20 kHz. Der Grundton mit $f = 784$ Hz ist die tiefste ablesbare Harmonische, ganz links im Bild zu erkennen.

Die Obertöne sind ganzzahlige Vielfache des Grundtones, deren große Anzahl hier $n = 16$ beträgt. Das ist u. a. ein messbarer Ausdruck einer hohen Stimmqualität.

7 – 16.2 FNA-Spektrogramm von einem stimmlosen [s]

6.1 - 23.2 | B | 00000-017

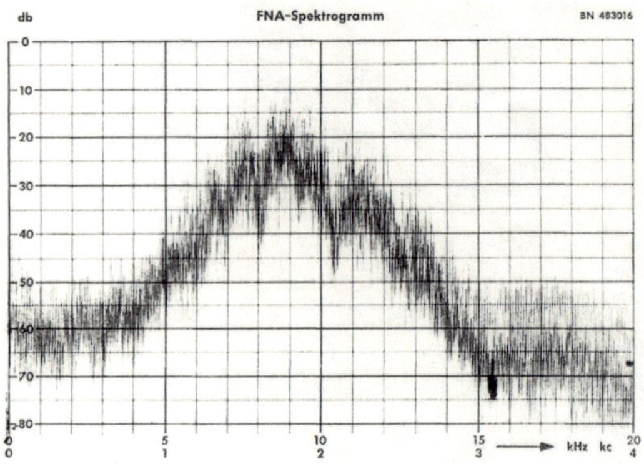

Mit dem Frequenz-Spektrograph FNA sind in der experimentellen phonetischen Forschung u. a. Untersuchungen von Lauten zur quantitativen Beschreibung ihrer Merkmale durchgeführt worden.

Das vorliegende Beispiel zeigt die Spektralanalyse des stimmlosen [s] (z. B. im Wort Kuss oder Kasten), das von den Phonetikern im Deutschen als präziser Laut bezeichnet wird, weil bereits geringfügige Abweichungen in der Artikulation dem Gesprächspartner auffallen und zu geringerer Verständlichkeit führen kann.

Das hier gezeigte Spektrogramm umfasst auf der Abszisse den Frequenzbereich von 0 – 20 kHz, auf der Ordinate die spektrale Intensität in dB.

Das Spektrum dieses Lautes ist deutlich breitbandig mit einem ausgeprägten Energie-Maximum im Bereich von 7,5 – 9 kHz.

7 – 17 Fundamental Frequency Meter/Intensity Meter Typ FFM/IM

Frøkjaer/Jensen, Dänemark

6.1 - 10 | B | 30087-000

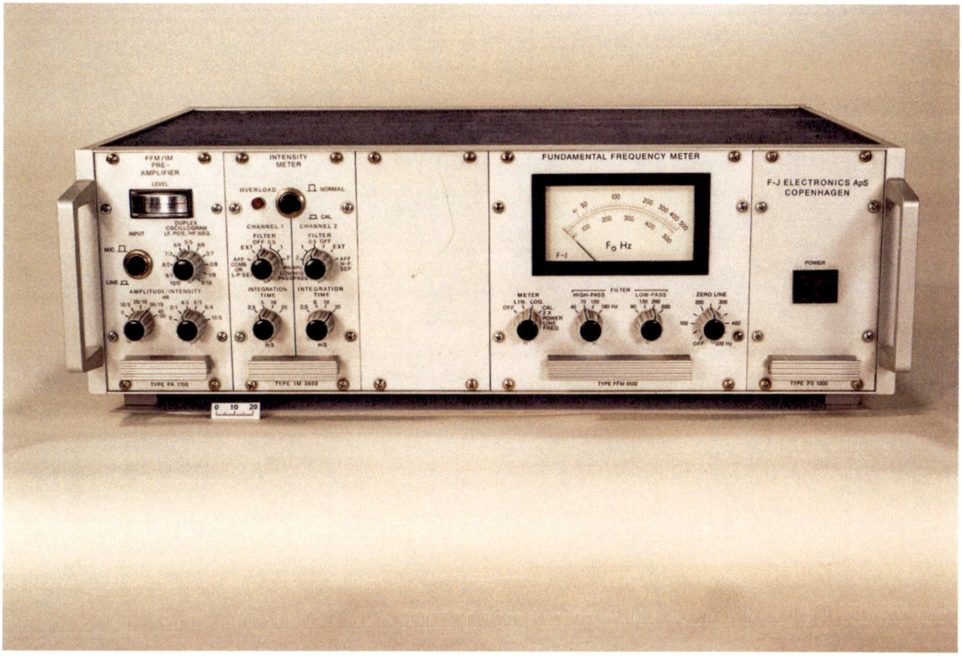

Das industriell gefertigte Modell diente zur Messung und Registrierung sowohl des Zeitverlaufs der Stimmton-Grundfrequenz f_G als auch der Intensität des Sprachsignals. Der linke Geräteeinschub enthält Vorverstärker und mehrere Messbereichseinsteller.

Außerdem war es möglich, mit dem Gerät ein Duplex-Oszillogramm abzubilden, bei dem z. B. oberhalb der Null-Linie der niederfrequente Bereich des Sprachsignals und unterhalb der Null-Linie der höherfrequente Bereich gleichzeitig abgebildet wurde. Die weiteren Geräteteile dienten zur Kalibrierung und Anpassung an unterschiedliche Messaufgaben.

7 – 18 Grundfrequenz-Messgerät

Fernmeldetechnisches Zentralamt Darmstadt EFE-Elektronik (1976)

6.1 – 11 | Darmstadt | 30088-000

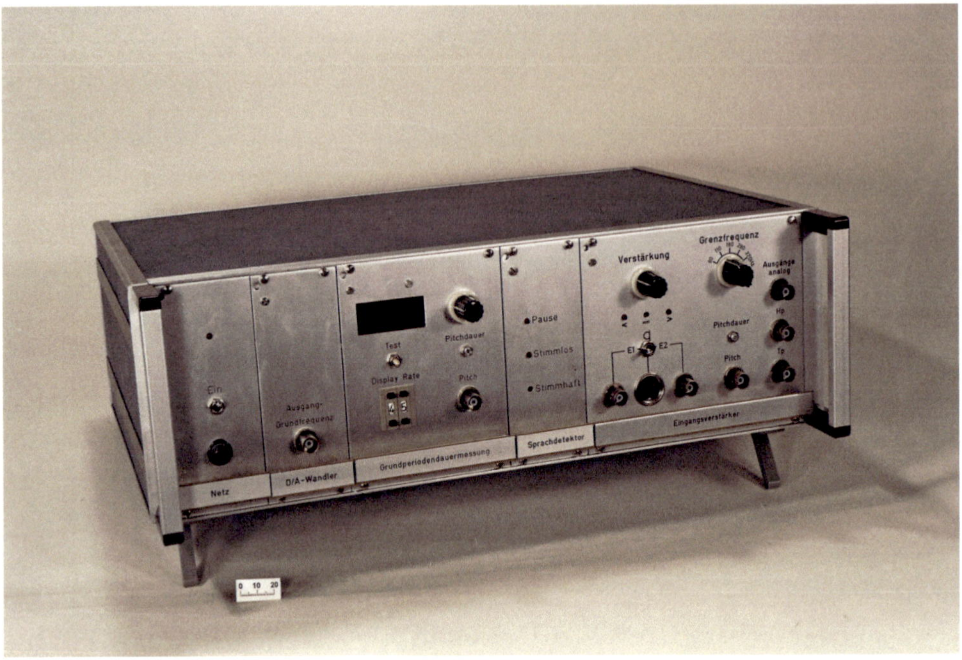

Über einen längeren Zeitraum, etwa ab Anfang der 60er Jahre des 20. Jahrhunderts, bestand in der phonetischen Forschung eine der vorrangigen Aufgaben darin, mehrere Parameter des Sprachsignals zu messen und zu registrieren, um sie anschließend analysieren und quantitativ beschreiben zu können. Einer der interessierenden Parameter war dabei der Zeitverlauf der Stimmton-Grundfrequenz f_G.

Industriell gefertigte Messgeräte für diese Aufgabenstellung standen erst später zur Verfügung (vgl. 7 – 17 Fundamental Frequency Meter Typ FFM/IM, Frøkjaer/ Jensen, Dänemark).

Alle wissenschaftlichen Einrichtungen waren darauf angewiesen, solche Geräte selber zu konzipieren und anzufertigen (vgl. auch 7 – 14).

Ein Beispiel zeigt das hier abgebildete Gerät aus einem Institut des Fernmeldetechnischen Zentralamtes Darmstadt. Mit ihm können die Stimmton-Grundfrequenz f_G und über einen Sprachdedektor die Pausen und stimmhaft-stimmlos-Signalabschnitte gemessen werden.

7 – 19 Trans Pitchmeter

Frokjaer-Jensen Elektric A/S Holte, Dänemark

6.1 – 40 | H | 30241-000, 6.1 – 17 | K | 30093-000

Das Gerät dient zur Messung des Zeitverlaufes der Stimmton-Grundfrequenz von Sprachsignalen. Außerdem können damit sog. Duplex-Oszillogramme der Zeitfunktion des Sprachsignals gewonnen werden.

Darunter versteht man eine elektronische Signalverarbeitung, die die stimmhaften und stimmlosen Anteile des Sprachsignals voneinander trennt und beide Anteile zeitsynchron in einem Oszillogramm (oberhalb der Null-Linie stimmhaft und unterhalb der Null-Linie stimmlos) abbildet.

Damit ist diese Aufzeichnung eine wesentlich Hilfe für die Segmentierung bei der Analyse fortlaufender Sprache.

An den Eingang des Gerätes schaltete man in der Regel ein Tonbandgerät mit dem zu analysierenden Sprachsignal-Material. An den Ausgang schloss man z. B. einen Oszillographen oder andere Registriergeräte (Schreiber) an.

Lit.: Trans Pitchmeter, Firmendruckschrift Frokjaer-Jensen. Kopenhagen, 1963.

7 – 19.1 Tonhöhen-Aufzeichnung und Oszillogramm eines Beispielsatzes mit dem Trans Pitchmeter

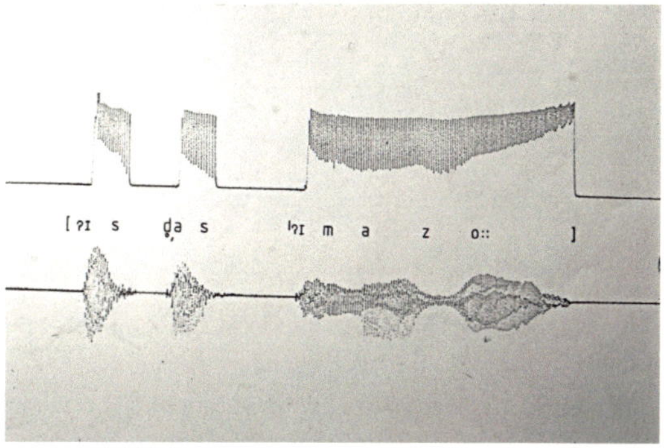

Das Bild zeigt den vom Trans Pitchmeter analysierten Zeitverlauf der Stimmband-Grundfrequenz und das Oszillogramm des Beispielsatzes „Ist das immer so?", die mit dem angeschlossenen Tintenschreiber (Oszillomink) aufgezeichnet wurden.

Abzisse: Zeit

Ordinate oben: Grundfrequenz; die Kontur der unteren Hüllkurve folgt der Grundfrequenz-Änderung, hier zum Satzende steigend.

Ordinate unten: Amplitude der Zeitfunktion

7 – 20 Intensity-Meter

Universität Köln, Institut für Phonetik

6.1 - 18 | K | 30094-000

Zur Fragestellung, die mit diesem Gerät beantwortet werden sollte, vgl. 7 - 18 Grundfrequenz-Messgerät.

Mit dem hier abgebildeten Gerät konnte der Zeitverlauf der Intensität des Sprachsignals gemessen werden, entweder breitbandig oder hochpassgefiltert.

7 – 21 Torschalter für phonetische Messungen

Philips

6.1 - 19 | K | 30095-000

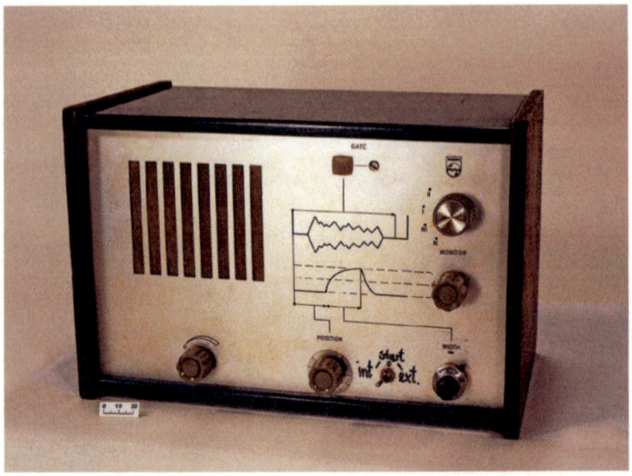

Der Torschalter war Bestandteil einer Messanordnung, die zur subjektiven Analyse, z. B. beim periodischen Abhören von Lautabschnitten diente.

Die Einstellelemente gestatteten es, den Startzeitpunkt der Toröffnung und deren Dauer einzustellen.

7–22 Segmentator

Phonetisches Institut der Univ. Hamburg, um 1964

6.1 - 46 | H | 30252-000

Segmentatoren waren Bestandteile von Messanordnungen, die sowohl zur subjektiven Analyse (z. B. zum periodischen Abhören) als auch zur einstellbaren Isolierung von kurzen Lautabschnitten dienten.

Mit dem hier gezeigten Gerät war es möglich, die Zeitfunktion eines – durch Bandschleife – periodisch wiederholten Sprachsignals über elektronische Torschalter (Multivibratoren) ein- und auszuschalten.

Der Einschaltvorgang des Toröffnungsschalters wurde vom gespeicherten Signal selbst ausgelöst; der Ausschaltvorgang konnte nach einer einstellbaren Zeit den Abtastvorgang beenden.

Diese Einstellungen ließen sich an den mit Lage und Dauer bezeichneten Potentiometern wählen.

Ein eingebauter Verstärker und Lautsprecher erlaubten eine akustische Kontrolle.

Lit.: Stoltz, H.: Der Segmentator, ein Gerät, welches kleinste akustische Ausschnitte aus einer Tonbandaufnahme ermöglicht. Zeitschrift für Phonetik, Sprachwissenschaft und Kommunikationsforschung 18 (1965), S. 117-118. Essen, O. v.: Segmentatoren. Zeitschrift für Phonetik, Sprachwissenschaft und Kommunikationsforschung 19 (1966), S. 571. Janota, P.; Romportl M.: Ein Beitrag zur phonetischen Methodik (die Gehöranalyse als Bestandteil der experimentalphonetischen Forschung). Praha: Acta Universitatis Carolinae-Philologica, 1 (1959), S. 17-28.

7–23 Elektro-Glottograph

Fa. Frøkjaer/Jensen, 1981

6.1 - 12.1 | B | 30089-000, 6.1 - 12.2 | K | 30090-000, 6.1 - 41 | H | 30347-000

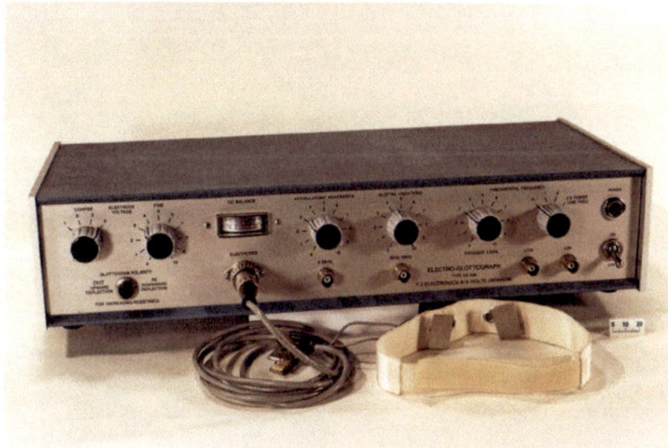

Die Elektro-Glottographie ist eine Methode zur Messung und Darstellung phonatorischer (lauterzeugender) und respiratorischer (atmungsspezifischer) Stimmlippenbewegungen. Das Messprinzip wurde von PH. FABRE 1957 entwickelt. Es beruht auf der Messung von Änderungen des elektrischen Widerstandes jenes Gewebes, das sich zwischen zwei Elektroden befindet, die an den beiden Halsseiten in Höhe der Stimmlippen des Kehlkopfes angebracht werden. Im Pfad des hochfrequenten Wechselstromes ($f \approx 300\,\mathrm{kHz}$) sind die schwingenden Stimmlippen jener Teil des Gewebebandes, der den Widerstand messbar ändert. Die phonatorischen Öffnungs- und Schließbewegungen der Glottis (Stimmlippen) erzeugen eine Amplitudenmodulation des hindurchfließenden hochfrequenten Wechselstromes. Nach schmalbandiger Verstärkung und anschließender Demodulation lässt sich der Spannungsverlauf als so genanntes Elektro-Glottogramm auf einem Oszillographen darstellen. Aus der Kurvenform lassen sich die Schließ- und Öffnungszeiten der Glottis und aus der Periodendauer die Stimmton-Grundfrequenz ermitteln. Im Bild ist vor dem Gerät das Halsband (über einen Klettverschluss zu schließen) mit den beiden Flächenelektroden (aus Neusilber) zu erkennen. Ein wesentlicher Vorteil dieser Messmethode besteht darin, dass der Proband volle Phonations- und Artikulationsfreiheit besitzt.

Lit.: Köster, J-P.; Smith, S.: Zur Interpretation elektrischer und photoelektrischer Glottogramme. Folia phoniatrica, 22 (1970), S. 92-99. Reinsch, M.; Gobsch, H.: Zur quantitativen Auswertung elektroglottographischer Kurven bei Normalpersonen. Folia phoniatrica, 24 (1972), S. 1-6.

7-24 Photo-Electric Glottograph mit Nasen-Rachen Katheter, Typ LG 900.

Frokjaer-Jensen Electronic, Holte, Denmark

6.1 - 43 | H | 30249-000

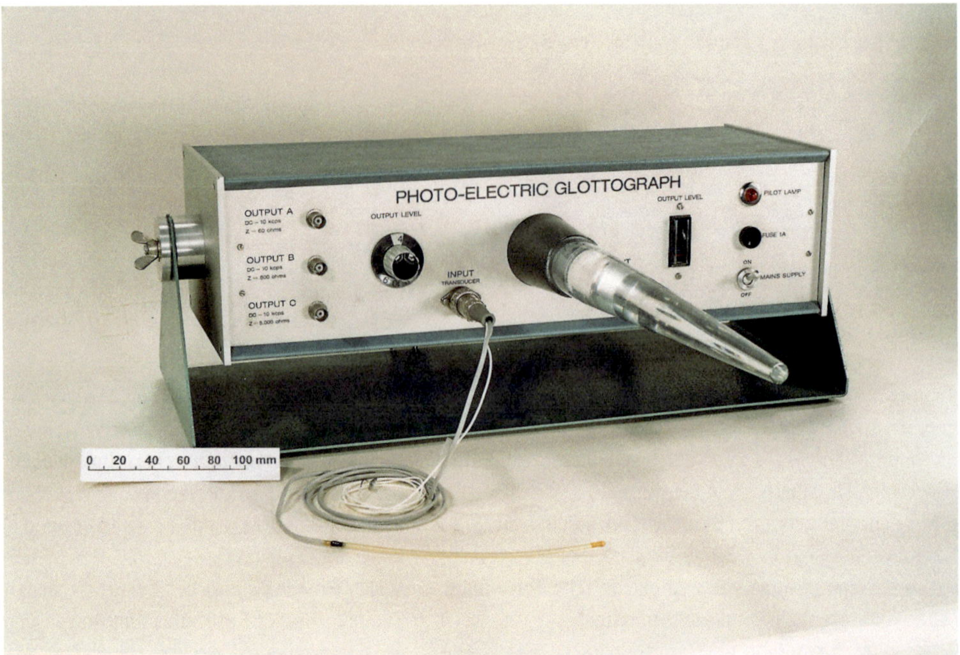

Das abgebildete Gerät lässt sich zur Messung der Öffnungs- und Schließbewegungen der Glottis (Stimmlippen) einsetzen.

Dazu wird von außen durch das Halsgewebe der Kaltlichtstrahl einer Halogenlampe unterhalb der Stimmlippen in den subglottalen Raum geleitet.

Ein dünner Katheterschlauch (etwa 2 mm Ø)wird durch die Nase so weit in den Rachenraum eingeführt, dass sein Ende bis in die Speiseröhre reicht. Dazu muss der Proband Schluckbewegungen ausführen.

15 cm vor dem Ende des Katheterschlauches befindet sich an der Anschluss-Stelle seines durchsichtigen Teils ein Photo-Transistor, der somit dicht über der Glottis positioniert ist. Der Lichtstrom wird durch die Öffnungs- und Schließphasen der von unten beleuchteten Glottis moduliert und bildet deren Bewegungen ab. Die vom Photo-Transistor empfangene Lichtstrom-Intensitätsänderung ist proportional zur Querschnittsänderung der Glottis.

Lit.: Hutters, B.: Problems in the use of the photo-electric glottograph. ARIPUC, 10 (1976), S. 275-312. Datenblatt der Herstellerfirma,

7–25 Elektro-Aerometer mit Mund-Ansatz, Typ EA 510/2

Frokjaer-Jensen Electronic, Holte, Denmark

6.1 - 42 | H | 30211-000; 6.1 - 20 | K | 30096-000

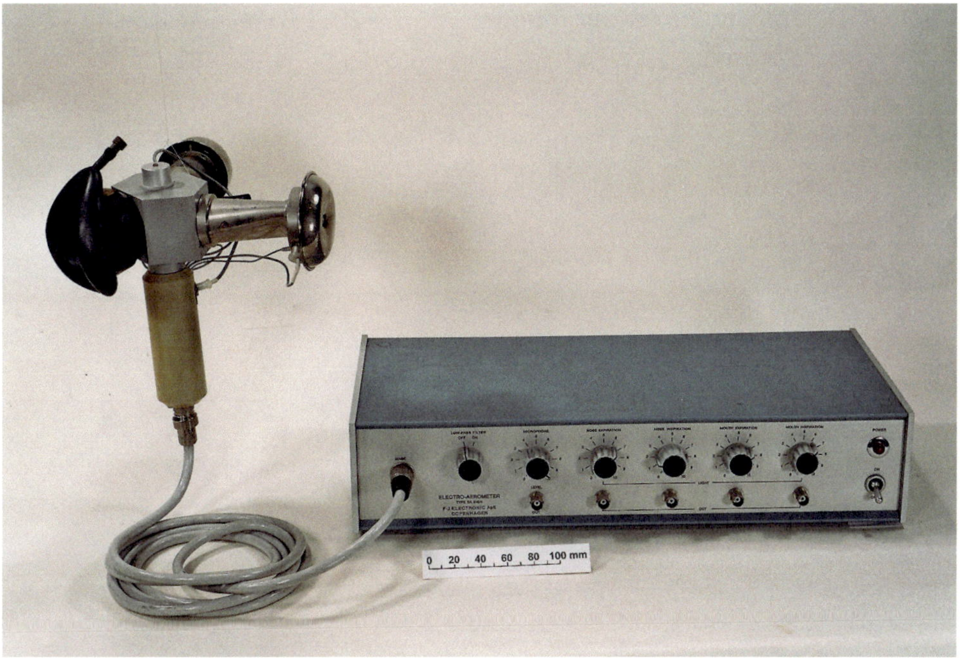

Das abgebildete Gerät dient zur genauen Messung des Phonationsstromes während des Sprechens. Es wurde sowohl in der phonetischen Forschung als auch in der klinischen Routine der Phoniatrie und Logopädie angewendet.

Es besteht aus dem Mund-Ansatz mit den Wandlereinheiten und einem elektronischen Messgerät.

Der Phonationsstrom beim Ausatmen und der Luftstrom beim Einatmen werden mit getrennten Wandlersystemen erfasst.

Das Messprinzip der beiden Wandler beruht auf der elektro-optischen Abtastung der Durchfluss-Öffnung von einem Gummiventil. Dieses Gummiventil besteht aus zwei im Ruhezustand aufeinander liegenden dünnen Gummiflächen, die sich im Strahlengang zwischen einer kleinen Glühlampe und einer Photo-Diode befinden. Sobald ein Luftstrom das Gummiventil öffnet, wird der Lichtstrom zur Photo-Diode mehr oder weniger moduliert. Die Amplitude des Photostromes ist somit proportional zur Öffnung des Ventils und damit auch des Luftstromes.

Das Gummiventil wirkt gleichzeitig als Rückschlagventil, d. h. es wird nur der Luftstrom in einer Richtung freigegeben. Deshalb gibt es für Ein- und Ausatmung zwei getrennte Wandlersysteme.

Die Potentiometer am Messgerät dienen zur Anpassung und Kalibrierung.

Lit.: Smith, S.: Ein Mittel zur Bestimmung der Luftströmung durch die Nase. Akt. Probl. Phoniat. Logopädie, 1 (1960), S. 81-87. Smith, S.: The electro-aerometer. Speech Pathologie and Therapie, 3 (1960), S. 27-30. Datenblatt der Herstellerfirma.

7 – 25.1 Elektro-Aerometer mit Mund-Nase-Ansatz, Typ EA 510/4

6.1 - 42.1 | H | 30211-001

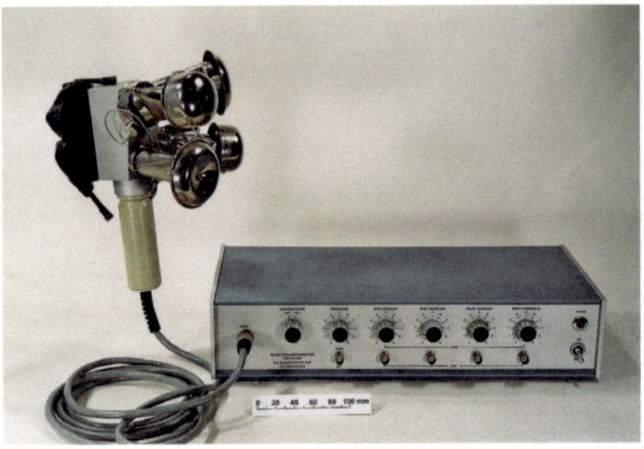

Das hier abgebildete Gerät unterscheidet sich von dem oben genannten Elektro-Aerometer dadurch, dass das Ansatzstück außer der Ein- und Ausatmungsluft des Mundes auch noch jene aus der Nase aufnehmen kann.

Dafür sind zwei getrennte luftgepolsterte Manschetten vorgesehen. Das elektronische Messgerät ist identisch mit dem unter 7 - 25 beschriebenen Gerät.

Lit.: Datenblatt der Herstellerfirma.

7 – 25.2 Detail: Ansatzstück mit Wandler für Mund und Nase

6.1 - 42.2 | H | 30211-002

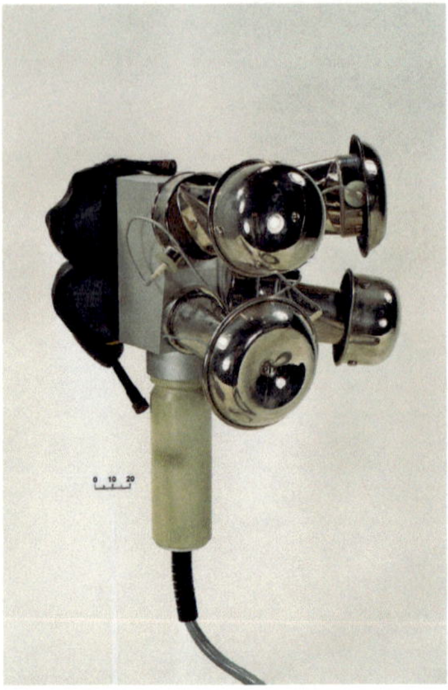

Die beiden oberen Wandler dienen der Aufnahme des nasalen Luftstromes.

Der hintere Wandler mit der flachen Kappe ist für die Erfassung der nasalen Ausatmung vorgesehen. Das erkennt man daran, dass die Lampenfassung (heller Kunststoffring) sich oberhalb des Gummiventils befindet. Die Lampenfassung des vorderen Wandlers für die Einatmung mit der stärker gewölbten Kappe befindet sich oben links am Grundkörper.

7–26 Manophon Typ MF 710

Frokjaer-Jensen Electronic, Holte, Denmark

6.1 - 45 | H | 30251-000

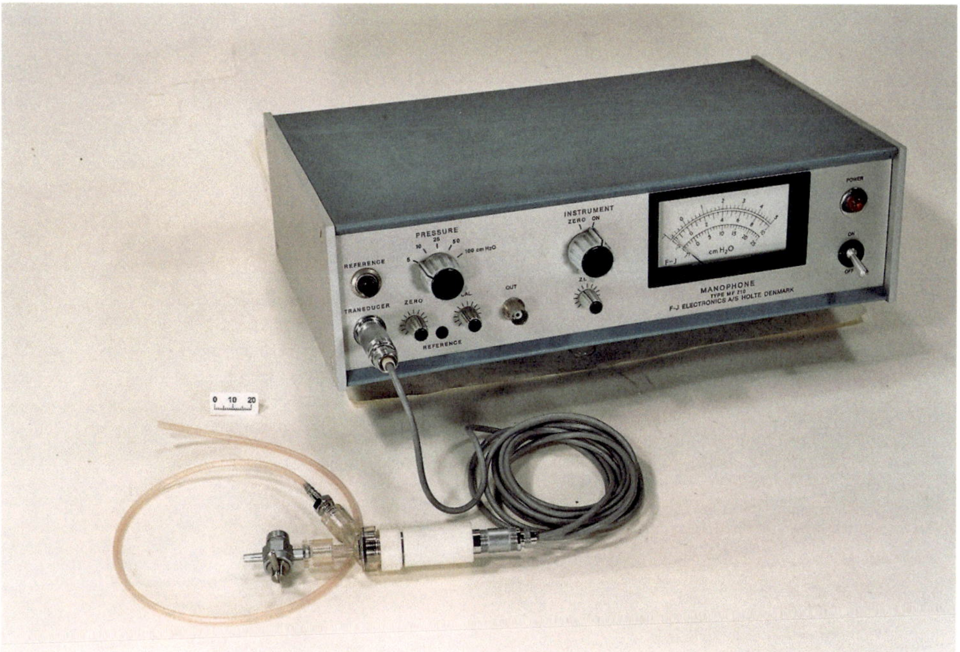

Das Messgerät mit seinen anschließbaren mechanisch-elektrischen Wandlern lässt sich einsetzen zur Druckmessung in Körperhöhlen.

Neben vielseitigen medizinischen Anwendungsmöglichkeiten eignet es sich auch für die Messung von supraglottalen Luftdrücken im Mund- und Nasenraum und subglottalen Drücken in der Luftröhre beim Sprechen.

Der piezoresistive Wandler befindet sich in einem kleinen Zylinder (im Bild vorn), an dem der Katheterschlauch und außerdem ein Hahn mit dem Anschluss-Stutzen für eine Druck-Kalibrierungsquelle befestigt sind. Der auswechselbare Katheterschlauch (etwa 3 mm Ø) kann durch den Mund oder die Nase eingeführt werden und dient zur Druckmessung im supraglottalen Raum.

Außerdem lassen sich subglottale Drücke messen durch Einführen des Katheters durch die Glottis in die Luftröhre. Bei einem anderen indirekten Verfahren nutzt man die gemeinsame elastische Wand zwischen Luft- und Speiseröhre aus. Ein in die Speiseröhre eingebrachter kleiner Luftballon am Ende des Katheters wird leicht aufgeblasen, Druckänderungen in der Luftröhre erzeugen über die elastische Wand Druckänderungen in dem kleinen Ballon, die sich ebenfalls mit dem piezoresistiven Wandler messen lassen.

Lit.: Datenblatt der Herstellerfirma.

7 – 27 Elektro-Pneumograph

Phonetisches Institut d. Univ. Hamburg, 1967

6.1 - 44 | H | 30250-000

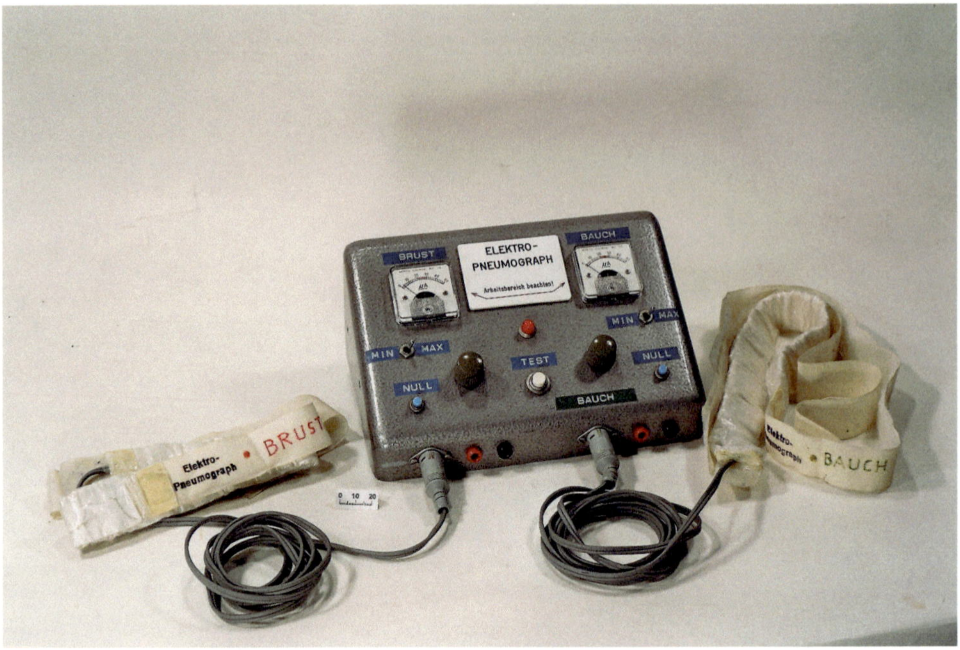

Mit Pneumographen konnten die Atmungsbewegungen von Brust und Bauch registriert werden.

Der mechanische Gürtel-Pneumograph nach GUTZMANN ist im Bild 5 - 25 beschrieben worden.

Das hier gezeigte Gerät benutzt ein mechanisch-elektrisches Wandlerprinzip.

Die beiden Gürtel, die um Brust und Bauch des Probanden gelegt werden, bestehen aus einem breiten Gummiband, in das zwei dünne Drähte (Litzen) eingestickt sind. Diese Gürtel sind leicht dehnbar. Die Kapazität zwischen den beiden Drähten vergrößert sich bei Dehnung des Gummibandes.

In einer Hochfrequenzschaltung moduliert diese Kapazitätsänderung eine Wechselspannung, die anschließend demoduliert und gleichgerichtet wird. Die Ausgangsspannung ist damit ein direktes Maß für die Dehnung des Gummibandes und somit auch für die Änderung des Atem-Volumens.

Lit.: Stoltz, H.: Entwicklung einiger Apparaturen im Phonetischen Institut der Universität Hamburg nach 1963 - Segmentator und Elektro-Pneumograph. Hamburger Phonetische Beiträge 25. Hamburg: Helmut Buske Verlag, 1978, S. 433-435.

7 – 28 Pneumometer nach HILDEBRANDT

Fa. Strahlentechnik, Hamburg, 1960

6.1 - 48 | H | 30254-000

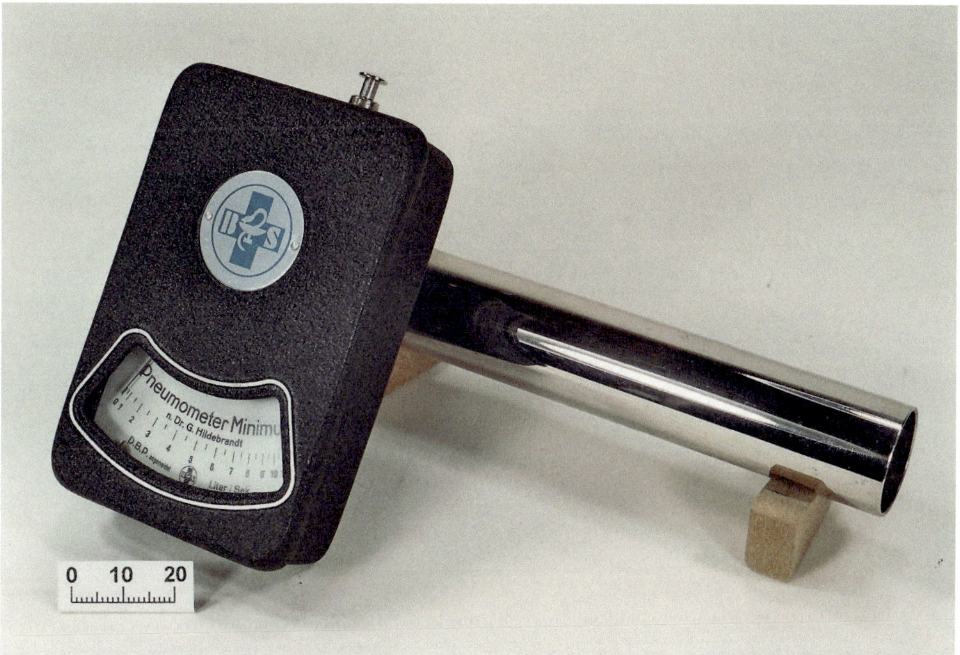

Zur Untersuchung von Atemfunktionsstörungen reichte eine spirographische Methode (Atem-Volumen-Messung) allein nicht aus. In Ergänzung dieses diagnostischen Verfahrens durch eine apparative Atemstoß-Messung gelang eine vollwertigere Atemfunktionsprüfung.

Dazu wird der maximale Ausatmungsluftstrom gemessen, er ist proportional der Vital-Kapazität (entspricht etwa dem Lungenvolumen).

Das hier gezeigte Gerät misst den Höchstwert der Ausatmungs-Luftstromstärke in l/s (Messunsicherheit 0,1 l/s).

Lit.: Hildebrandt, G.: Atemstoß und Vitalkapazität. Die Sprachheilarbeit, 6 (1961), H. 2, S. 48-54. Datenblatt der Herstellerfirma.

7–29 Pegelschreiber Typ 2304

Bruel & Kjaer, Naerum, Dänemark, um 1959

6.1 - 35 | H | 30261-000

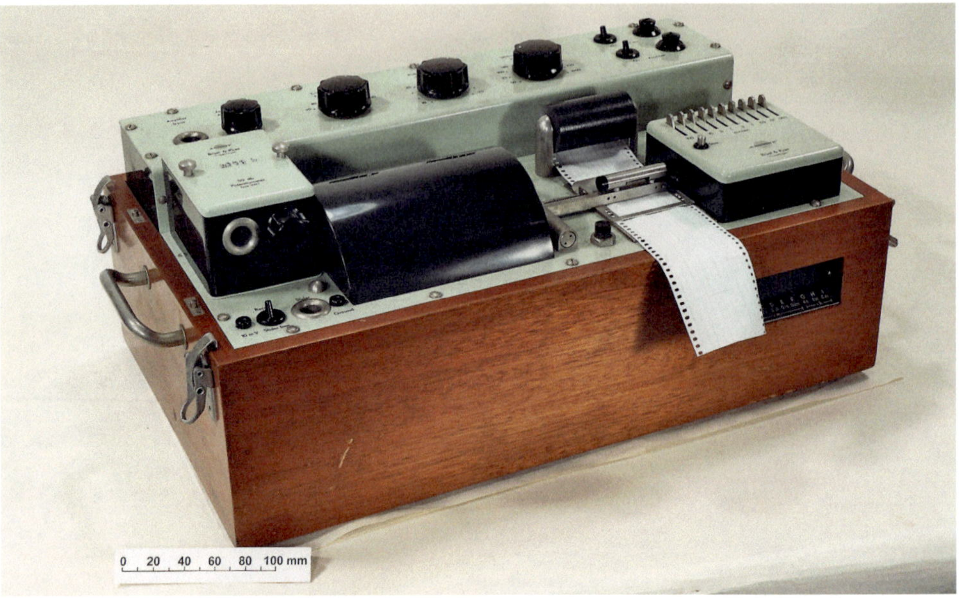

Der abgebildete Pegelschreiber ist ein außerordentlich vielseitig einsetzbares Mess- und Registriergerät für viele Bereiche der technischen Akustik. Beispielsweise benutzte man ihn zur Aufzeichnung der Zeitverläufe von Schall- und Schwingungspegeln, zur Registrierung des frequenzabhängigen Übertragungsfaktors von Mikrofonen, Verstärkern und Lautsprechern sowie zur Speicherung von schnellen und langsamen akustischen Vorgängen. Die Vielseitigkeit der Einsatzbereiche weckte zwangsläufig auch das Interesse der Experimentalphonetiker, die bereits die analoge elektroakustische Messtechnik für ihre Forschungen benutzt haben. Es ließen sich beispielsweise die zeitabhängigen Parameter von gesprochenen Texten (Sprechdynamik, Sprechgeschwindigkeit) und in speziellen Messplätzen auch Grundfrequenzverläufe aufzeichnen und auswerten. Üblicherweise wurde auf Wachspapier (helle Wachsschicht auf dunklem Papier) aufgezeichnet. Die Saphir-Schreibspitze trug die dünne Wachsschicht ab, so dass eine dunkle Aufzeichnungslinie sichtbar wurde. Die Schreibspitze wird von einem elektrodynamischen Tauchspulen-System bewegt, sie lässt sich um maximal 50 mm auslenken. Die zu messende Spannung wird an die Klemmen eines Potentiometers angelegt. Der Schleifer dieses Potentiometers ist verbunden mit dem Schreibstift. Die Schleiferspannung wird einem Regelkreis zugeführt, in dem die Speisespannung der Tauchspule erzeugt und jeweils so geregelt wird, dass die Differenz zwischen der Schleiferspannung und einer einstellbaren Vergleichsspannung zu Null wird. Damit wird erreicht, dass die Lage des Schleifers – und damit des Schreibstiftes – proportional zur Eingangsspannung ist. Mit diesem Prinzip lässt sich der große Messbereich (50 dB) erreichen. Für unterschiedliche Messaufgaben gibt es ein lineares und zwei logarithmische Messpotentiometer für 10 dB bzw. 50 dB zur Auswahl. Jedes Messpotentiometer enthält 108 Festwiderstände in Reihenschaltung, die jeweils mit einer der 100 Kontaktlamellen verbunden sind. Letztere sind aus massivem Silberblech hergestellt und deshalb unempfindlich gegen Abnutzung. Damit ist bei einem 50 dB Potentiometer eine Auflösung von 0,5 dB erreichbar, die für akustische Messungen in der Regel ausreicht. Durch Einstellung von Parametern des Regelkreises kann man den Pegelschreiber an eine breite Palette von Messaufgaben anpassen, auch für die experimentelle Phonetik. Das betrifft die untere Grenzfrequenz (20 ... 400 Hz), Geschwindigkeit des Schreibstiftes (50 ... 1000 mm/s) und die Papiervorschub-Geschwindigkeit (0,003 ... 100 mm/s).

7 – 30 Stroboskop Oristrob

Fa. Orion EMG, Budapest, 1962

1.2 - 1 | B | 30007-000

Lichtquelle mit einstellbarer Bildfrequenz zur Beleuchtung von periodischen Vorgängen, die bei geeigneter Wahl der Blitzfrequenz für den Beobachter scheinbar still stehen oder sich langsam (vorwärts bzw. rückwärts) bewegen.

Damit können beispielsweise die Bewegungsformen von schwingenden Saiten, Stäben, Platten oder Stimmgabeln sichtbar gemacht werden. Darüber hinaus lassen sich die Schwingungsformen am Stimmlippen-Modell (Wethlosche Polsterpfeife) bzw. mit geeigneten Spiegeln die Bewegungen der menschlichen Stimmlippen beobachten.

7 – 31 Diktiergerät mit Magnetton-Platte DIMAFON

Fa. Assmann, Bad Homburg v.d.H., 1946

6.1 - 47 | H | 30253-000

Bei dem Gerät handelt es sich um ein Diktiergerät nach dem Prinzip der Magnetband-Aufzeichnung.

Das Speichermedium ist in diesem Fall aber kein Magnetton-Band, sondern eine beidseitig nutzbare Magnetton-Platte, etwa von der Größe einer Langspielplatte (30 cm Ø).

Der Kombi-Kopf für Aufnahme und Wiedergabe wird in einer spiralförmigen, eingeprägten Führungsrille mit einem kurzen Stift geführt (vergleichbar mit einer Schallplatten-Abtastnadel).

Eine Aufzeichnung konnte nur als Ganzes gelöscht werden, indem ein mit Wechselstrom gespeister Löschmagnet über die Platte geführt wurde.

Das Gerät ist ursprünglich nur als Diktiergerät vorgesehen gewesen. Im Phonetischen Institut der Universität Hamburg sind detaillierte Versuche zu den Möglichkeiten und Grenzen des Verfahrens für die phonetische Forschung mit Abhörversuchen von deutschen Lautinventaren durchgeführt worden. Die Wiedergabequalität für phonetische Zwecke, Sprach- und Dialektaufnahmen, sowie der Einsatz für die Feldforschung wurden seinerzeit (um 1950) als vorzüglich eingeschätzt.

Lit.: Essen, O. v.: Phonetische Leistungsprüfung der Diktiermaschine DIMAFON. Zeitschrift für Phonetik u. Allgemeine Sprachwissenschaft, 4 (1950), S. 139-142. Wängler, H.: Das DIMAFON in der Frequenzprüfung. Zeitschrift für Phonetik u. Allgemeine Sprachwissenschaft, 4 (1950), S. 142-144.

7–32 Taschen-Recorder 3300

Philips, 1963

6.1 - 25 | B | 30213-000

Das vorliegende Gerät zur Schallspeicherung ist Anfang der 60er Jahre des 20. Jahrhunderts konzipiert worden und war für netzunabhängigen Batteriebetrieb ausgelegt. Durch Verwendung der seinerzeit neuartigen Tonbandkassetten (3,8 mm breites Tonband mit Doppelspur für monophone Aufzeichnung mit 4,75 cm Bandgeschwindigkeit) konnten die Abmessungen so klein gehalten werden, dass das Gerät die Bezeichnung Taschen-Recorder erhielt.

Das Gerät erlaubte Aufnahmen mit einem angeschlossenen Mikrofon, an dem sich eine Fernbedienungstaste für Start und Stop befindet. Zur Wiedergabe ist ein Lautsprecher eingebaut, außerdem lässt sich ein Kopfhörer anschließen.

Mit zwei Kombischaltern waren bereits die üblichen Steuerfunktionen einstellbar: Aufnahme/Wiedergabe, schneller Vor- und Rücklauf. Über zwei Potentiometer (links am Gerät, im Bild verdeckt) lassen sich Aufnahme- und Wiedergabepegel einstellen.

Der Frequenzgang war mit 120 Hz bis 6 kHz (±3 dB) so ausgelegt, dass das Gerät auch für die phonetische Feldforschung sehr gut geeignet war.

Lit.: Geisthardt, K.-H.: Taschen-Recorder 3300. Funk-Technik, 5 (1964), S. 143-145.

7 – 33 Elektro-Larynx EL 1/84

D. Mehnert, Humboldt-Universität Berlin, 1984

6.2 - 1 | B | 30100-000

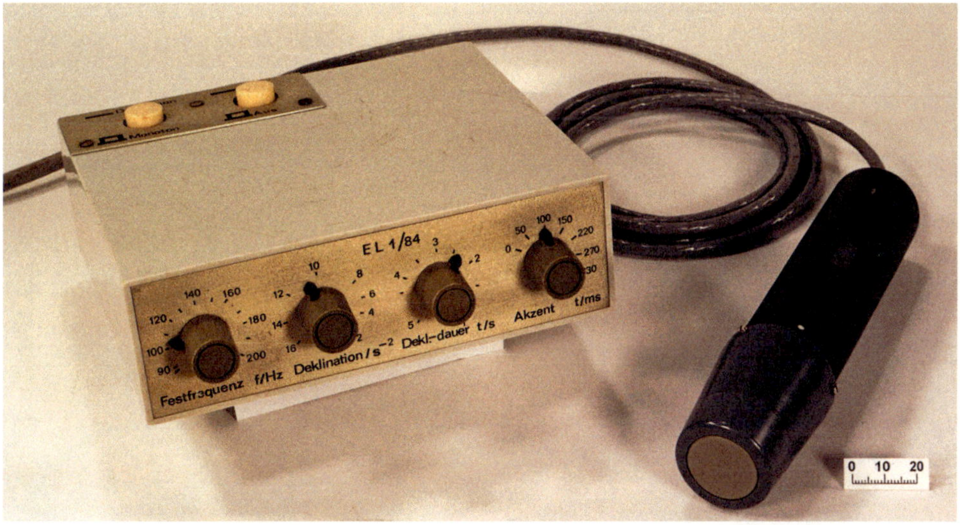

Das Gerät ist eine elektronische Sprechhilfe für Patienten mit Kehlkopfoperation (Laryngektomierte). Es besteht aus dem Stimmgenerator (im Bild rechts) und dem Steuerteil. Es diente in der Grundlagenforschung, zum rehabilitationspädagogischen Einsatz und zur Konstruktion eines miniaturisierten steuerbaren Elektrolarynx. Bei Laryngektomie handelt es sich um die operative Entfernung des Kehlkopfes, d. h. damit auch zum Verlust des Stimmapparates beim Patienten. Um den Betroffenen nach dem Verlust der Sprechfähigkeit Möglichkeiten zur sprachlichen Kommunikation zu geben, sind neben operativen Methoden auch technische Hilfsmittel erprobt und verbreitet worden. Das abgebildete Gerät ist mit der Bezeichnung Elektro-Larynx eingeführt worden. Bei dieser Art der Spracherzeugung wird das oberwellenhaltige Anregungssignal von außen in den Artikulationstrakt gebracht, d. h. von außen durch die Halswand übertragen. Die Artikulationsorgane werden vom Sprecher so bewegt, als ob die Glottis als Anregungsgenerator schwingt. Im Falle der Vokalerzeugung (stimmhafte Anregung) bereitet das kaum Probleme, Konsonanten erfordern jedoch eine völlig andere Artikulationstechnik. Der Elektro-Larynx ist ein mechanischer Schwingungserreger (mit elektrodynamischem Wandler), dessen Grundfrequenz zwischen 90 Hz und 200 Hz (d. h. für männliche bzw. weibliche Stimme) einstellbar ist. Für grundlegende Forschungen zur vorgesehenen künftigen Geräte-Konfiguration waren am Steuerteil noch weitere Einstellmöglichkeiten vorgesehen. Im Gegensatz zur monotonen Sprachäußerung bei der Anfang und Ende eines Satzes eine gleiche Stimmton-Grundfrequenz haben, sinkt während der Äußerung die Stimmton-Grundfrequenz mehr oder weniger rasch nach unten ab. Diesen Tonverlauf bezeichnet man in der Phonetik als Deklination. Das ist bei natürlicher Sprache in der Regel der Fall. Am Gerät sind deshalb Einstellmöglichkeiten für die Steilheit und Dauer der Deklinationslinie eines Satzes vorgesehen. Es ist außerdem möglich, während des Satzes einen oder mehrere Akzente (Betonungen) zu setzen, deren Verlaufsformen am rechten Einsteller wählbar sind. Bei Benutzung des Elektro-Larynx wird durch Drücken der am Griff erkennbaren Taste der Generator eingeschaltet und durch Verschieben derselben Taste nach vorn die Akzentgebung an der gewünschten Stelle ausgelöst.

Lit.: Mehnert, D.: Analyse und Synthese suprasegmentaler Intonationsstrukturen des Deutschen, ein Beitrag zur Optimierung technischer Sprachkommunikationssysteme. Diss. B, TU Dresden, 1985, S. 154-161. Mehnert, D.: Anwendung suprasegmentaler Intonationskonturen zur Verbesserung von Elektrolarynx-Sprache. Studientexte zur Sprachkommunikation, 2. Dresden: TUD press, 1986, S. 110-11.

7 – 34 Grundfrequenz-Indikator GI 1/84

D. Mehnert, Humboldt-Universität Berlin, 1984

6.2 - 2 | B | 30101-000

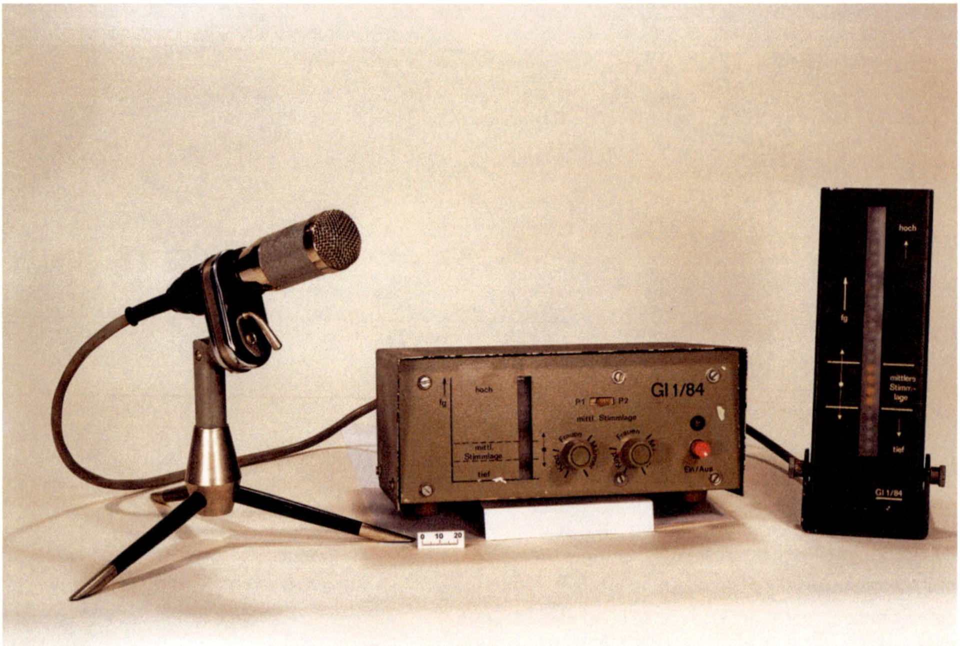

Mit dem abgebildeten Gerät wird die beim Sprechen erzeugte Stimmton-Grundfrequenz optisch auf einem Lampenfeld angezeigt. Damit ist es für einen Hör- bzw. Sprachbehinderten möglich, einen quantitativen Eindruck über die von ihm erzeugte Tonhöhe und deren zeitlichen Verlauf zu erhalten.

Aus dem vom Mikrofon aufgenommenen Schall wird im Grundgerät die Grundfrequenz durch ein Impulszählverfahren gemessen und mit einer analogen Skala auf dem Messgerät angezeigt. Entsprechend den mittleren Stimmton-Grundfrequenzen von Männern, Frauen und Kindern wurde der Messbereich zwischen 85 Hz und 600 Hz festgelegt. Die elfstufige Leuchtdioden-Anzeige umfasst einen Frequenzbereich von etwa 20 Halbtönen, das entspricht etwa 1½ Oktaven. Das ist etwas mehr, als der zu erwartende Grundfrequenzhub von normal gesprochener Sprache. Bei normaler Kommunikation geht ein Sprecher selten über einen Bereich von zwölf Halbtönen (gemessen von seiner mittleren Sprechlage) hinaus. Er gelangt auch selten in einen Bereich, der niedriger als drei Halbtöne unter seiner mittleren Sprechlage liegt.

Bei praktischem Einsatz derartiger Geräte besteht die Aufgabe darin, die unterschiedlichen mittleren Stimmlagen von zwei damit arbeitenden Personen (Lehrer/Lehrerin und Kind) gleichzeitig auf einer Anzeigeskala darzustellen.

Dazu können am Gerät zwei Messbereiche so eingestellt werden, dass trotz der Frequenzunterschiede von Erwachsenen- und Kinderstimmen gleiche visuelle Muster auf derselben Skala angezeigt werden können. Es genügt dazu, einen Umschalter (im Bild Mitte oben) zu betätigen. Das hat didaktische Vorteile, weil der Lernende sein Grundfrequenz-Muster direkt mit dem des Lehrenden vergleichen kann.

Das externe Anzeigegerät ist größer ausgeführt, d. h. für beide besser ablesbar. Es zeigt außerdem farbig unterschieden die mittlere Stimmlage, einen darunter liegenden Bereich mit drei Halbtönen und den darüber liegenden mit etwa zwölf Halbtönen.

Lit.: Mehnert, D.: Analyse und Synthese suprasegmentaler Intonationsstrukturen des Deutschen, ein Beitrag zur Optimierung technischer Sprachkommunikationssysteme. Diss. B., TU Dresden, 1985, S. 150-153.

7-35 Nasal-Indikator NI 1/87

D. Mehnert, Humboldt-Universität Berlin, 1987

6.2 - 3 | B | 30102-000

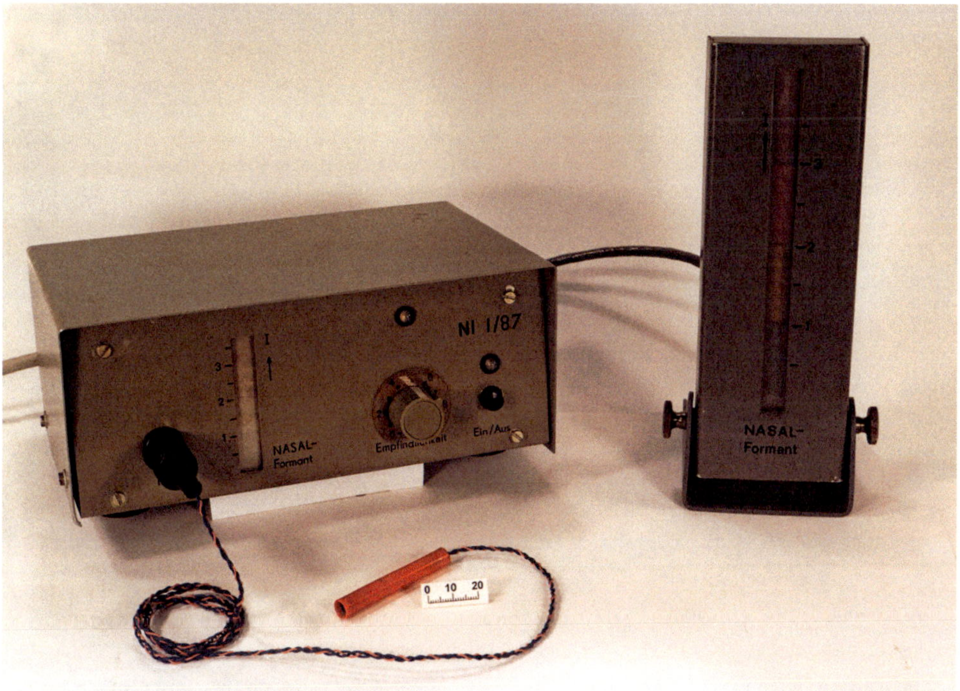

Mit dem abgebildeten Gerät wird die in einem Sprachsignal enthaltene nasale Komponente quantitativ über eine vierstufige Skala angezeigt. Im Deutschen gibt es die drei Nasale [m], [n] und [ng].

Bei der Artikulation dieser Laute ist das Gaumensegel gesenkt und damit der nasale Raum an den oralen akustisch angekoppelt. Bei allen anderen Lauten in der deutschen Sprache sind diese beiden Artikulationsräume durch das gehobene Gaumensegel völlig getrennt.

Nach Operationen im Rachenbereich bzw. bei partiellen Lähmungen des Gaumensegels kann es vorkommen, dass dieser Abschluss nicht mehr vollständig gelingt, d. h. die Sprache enthält ungewollt mehr oder weniger große nasale Anteile.

Um diesen nasalen Anteil ermitteln zu können, werden von einem Körperschall-Mikrofon, das an das Nasenbein leicht angedrückt wird, die Schwingungen des Nasenbeins aufgenommen, verstärkt, frequenzbewertet und gemessen.

Die Fähigkeit des Gaumensegels, den Nasenraum fest vom oralen Raum zu trennen, wird mit dem Begriff Durchschlag beschrieben. (Fester Verschluss: Durchschlag Null; teilweise bzw. gar kein Verschluss: Durchschlag Eins bis Drei.)

Diese Skalierung lässt sich am Anzeigegerät ablesen. Eingesetzt wurde dieses Gerät bei der rehabilitativen Betreuung von Sprachbehinderten.

Lit.: Trenschel, W.: Das Phänomen der Nasalität. Schriften zur Phonetik, Sprachwissenschaft und Kommunikationsforschung, 17. Berlin: Akademie-Verlag, 1977, S. 188.

7 – 36 Dynamik-Indikator DI 2/77

D. Mehnert, Humboldt-Universität Berlin; Fa. Rolf Schmidt Elektronik, Groitzsch/ Leipzig, 1977

6.2 – 4 | B | 30103-000, 30384-000, 30385-000

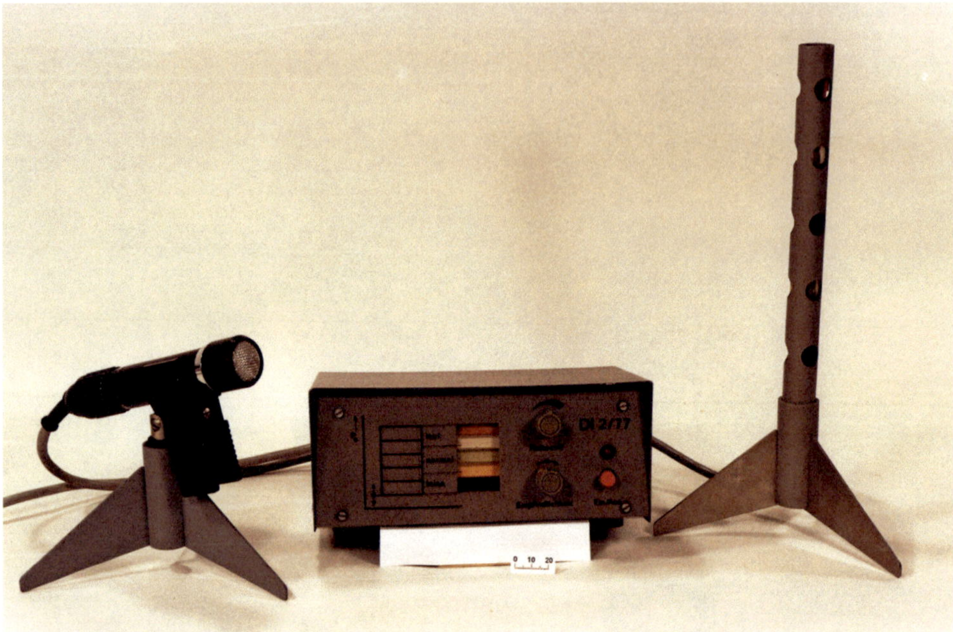

Mit dem abgebildeten Gerät wird der beim Sprechen erzeugte Schalldruckpegel optisch an einem fünfstufigen Lampenfeld angezeigt. Damit ist es für einen Hör- bzw. Sprachbehinderten möglich, einen quantitativen Eindruck über den von ihm erzeugten Schalldruckpegel und dessen zeitlichen Verlauf zu erhalten.

Im Prinzip ist das Gerät ein Schalldruckpegelmesser, der aus einem Mikrofon, Grundgerät und einer zusätzlichen externen Anzeigesäule besteht. Der angezeigte Dynamikbereich umfasst fünf Teile zu 6 dB, d. h. insgesamt 30 dB. Der Bereich kann außerdem noch als Ganzes um ± 6 dB verändert werden. Die fünf angezeigten Schalldruckbereiche sind überlappend den subjektiven Qualitäten leise, normal und laut zugeordnet. Aus pädagogischen Gründen gibt es außerdem die größere Anzeigesäule (rechts im Bild), die parallel zum Anzeigeteil geschaltet ist.

Da die meisten hörbehinderten Kinder die Wirkung ihrer Stimme nicht einzuschätzen vermögen, und deshalb manchmal zu laut, in den meisten Fällen jedoch zu leise, vor allem jedoch dynamisch unausgewogen sprechen, wurde dieser Dynamik-Indikator besonders für den Einsatz in Gehörlosen- und Schwerhörigenschulen, sonderpädagogischen Beratungsstellen sowie zum individuellen Training entwickelt.

Von diesem Gerät sind etwa 500 Exemplare produziert und in den genannten Einrichtungen erfolgreich angewendet worden.

Lit.: Mehnert, D.: Zur Dynamikanzeige von Sprachlauten – Dynamik-Indikatoren für Hörgeschädigte. Nachrichtentechnik/Elektronik, 33 (1983), H. 9, S. 383-385. Mehnert, D.: Zur Dynamik-Indikation von Sprachlauten – Dynamikindikator 2/77 für Hörgeschädigte. Wiss. Zeitschrift der Humboldt-Universität Berlin, Ges.-Sprachwiss. Reihe XXVIII (1979), Nr. 2, S. 203-206. Mehnert, D.: Dynamik-Indikator DI 2/77, Begleitheft und Bedienungsanleitung für Industriegerät, Groitzsch: Rolf Schmidt Elektronik, 1983.

7 – 37 Dynamik-Indikator DI 1/72, Grundgerät

D. Mehnert, Humboldt-Universität Berlin, 1972

6.2 - 4.1 | B | 00000-018

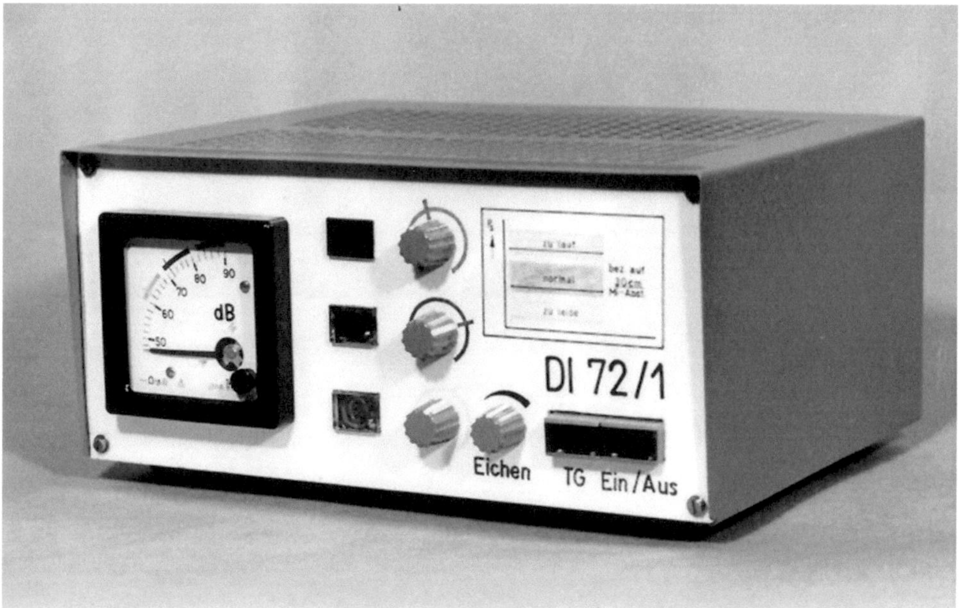

Zur Funktionsweise des Gerätes vgl. 7 - 36 Dynamik-Indikator DI 2/77.

Das hier gezeigte Gerät war ein Entwicklungs- und Erprobungsmuster, um daraus die Forderungen an eine Weiterentwicklung ableiten zu können.

Es enthielt einen Tonfrequenzgenerator zum Kalibrieren und außerdem die Möglichkeiten, innerhalb der drei Intensitätsbereiche zu leise, normal und zu laut die Ansprechschwellen getrennt einzustellen, um das Gerät den Sprechleistungen des jeweiligen Schülers individuell anzupassen.

Bei der schulpraktischen Erprobung zeigte sich jedoch, dass die damit arbeitenden Sonderschullehrer diese Variationsmöglichkeiten nicht für erforderlich hielten. Deshalb ist das Nachfolgegerät einfacher konzipiert worden.

Lit.: Mehnert, D.: Dynamik-Indikator, eine visuelle Hilfe zur Sprachkorrektur Hörgeschädigter. Wiss. Zeitschrift der Humboldt-Universität Berlin, Ges.-Sprachwiss. Reihe XXIII (1974), Nr. 5, S. 611-614.

7 – 38 S-Indikator S. 2/82

D. Mehnert, Humboldt-Universität Berlin; Fa. Rolf Schmidt Elektronik, Groitzsch/Leipzig, 1982

6.2 – 5 | B | 30104-000

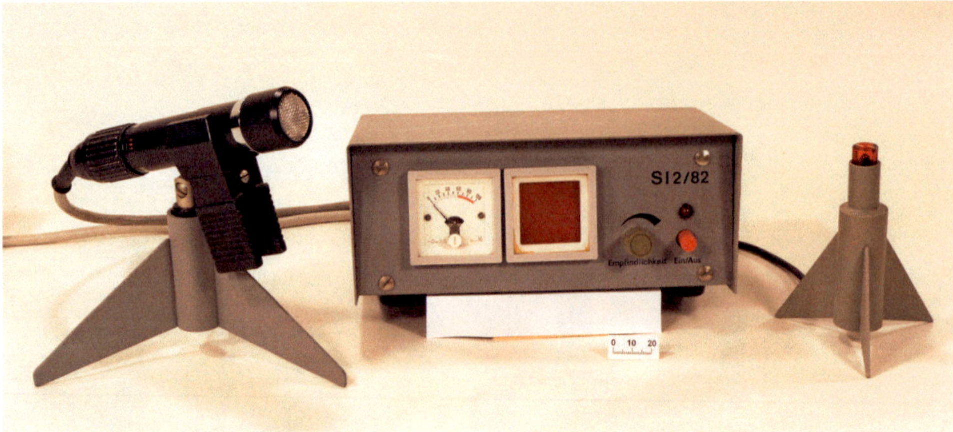

Mit dem abgebildeten Gerät kann optisch die richtige von der fehlerhaften s-Lautbildung unterschieden werden.

Die komplizierte alveolare Hemmstellenbildung (alveole = Zahntasche) im Mundraum, durch die das stimmlose [s] gebildet wird (z. B. in Kuss, Kasten), gehört zu den Lautbildungen, die in der Realisierung die meisten Fehlformen aufzuweisen hat. Diese Fehlformen beziehen sich sowohl auf die Häufigkeit, mit der s-Fehler (Sigmatismen) angetroffen werden, als auch auf die Vielfalt der Möglichkeiten, die zu einer Fehlbildung bei der Aussprache führen können.

Die s-Laute gehören wegen ihrer geringen zulässigen Artikulationsbereite zu den Lauten, die am schwierigsten zu bilden sind. Beim stimmlosen [s] wird unter völligem Abschluss des Nasaltraktes durch das Gaumensegel die Luft im Mundraum durch eine mediale Rille zwischen Zunge und Gaumen scharf gebündelt und auf eine hohe Strömungsgeschwindigkeit beschleunigt, so dass an der Mundöffnung eine turbulente Strömung entsteht. Die spektralen Anteile dieses breitbandigen Signals haben ihr Energiemaximum im Bereich von 6 bis 9 kHz (vgl. hierzu 7 – 16.2 FNA-Spektrogramm vom stimmlosen [s]).

Dieser Indikator ist ein Anzeigegerät für das stimmlose [s]. Er dient zur Kontrolle der Lautanbildung, außerdem zum Üben und Festigen quasistationärer sowie im Kontext gesprochener stimmloser s-Laute. Darüber hinaus ist das Gerät zum Erlernen der richtigen Artikulationsstelle und zum Auffinden der richtigen Artikulationsstelle über Hilfslaute geeignet

Das mittlere quadratische Leuchtfeld am Gerät zeigt durch Aufleuchten die richtige Artikulation des stimmlosen [s] an. Am Zeigerinstrument wird quantitativ angezeigt, wie weit die Annäherung an den s-spezifischen Frequenzbereich erreicht ist.

Der S-Indikator wurde zum Einsatz in Sprachheilschulen, sonderpädagogischen Beratungsstellen und zum individuellen Training sowie zur Lautanbildung in Gehörlosen- und Schwerhörigenschulen entwickelt.

Von diesem Gerät sind etwa 500 Exemplare produziert und in den genannten Einrichtungen angewendet worden.

Lit.: Mehnert, D.: S-Indikator S. 2/82. Begleitheft für Industriegerät, Groitzsch: Rolf Schmidt Elektronik, 1986. Grünwald, F.: Hinweise für einen effektiven Einsatz des S-Indikators bei einer Sigmatikerbehandlung. Beiheft, Institut für Unterrichtsmittel, AdW, Berlin 1982, S. 1-7. Weinert, H.; Die Bekämpfung von Sprechfehlern. 9. Aufl. Berlin: Volk und Gesundheit, 1982. Krech, H.; Krech, E.-M.: Die Behandlung gestörter S-Laute. Berlin: Volk und Gesundheit, 1969.

7–39 S-Indikator

AB Special Instrument, Stockholm, Schweden

6.2 - 13 | H | 30259-000

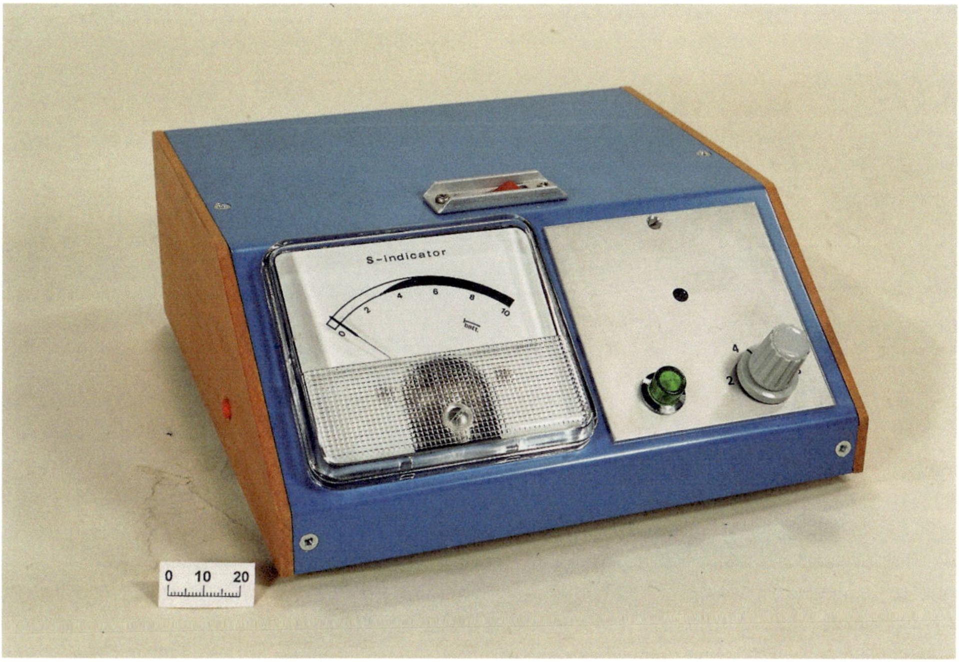

Mit diesem Gerät kann am Anzeigeinstrument und an einer Kontroll-Lampe die richtige von der fehlerhaften S-Lautbildung unterschieden werden.

Die komplizierte alveolare Hemmstellenbildung im Mundraum, durch die das stimmlose [s] gebildet wird, gehört zu den Lautbildungen, die in der Realisierung die meisten Fehlformen aufzuweisen hat. Diese Fehlformen beziehen sich sowohl auf die Häufigkeit, mit der s-Fehler (Sigmatismen) angetroffen werden, als auch auf die Vielfalt der Möglichkeiten, die zu einer Fehlbildung führen können.

Die s-Laute gehören wegen ihrer geringen zulässigen Artikulationsbreite zu den Lauten, die am schwierigsten zu bilden sind. Beim stimmlosen [s] wird unter völligem Abschluss des Nasaltraktes durch das Gaumensegel die Luft im Mundraum durch eine mediale Rille zwischen Zunge und Gaumen scharf gebündelt und auf eine hohe Strömungsgeschwindigkeit beschleunigt, so dass an der Mundöffnung eine turbulente Strömung entsteht.

Das Mikrofon befindet sich unter der Mitte des Bedienfeldes. Die grüne Kontroll-Lampe leuchtet bei richtiger Artikulation des stimmlosen [s] auf. Am Zeigerinstrument wird quantitativ angezeigt, wie weit die Annäherung an das s-spezifische Frequenzband (6 bis 9 kHz) gelungen ist.

Der S-Indikator wurde in Sprachheilschulen, Gehörlosen- und Schwerhörigenschulen zum individuellen Training eingesetzt

Lit.: Hoffmann, A.: Der S-Laut, der schwierigste Konsonant in unserer Muttersprache. Die Stimme, 21 (1927), H. 9, S. 194-201.

7 – 40 Grundfrequenz-Indikator (f_0-Indikator)

AB Special Instrument, Stockholm

6.2 - 14 | B | 30369-000

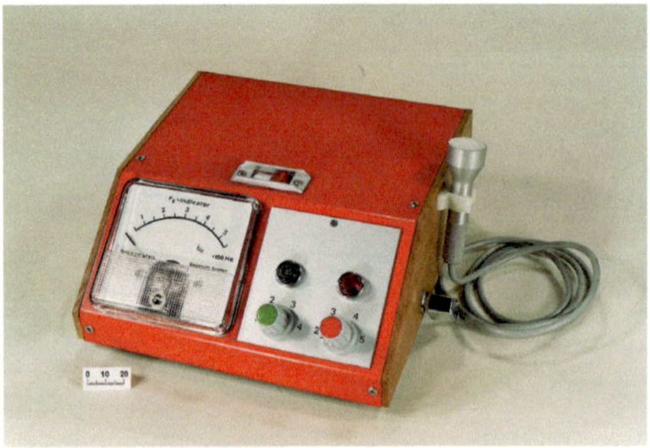

Mit dem Gerät lässt sich die beim Sprechen erzeugte Stimmton-Grundfrequenz messen und an einem Zeigerinstrument (im Bereich zwischen etwa 100 und 500 Hz) ablesen.

Im Bedienfeld ist mit dem linken Potentiometer (grün) die Grenzfrequenz eines Tiefpasses zwischen 100 und 400 Hz und mit dem rechten Potentiometer (rot) die Grenzfrequenz eines Hochpasses zwischen 200 und 500 Hz einstellbar. Das Körperschall-Mikrofon wird bei der Messung seitlich leicht an den Kehlkopf angedrückt.

Der Rehabilitations-Pädagoge kann zunächst während des Sprechens den Grundfrequenzbereich des Probanden ermitteln, der am Zeigerinstrument abgelesen wird.

Das rehabilitationspädagogische Ziel besteht darin, einen Probanden mit einer zu hohen Tonlage durch intensive Sprechübungen in einen Bereich zu führen, der der normalen Tonlage nahe kommt. Dazu kann der Pädagoge die untere und die obere Grenze des Frequenzbereiches an den beiden Potentiometern einstellen.

Die grüne Signallampe leuchtet dann auf, wenn der Sprecher die untere Frequenzgrenze erreicht. Die rote Signallampe zeigt entsprechend das Erreichen der oberen Frequenzgrenze an.

Einzelheiten zum Prinzip und zur Anwendung sind unter 7 - 34 zu finden.

7 – 41 Nasal-Indikator (N-Indikator)

AB Special Instrument, Stockholm

6.2 - 15 | B | 30370-000

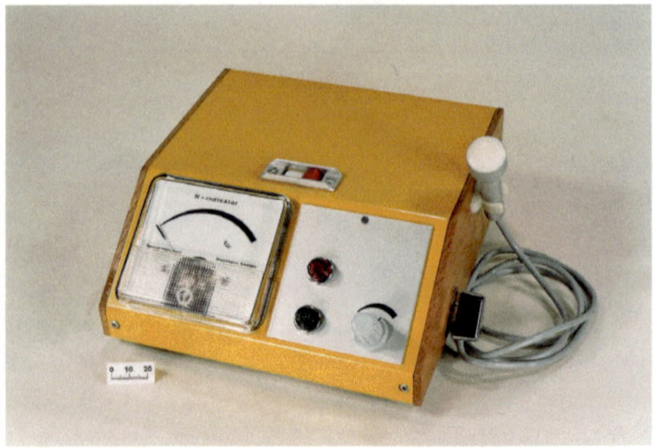

Mit dem Gerät lässt sich die in einem Sprachsignal enthaltene Intensität der nasalen Komponente über ein Körperschall-Mikrofon, das leicht an das Nasenbein angedrückt wird, aufnehmen, verstärken und an einem Zeigerinstrument anzeigen. Die Anfangsempfindlichkeit ist mit einem Potentiometer einstellbar.

Der Rehabilitations-Pädagoge zeigt dem Probanden zunächst an ausgesuchten Vokal-Konsonant-Voka -Lautverbindungen (z. B. o-m-a und o-p-a) das Prinzip des Indikators.

Beim Nasal [m] gibt es die erwartete Komponente, das Instrument zeigt einen merklichen Ausschlag und die grüne Signallampe leuchtet auf.

Eine Übersteuerung des Verstärkers wird durch sie rote Signallampe angezeigt.

Einzelheiten zur Anwendung sind unter 7 - 35 zu finden.

7–42 Sprachverzögerer SHT 1/71, Grundgerät

D. Mehnert, Humboldt-Universität Berlin, 1971

6.2 – 6 | B | 30105-001

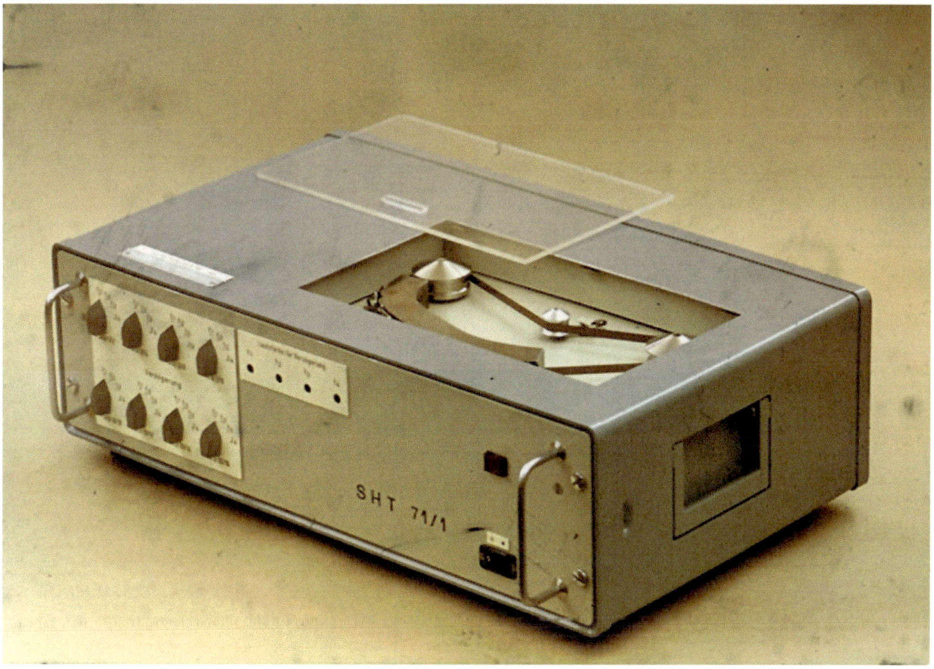

Beim Sprechen ist die akustische Rückkopplung der Sprache von den Lippen zu den Ohren des Sprechers eine wesentliche Voraussetzung für das Erlernen der Muttersprache und für den Aufbau des internen Sprachspeichers.

Wenn dieser Rückkopplungsweg gestört ist, z. B. durch Schwerhörigkeit oder Gehörlosigkeit, kommt es zu den bekannten Schwierigkeiten bei Erlernen der Sprache. Wird diese Rückkopplung gezielt unterbrochen, oder durch Hinzufügen einer Störgröße beeinflusst, dann wird der Sprechvorgang erheblich beeinträchtigt.

Wenn man bei einem Normalhörenden über dicht an den Ohren anliegende Hörer dessen in ein Mikrofon gesprochene Äußerung zeitverzögert rückkoppelt, hört er sich selbst verzögert.

Das führt dann bei Verzögerungszeiten ab etwa 100 ms zu erheblichen Störungen des Redeflusses bis hin zur kommunikativen Hilflosigkeit.

Dieser von B. LEE 1950 beschriebene Effekt tritt erst nach Überschreiten eines bestimmten Schalldruckpegels am Ohr des Hörers auf.

Das Bemerkenswerte daran ist, dass dieser so genannte LEE-Effekt bei Stotterern nicht zu den beschriebenen Störungen führt, sondern im Gegenteil sogar als Hilfsmittel zum Erlernen von angenähert normal gesprochener Sprache eingesetzt werden kann.

Der Proband wird durch die verzögerte Rückkopplung zunächst zu bewusst erhöhter Kontrolle seiner eigenen Sprechweise veranlasst. Durch ein gezieltes rehabilitationspädagogisches Training gelingt es ihm, neue Sprechbewegungsabläufe zu erlernen und zu festigen.

Für derartige Trainingsabläufe im Einzel- oder Gruppenunterricht ist das gezeigte Gerät konzipiert und mehrere Jahre lang erfolgreich praktisch erprobt worden.

Das Prinzip der Speicherung des Gesprochenen und der anschließenden verzögerten Wiedergabe über Telefonhörer (Gruppenunterricht) bzw. über eine Hör-Sprechgarnitur (Einzelunterricht) wird mit einer umlaufenden Tonband-Endlos-Schleife verwirklicht.

Es ließen sich am Gerät Verzögerungszeiten von 80 ms, 120 ms, 150 ms und 300 ms wahlweise an einem Drehschalter einstellen; insgesamt konnten acht Schülerplätze mit je einem Telefon-Handapparat (vgl. 7 - 42.3) angeschlossen werden. Für jede der vier Verzögerungszeiten konnte der Wiedergabe-Schalldruckpegel mit Schlitz-Potentiometern eingestellt werden.

Das Unterrichtsgespräch zwischen Lehrer und Sprachheilschüler wird von Seiten des Schülers ausschließlich über den Telefon-Handapparat geführt. Sobald er den Hörer abgenommen hat, ist sein Platz an das Gerät und damit in die Verzögerungsschleife eingeschaltet.

Lit.: Lee, B.: Effects of delayed speech feedback. Journal of Acoustical Society of America, 22 (1950), S. 824-826. Kollack, B.: Einsatz des Logophons in der Sprachheilschule. Die Sonderschule, 23 (1978), H. 2-3, S. 113-120 und S. 150-157. Jänke, L.: Die Bedeutung der auditiven Rückmeldung des eigenen Sprechens für die Sprechkontrolle. Sprache-Stimme-Gehör. Zeitschrift für Kommunikationsstörungen, 16 (1992), S. 17-21.

7 – 42.1 Detail: Bandführung

6.2 - 6.1 | B | 30105-002

Auf der Oberseite des Gehäuses ist eine U-förmige Schiene als Hilfsmittel zum Herstellen der Bandschleifen mit Hinterklebeband angebracht.

7 – 42.2 Grundgerät mit Hör-Sprechgarnitur

6.2 - 6.2 | B | 30105-003

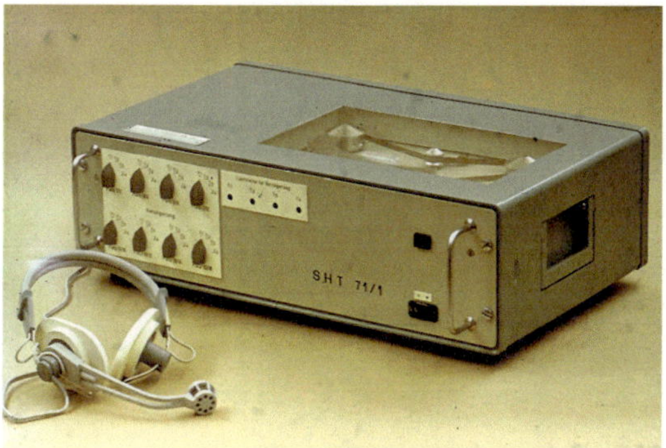

Im Bild ist das Grundgerät des Sprachverzögeres mit einer Hör-Sprechgarnitur für den Einzelunterricht zu sehen.

7 – 42.3 Telefon-Handapparat für den Schülerplatz

6.2 - 6.3 | B | 30105-004

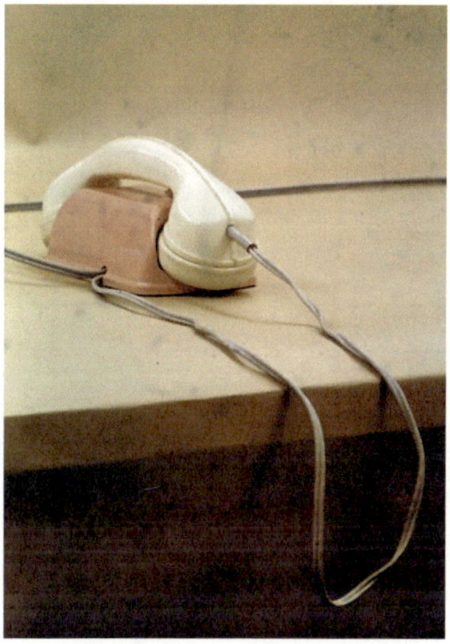

Das Bild zeigt den auf die Mitte des Schülertisches (für zwei Schüler) montierten Telefon-Handapparat für den Gruppenunterricht.

7 – 43 Sprachverzögerungsgerät „Phonetic-Mirror"

Fa. H.C. Electronics Inc., Tiburon Calif. USA

6.2 - 10 | H | 30258-000

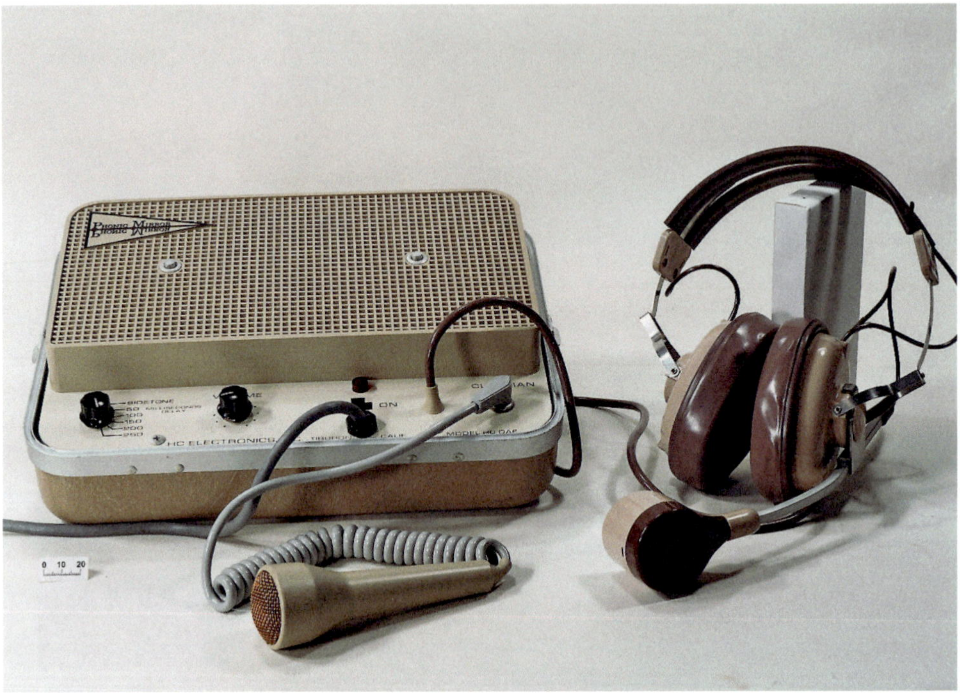

Zur akustischen Rückkopplung und zum sog. LEE-Effekt vgl. 7 - 4.2.

Das hier gezeigte Gerät ist für den Einzelunterricht konzipiert. Das Prinzip der Speicherung des gesprochenen Textes und die anschließende verzögerte Wiedergabe über Kopfhörer werden mit einer umlaufenden Tonband-Endlosschleife erreicht. Es lassen sich Verzögerungszeiten von 50, 100, 150, 200 und 250 ms einstellen. Der Rehabilitationspädagoge kann seine Instruktionen dem Probanden direkt (unverzögert) über das Hand-Mikrofon mitteilen. Der Proband trägt die Hör-Sprechgarnitur, spricht in sein Mikrofon und hört sich entsprechend verzögert über die Kopfhörer. Der angebotene verzögerte Schalldruckpegel ist einstellbar.

Lit.: Lee, B.: Effects of delayed speech feedback. Journal of the Acoustic Society of America, 22 (1950), S. 824-826. Nessel, E.: Die verzögerte Sprachrückkopplung (Lee-Effekt) bei Stotterern. Folia Phoniatrica, 10 (1958), S. 199-204. Soderberg, G.: Delayed auditory feedback and the speech of stutterers: A review of studies. Journ. Speech Hearing Disorders, 34 (1969), No. 1, S. 20-29. Perkins, W. H.; Curlee, R. F.: Conversational rate control therapie for stuttering. Journ. Speech Hearing Disorders, 34 (1969), No. 3, S. 245-250.

7 – 43.1 Detail: Bandführung

6.2 - 10.1 | H | 30258-001

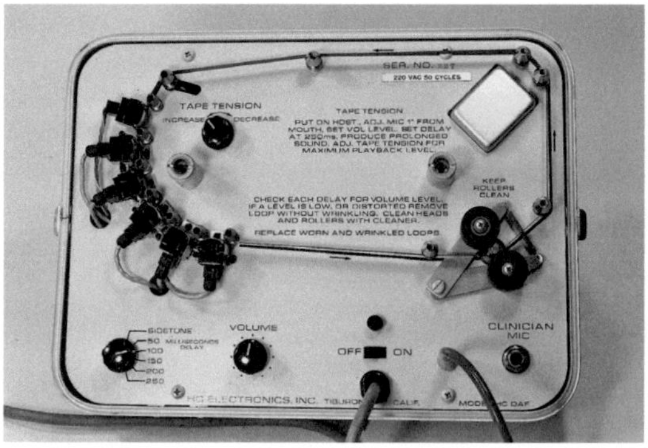

Das Bild zeigt die endlose Bandschleife, die Tonrolle mit der Andruckrolle, links oben den Lösch/Aufsprechkopf und darunter die fünf Wiedergabeköpfe.

7 – 44 Tonkartengerät „Language-Master"

Bell & Howell, Chicago, USA, um 1962

6.2 – 11 | H | 30256-000,30366-000,30367-000

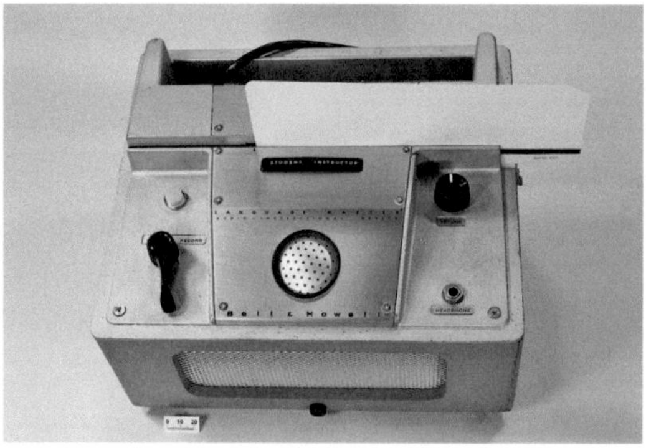

Bei dieser Einrichtung handelt es sich um ein akustisch-visuelles Lehr- und Übungsgerät für die Behandlung von Sprech- und Sprachstörungen, für phonetische Artikulationsübungen sowie für Sprach- und Hörtherapien.

Außerdem lässt es sich einsetzen für Ausspracheübungen beim Erlernen von Fremdsprachen.

Kurze Sprachproben sind auf so genannten Tonkarten gespeichert, die mit dem Gerät abgespielt und im Lautsprecher oder Kopfhörer hörbar gemacht werden können. Die Speicherung der Sprachprobe erfolgt auf einem 23 cm langen Magnet-Tonband, das an der Unterkante eines Kartonstreifens aufgeklebt ist. Die Karte lässt sich in einen Schlitz einführen und wird von einer Antriebsrolle am Aufnahme- und Wiedergabekopf vorbeigezogen. Es gibt auf dem Tonband je eine Lehrer- und eine Schülerspur.

Dem Lernenden wird die Spracheinheit als Muster angeboten, er soll es nachsprechen und durch häufiges Wiederholen mögliche eigene Aussprachefehler korrigieren. Sein eigenes Sprechen kann mit dem eingebauten Mikrofon ebenfalls aufgenommen werden und dient dem Vergleich und der Auswertung.

Auf der Karte gibt es genügend Platz für z. B. das Schriftbild des Textes oder auch für bildliche Darstellungen und Handlungsbeschreibungen.

Lit.: Ruge, H.: Sprachtherapie mit dem Language-Master. Zeitschrift für Heilpädagogik, 17 (1966), H. 3, S. 110-115. Betriebsanleitung für Bell & Howell Language-Master.

7 – 45 2-S-Trainer Tonkartengerät

Lindskov Hansen, Gentofte, Dänemark, um 1970

6.2 – 12 | H | 30257-000

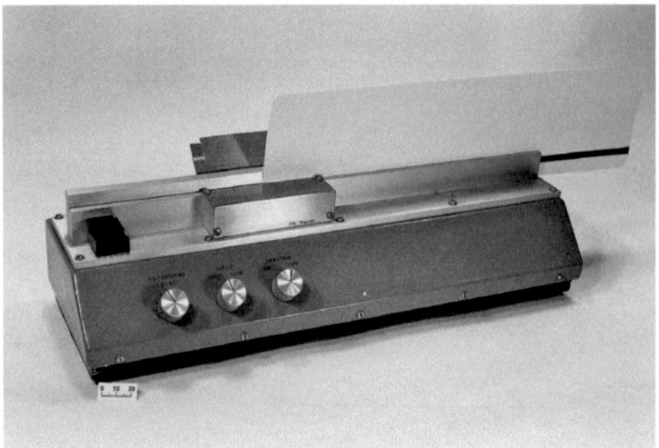

Das Prinzip dieses Gerätes ist vergleichbar mit dem des Language-Masters (7 – 44).

Der Führungsschlitz für die Tonkarten ist jedoch länger, so dass über 50 cm lange Tonbandstreifen benutzt werden können. Dadurch kann man längere Wortfolgen oder ganze Sätze aufnehmen und wiedergeben.

Das Gerät eignet sich besonders für das Einüben und Wiederholen von Satzmustern sowie von Abläufen der Intonation, der Dynamik und des Rhythmus.

Die elektroakustischen Daten (Frequenzgang, Störabstand ...) sind gegenüber dem Language-Master verbessert worden.

Lit.: Neppert, J.: Der 2-S-Trainer – eine Weiterentwicklung des Language-Masters und seine Verwendbarkeit in Hör- und Sprachgeschädigtenschulen. Hörgeschädigtenpädagogik, 25 (1971), S. 43-52.

Kapitel 8

Sonstiges
Optische Geräte/Hilfsmittel

Zur Standardausrüstung des Experimental-Phonetikers gehörten weiterhin optische Geräte, wie Mikroskope, Stereo-Bildbetrachter, Lupenbrillen und Stirnspiegel.

8–1 Lupenbrille

Carl Zeiss Jena, 1924

7.1 – 2 | H | 30220-000

Für experimentelle Arbeiten im Nahbereich ist es vielfach erforderlich, das Arbeitsfeld vergrößert und beidäugig wahrzunehmen. Die hier gezeigte Lupenbrille mit zweifacher Vergrößerung erfüllt diese Forderungen.

In einem stabilen Metallgestell sind zwei mehrlinsige Lupensysteme so angeordnet, dass sie direkt vor den Augen benutzt werden. Zur Anpassung an den Augenabstand des Benutzers dienen zwei Justierschrauben. Eine weitere senkrecht angeordnete Justierschraube (links im Bild) erlaubt es, die Neigung des Brillengestells so zu verändern, dass die Achsen beider Lupen in die Sehrichtung (Blicklinien der beiden Augen) gelenkt werden kann.

Im Bild erkennt man außerdem, dass die Achsen der beiden Lupen so zueinander geneigt sind, dass der Arbeitsgegenstand im Arbeitsabstand von etwa 30 cm scharf gesehen und nicht als Doppelbild gesehen wird.

Lit.: Mütze, K. (Hrsg.): Brockhaus ABC der Optik. Leipzig: F. A. Brockhaus, 1961, S. 442 u. 514.

8–2 Lupenbrille

Hamburg, 1919

7.1 – 18 | H | 30228-000

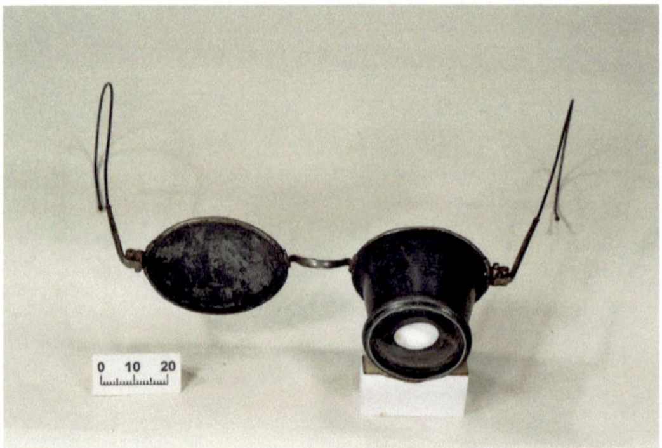

Für Beobachtungen und Manipulationen im Nahbereich benutzt man Lupen.

Um beidäugig arbeiten zu können, wird die Lupe für das eine Auge in einem Brillengestell gefasst; das andere Auge wird mit einer schwarzen, leichten Maske abgedeckt.

Die Lupe hat etwa eine zweifache Vergrößerung.

8–3 Mikroskop mit spezieller Objekt-Auflage

E. Leitz, Wetzlar, 1915

7.1 - 9 | H | 30248-000, 7.1 - 9.1 | H | 30373-000, 7.1 - 9.2 | H | 30374-000

In der experimentellen Phonetik war es häufig notwendig, auf Walzen aufgezeichnete Schallereignisse direkt am Tonträger auszuwerten. Man bezeichnete die mit dem Schall modulierte Rille auf der Walze als Glyphe (Spur der Aufzeichnung). Zu deren Auswertung war es notwendig, sowohl Präzisions-Längenmessverfahren als auch Mikroskope zur Ausmessung einzusetzen.

Bevor die EDISON-Phonographen-Walze zur Lautaufzeichnung angewendet wurde, gab es bereits von LIORET (Paris, um 1893) Metallwalzen mit einem Mantel aus Zelluloid, in die der Schall direkt als Tiefenschrift geritzt wurde. Derartige Tonträger (LIORET-Zylinder) legte man auf die speziell dazu angefertigte hölzerne Auflage und konnte damit dann Glyphen betrachten und ausmessen.

Das Messokular des Mikroskops ist mit einer Mikrometer-Skala ausgestattet.

8–4 Binokular-Mikroskop

Carl Zeiss Jena, 1917

7.1 - 11 | H | 30221-000

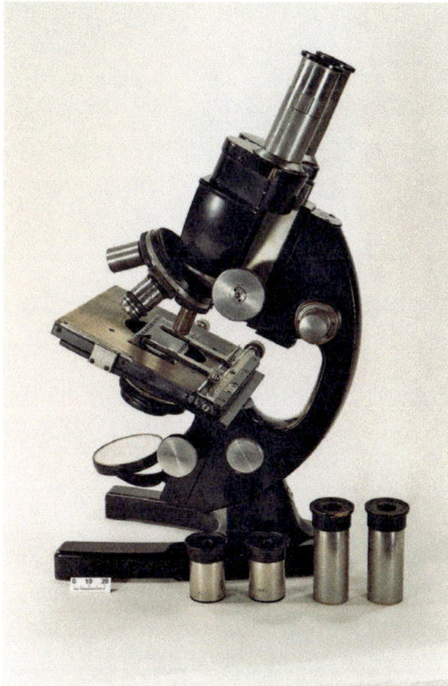

Das hier gezeigte Forschungsmikroskop ist mit einem Objektivrevolver ausgerüstet, in den verschiedene Objektive mit 8-, 20-, 40, und 90-facher Vergrößerung eingeschraubt sind.

Für die beidäugige Betrachtung wird das vom Objektiv kommende Licht in zwei Teile aufgespaltet, die je einem Okular zugeführt werden. Es stehen drei Okularpaare mit unterschiedlichen Vergrößerungen zur Verfügung: 5-fach, 10-fach und 15-fach.

Am Stativ erkennt man die Stellräder für den Grob- und Feintrieb zur Scharfeinstellung des Tubusträgers. Der Objektträger ist ein Kreuztisch, an dessen beiden Stelltrieben die Tischplatte in zwei Achsenrichtungen verschoben werden kann. Beide Stelltriebe haben Skalen für die Ablesung der Koordinaten.

Unter dem Objekttisch ist der Beleuchtungsapparat angebracht, der aus dem schwenkbaren Beleuchtungsspiegel und dem (hier nicht vollständig sichtbaren) Kondensor besteht.

Lit.: Mütze, K. (Hrsg.): Brockhaus ABC der Optik. Leipzig: F.A. Brockhaus, 1961, S. 540 ff, 575 ff, 563 ff, 569 ff.

8–5 Stereo-Mikroskop

Carl Zeiss Jena, 1915

7.1 - 19 | H | 30229-000

Mit dem hier gezeigten Mikroskop können mikroskopische Objekte direkt räumlich gesehen oder fotografiert werden. Der abgebildete Aufbau dient zur Beobachtung im Auflicht.

Das Gerät besteht aus zwei gegeneinander (in einem Winkel von 14° bis 16°) geneigte Mikroskope. Dieser Winkel entspricht dem Konvergenz-Grenzwinkel der Augenachsen beim Betrachten eines Gegenstandes aus der (Lese-) Entfernung von 250 mm.

Im Tubus sind zwei Umkehrprismen angeordnet, so dass das Bild in der gleichen Lage wie das Objekt gesehen wird. Das ist deshalb nötig, um ein tiefenrichtiges (orthoskopisches) Bild zu erhalten und weil außerdem ein solches Mikroskop häufig dazu benutzt wird, um Manipulationen und Präparationen vornehmen und beobachten zu können.

Es gibt drei austauschbare Objektivpaare mit unterschiedlichen Brennweiten (vgl. 8 – 5.1). Die auswechselbaren Okularpaare haben zweifache und vierfache Vergrößerung. Der Augenabstand ist einstellbar.

Lit.: Mütze, K. (Hrsg.): Brockhaus ABC der Optik. Leipzig: F.A. Brockhaus, 1961, S. 846.

8–5.1 Stereo-Mikroskop mit Durchlichteinrichtung

7.1 - 19.1 | H | 30229-001

In der hier abgebildeten Anordnung ist das Mikroskop mit dem Objekttisch und einem einfachen Beleuchtungsapparat (nur ein Hohlspiegel) ausgestattet.

Beiderseits des Objekttisches sind zwei abgewinkelte Holzbrettchen so angefügt, dass sie als Auflage für die Handgelenke und Unterarme dienen und damit eine ruhige Arbeitsweise beim Präparieren und Manipulieren ermöglichen.

Außerdem zeigt das Bild von links zwei weitere Objektivpaare und ein Okularpaar mit

zweifacher Vergrößerung; im Instrument sind die Okulare mit vierfacher Vergrößerung eingesetzt.

8–6 Stereo-Bildbetrachter

7.1 – 12 | H | 30222-000

Zur Betrachtung stereoskopischer Bildpaare, die aus zwei Halbbildern bestehen, dient im einfachsten Fall ein solches Gerät

Die Halbbilder werden mit zwei Linsen betrachtet, deren Abstand mit dem durchschnittlichen Augenabstand von 65 mm übereinstimmt. Das Bildpaar steht senkrecht in einem einfachen oben offenen Holzrahmen. Dessen Abstand von dem Linsenpaar ist zur Scharfeinstellung veränderbar.

Lit.: Mütze, K. (Hrsg.): Brockhaus ABC der Optik. Leipzig: F.A. Brockhaus, 1961, S. 850.

8–7 Stereoskop

Carl Zeiss Jena, 1919

7.1 - 13 | H | 30223-000

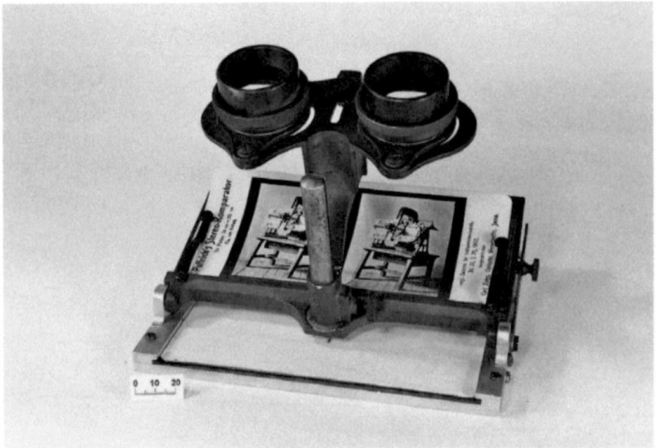

Das abgebildete Gerät gestattet es, zwei getrennt dargebotene stereoskopische Halbbilder zu betrachten und dabei einen räumlichen Eindruck des Bildinhaltes zu gewinnen.

Mit zwei Betrachtungslinsensystemen, die im (einstellbaren) Augenabstand angeordnet sind, werden zwei Halbbilder betrachtet, die genügend klein sind, so dass die Basisbreite dieses Bildpaares mit dem Augenabstand übereinstimmt. Die beiden Linsensysteme sind an einer Haltevorrichtung befestigt, die an der Stativsäule in ihrer Höhe zur Fokussierung verstellt werden kann.

Neben den außerordentlich vielseitigen Anwendungsmöglichkeiten in der Wissenschaft sind derartige Geräte auch in der phonetischen Forschung erfolgreich verwendet worden. J. HEGENER (Hamburg) beschreibt bereits 1920, dass er die Stimmlippen mit einer stereoskopischen großformatigen Spiegelreflex-Kamera (Objektiv-Brennweite = 135 mm) aus einem Objektabstand von etwa 400 mm aufgenommen hat. Bei der Betrachtung und Auswertung derartiger Stereobilder (mit einem anderen Stereoskop) konnte er erstmalig Hebungen der Stimmlippen und geometrische Größen des Kehlkopfes messen.

Lit.: Hegener, J.: Stereoskopie und Stereophotographie des Larynx und des Ansatzrohres in ihrer Bewegung. VOX (1920), H. 5/6, S. 109-113. Mütze, K. (Hrsg.): Brockhaus ABC der Optik. Leipzig: F. A. Brockhaus, 1961, S. 854 ff u. 848 ff.

8–7.1 Stereoskop mit angesetztem Stereo-Mikrometer

7.1 - 13.1 | H | 30223-001

Um aus stereoskopischen Bildpaaren auch quantitative Aussagen zu erhalten, ist es möglich, mit geeigneten Auswertegeräten die drei räumlichen Koordinaten (x, y, z) des aufgenommenen Objektes zu ermitteln. Auf der Ebene des Stereobildpaares sind zwei verschiebbare Metallstreifen mit Maßmarken (zeigerähnliche Spitzen) in einer Vorrichtung angeordnet, die es gestattet, diese Messmarken an jeder beliebigen Stelle des Bildes zu positionieren. Durch Verschmelzung dieser beiden photogrammetrischen Messmarken, von denen jede einen der beiden Bilder des auszuwertenden Bildpaares zugeordnet ist, entsteht im beidäugiger Seheindruck eine so genannte Raummarke. Verändert man durch Drehen an der oben rechts erkennbaren Rändel-Stellschraube den Abstand der beiden Messmarken, dann bewegt sich die Raummarke in der Tiefenrichtung vom Betrachter aus gesehen. Aus der an der Mikrometerskala ablesbaren Verschiebung, dem Basisabstand der Bildpaare und der Brennweite der Aufnahme-Objektive, lässt sich die vertikale Koordinate (z-Achse) ermitteln. Von dieser Methode machte man in der phonetischen Forschung Gebrauch, um die Kehlkopf- und Stimmlippenbewegungen auszumessen und zu dokumentieren.

Lit.: Mütze, K. (Hrsg.): Brockhaus ABC der Optik. Leipzig: F. A. Brockhaus, 1961, S. 646-647.

8–8 Stereo-Mikrometer als Zusatzgerät zum Stereoskop

Carl Zeiss Jena, 1919

7.1 - 14 | H | 30224-000

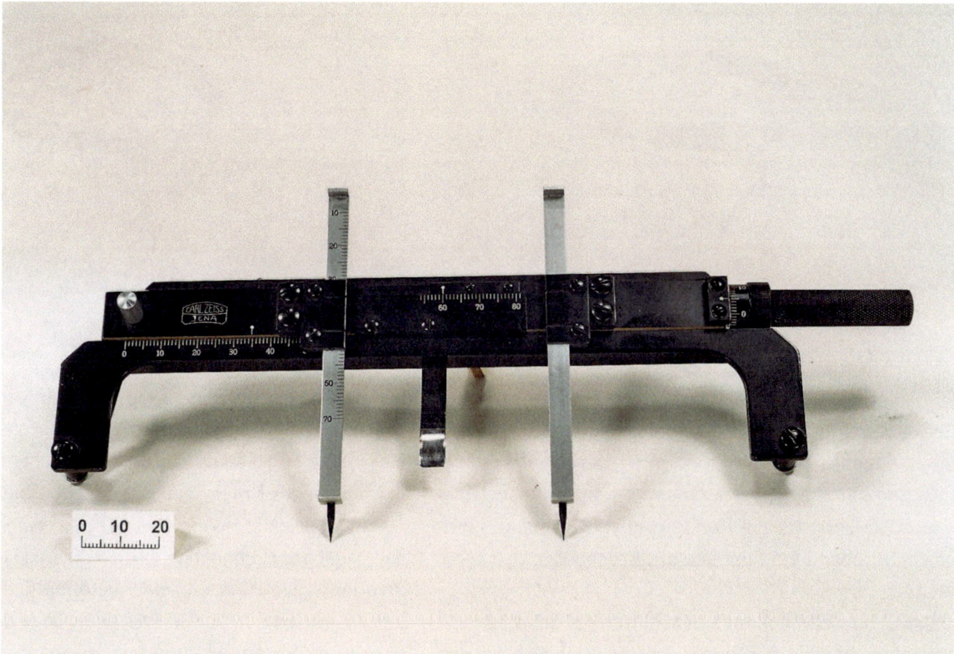

Zum Prinzip des Stereoskops siehe 8 – 7

Die abgebildete Anordnung wird am Stereoskop so befestigt, dass die beiden Messspitzen direkt auf dem Stereo-Bildpaar aufliegen. Der Schlitten mit den beiden Messspitzen lässt sich horizontal verschieben und an die interessierende Stelle im Motiv setzen. Außerdem lassen sich beide Messspitzen getrennt in vertikaler Richtung verschieben.

Mit der Mikrometerschraube (rechts im Bild erkennbar), lässt sich der Abstand zwischen den Messspitzen hochgenau einstellen und messen. Damit ist eine quantitative Bildauswertung möglich, wie in 8 – 7.1 beschrieben.

Lit.: Mütze, K. (Hrsg.): Brockhaus ABC der Optik. Leipzig: F.A. Brockhaus, 1961, S. 646 ff u. 849 ff.

8-9 Stirnspiegel am Stirnband

7.1 - 15 | H | 30225-000

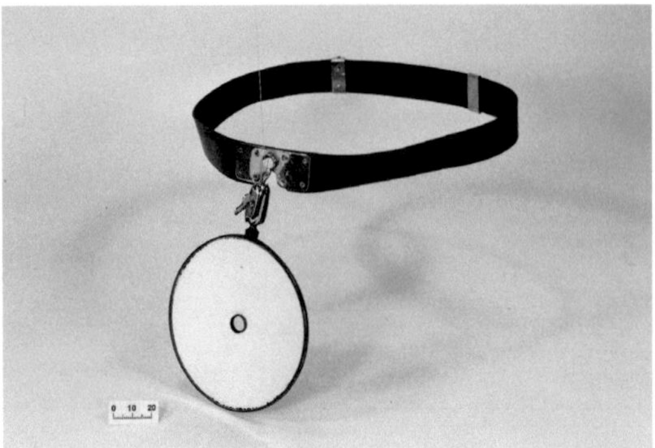

Für laryngoskopische Untersuchungen benötigt man zur Beleuchtung des zu untersuchenden Objektes (Kehlkopf, Stimmlippen) eine Lichtquelle, deren Strahlen dieselbe Richtung haben wie die Blickrichtung des Untersuchenden. Dazu lässt sich ein Hohlspiegel verwenden, der mit einem Stirnband am Kopf des Untersuchenden getragen wird.

Die Lichtquelle befindet sich hinter der Schulter des Patienten, ihr Licht fällt durch den konkaven Hohlspiegel gebündelt auf das Untersuchungsfeld. Der Konkavspiegel hat ein konzentrisch angebrachtes Sichtloch, so dass die Sehachse des Untersuchenden und die Achse des Lichtstrahlenbündels zusammenfallen.

Zwei Kugelgelenke zwischen Stirnband und Spiegel gestatten die optimale Justierung des Stirnspiegels am Kopf des Untersuchenden. Die Brennweite des Konkavspiegels liegt zwischen 150 und 180 mm.

Die Erfindung des in der Mitte durchbohrten Reflektors für die Beleuchtung enger Körperhöhlen geht auf den Arzt E. HOFMANN (1841) zurück.

Lit.: Zarniko, C.: Die Diagnostik der Nasenkrankheiten. In: Handbuch der Hals-, Nasen-, Ohrenheilkunde, Bd. 1. Berlin: Springer u. München: Bergmann, 1925, S. 697-703.

8-10 Stirnspiegel mit beidäugigen Einblicksöffnungen

7.1 - 16 | H | 30226-000

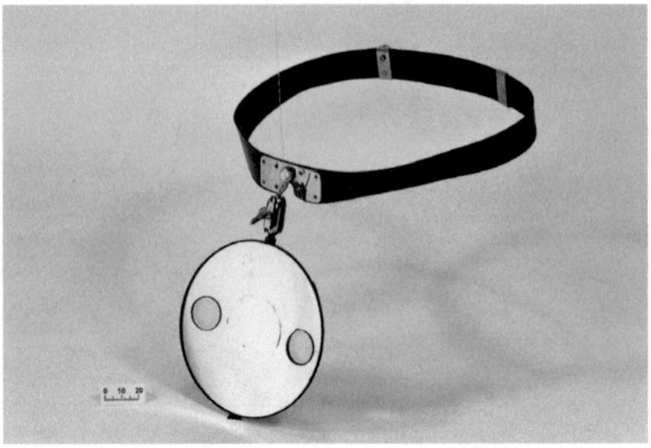

Für die binokulare Laryngoskopie wird ein konkaver Hohlspiegel mit zwei Durchblicksöffnungen im Augenabstand eingesetzt. Er gestattet es dem Untersuchenden, mit beiden Augen das Untersuchungsfeld zu betrachten.

Dieser spezielle Hohlspiegel geht auf eine Empfehlung des Hamburger Phonetikers G. PACONCELLI-CALZIA aus dem Jahr 1925 zurück. In einer Veröffentlichung weist er auf die Vorteile dieses Gerätes gegenüber den bis dahin bekannten Stirnreflektoren mit angebauter Lichtquelle hin.

Vgl. 8 - 11, Stirnspiegel mit Lichtquelle nach CLAR.

Lit.: Panconcelli-Calzia, G.: Eine einfache binokulare Laryngoskopie und Strobolaryngoskopie mit und ohne Vergrößerung. VOX (1925 u. 1926), H. 6, S. 28. Panconcelli-Calzia, G.: Ein binokularer Stirnspiegel. VOX (1925 u. 192), H. 6, S. 34-35. Zarniko, C.: Die Diagnostik der Nasenkrankheiten. In: Handbuch der Hals-, Nasen-, Ohrenheilkunde, Bd. 1. Berlin: Springer u. München: Bergmann, 1925, S. 697-703.

8-11 Stirnspiegel mit Lichtquelle nach CLAR

Krauth & Timmermann, Hamburg, 1960

7.1 - 20 | H | 30230-000

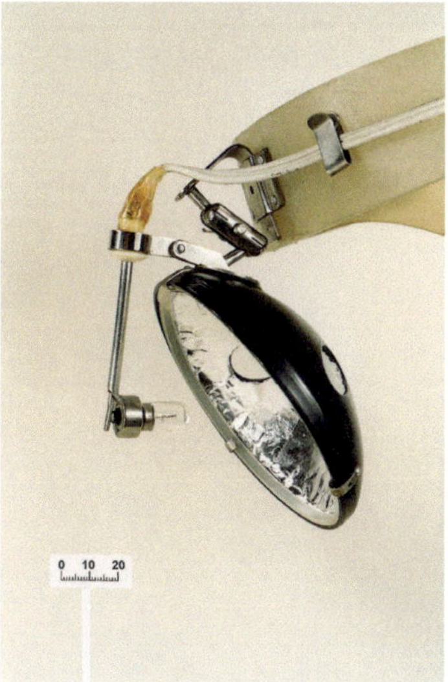

Der hier gezeigte Stirnspiegel mit zwei Durchblicksöffnungen zeichnet sich dadurch aus, dass die Lichtquelle unmittelbar vor dem konkaven Hohlspiegel angebracht ist.

Damit erhält der Untersuchende mehr Bewegungsfreiheit, weil Spiegel und Lichtquelle (Niedervolt-Glühlampe) fest miteinander verbunden sind. Bedingt durch die geringe Entfernung zwischen Hohlspiegel und Glühlampe müssen die Brennweite und damit die Krümmung des Spiegels deutlich kürzer sein, als bei den sonst gebräuchlichen Stirnspiegeln.

8-12 Handspiegel mit Lupenfenster

7.1 - 17 | H | 30227-000

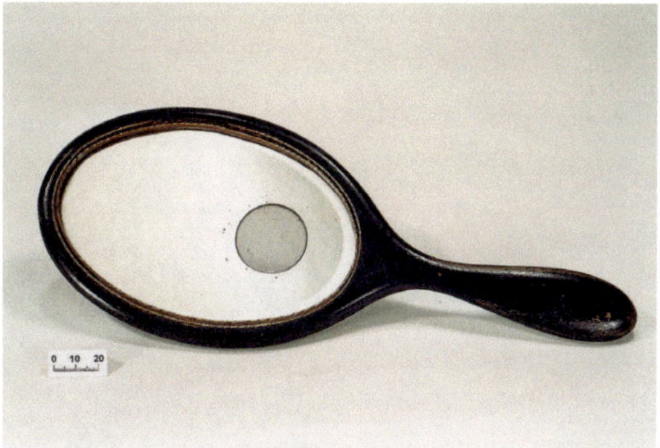

Bei der Behandlung von Patienten mit Sprechstörungen soll der Patient seine Artikulationsbewegungen im Spiegel kontrollieren. Dazu dient der abgebildete Handspiegel.

Der Rehabilitationspädagoge konnte gleichzeitig durch die in den Spiegel eingebaute Lupe die Mundbewegungen des Patienten betrachten.

8–13 Tiefenmesser für Röntgenbilder nach FÜRSTENAU

Radiologie GmbH, Berlin 1915

7.2 - 1 | H | 30244-000

Das abgebildete Gerät ist ein Sammlungsstück, das zur Lösung medizinischer Aufgaben benötigt wurde. Der Gründer und Leiter des Phonetischen Laboratoriums der Universität Hamburg G. PANCONCELLI-CALZIA war Mediziner und hat deshalb zahlreiche derartige Geräte in seinem Institut verwendet.

Der hier gezeigte Tiefenmesser für Röntgenbilder wird eingesetzt, um aus zwei nacheinander aufgenommenen Röntgenaufnahmen, die auf einer Fotoplatte registriert werden, die geometrische Lage eines Fremdkörpers im Körper des Patienten exakt zu ermitteln.

Der zu untersuchende Körperteil liegt auf der Kassette mit der Fotoplatte, senkrecht darüber ist die Röntgenröhre in einem definierten Abstand (60 cm) angeordnet. Auf der Oberfläche des Körperteiles wird senkrecht unter der Röntgenröhre eine Bleimarke positioniert: Nach einer ersten Belichtung wird die Röntgenröhre um eine festgelegte Entfernung (65 mm) horizontal verlagert und eine zweite Belichtung vorgenommen. Auf der entwickelten Röntgenplatte erscheinen zwei getrennte Bilder des Bleikreuzes und des gesuchten Fremdkörpers.

Mit den Tastspitzen des hier gezeigten Tiefenmessers werden die sichtbaren Kanten zunächst vom Bleikreuz und anschließend vom gesuchten Fremdkörper vom Röntgenbild abgenommen. Auf der mit Tiefenlage bezeichneten untersten Skala lässt sich der Abstand des Fremdkörpers von der Fotoplatte (Auflagefläche des untersuchten Körperteiles) in Millimetern ablesen.

In vergleichbarer Weise wird der seitliche Abstand des Fremdkörpers vom Orientierungspunkt (Mitte des Bleikreuzes) auf der Skala seitliche Konstante (zweite von unten) und an der obersten Skala (Zirkelöffnung) der Winkel zwischen Orientierungspunkt und Fremdkörper ermittelt.

Das Verfahren entspricht einer Röntgen-photogrammetrischen Messung (Stereometrie).

Lit.: Fürstenau, R.: Die Fremdkörperlokalisation mittels des Röntgentiefenmessers. Bedienungsanleitung, Berlin 1915. Fürstenau, R.: Über Röntgenstereometrie. Verhandl. der Deutschen Röntgengesellschaft, V (1909). Fürstenau, R.: Über einen neuen Röntgentiefenmesser. Fortschritte auf dem Gebiet der Röntgenstrahlen, 9 (o. J.), H. 4.

8–14 Mechanische Rechenmaschine

Seidel & Naumann, Dresden, 1921

7.2 - 2 | H | 30245-000

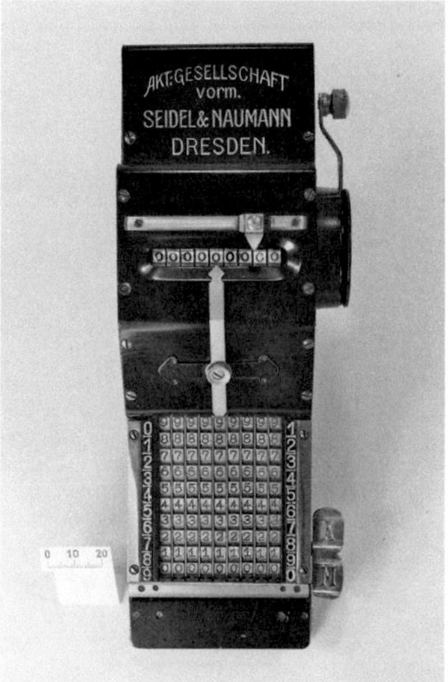

Die abgebildete einfache Rechenmaschine wurde vornehmlich für die Addition von 8-stelligen Zahlen konzipiert. Mit einem spitzen Metallgriffel (Greiferstift) lassen sich die einzelnen Ziffern – beginnend mit den Einern – durch Ziehen der Endlosketten eingeben. Damit wird das Summenlaufwerk (Resultatwerk – obere Reihe) betätigt). Ein Zählergetriebe bewegt deren Übertrag in die jeweils nächste Spalte.

Darüber hinaus ist durch mechanische Umschaltung mit der rechts unten erkennbaren Taste (A – M) auch eine vereinfachte, zeitsparende Multiplikation von mehrstelligen Zahlen möglich.

Zur Orientierung zwischen den Ziffern der Kettenkolonnen (unteres Feld) und den Ziffern des Resultatwerkes dient der verschiebbare senkrechte Verbindungssteg. Über dem Resultatwerk lässt sich ein Kommaschieber bedienen.

Lit.: Gebrauchsanleitung für die Additionsmaschine SuN. Dresden: Seidel & Naumann, 1932.

8–15 Winkelmesser nach MOELTGEN

Schattschneider, Hamburg, 1919

7.2 - 3 | H | 30246-000

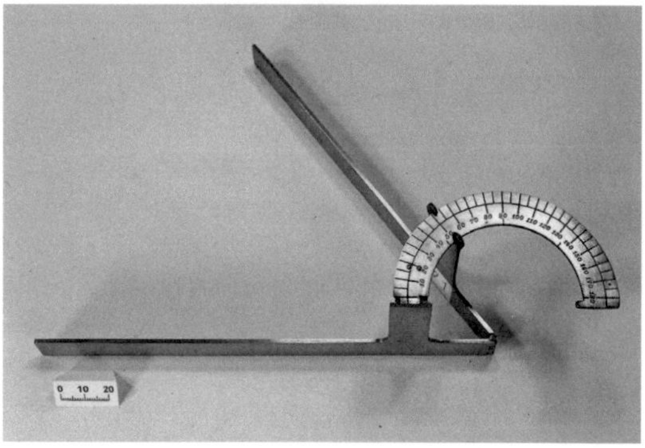

Für Zeichen-, Anreiß-, Mess- und Auswertungsarbeiten eignet sich das hier gezeigte Gerät.

Die Skala mit der Grad-Einteilung ist so angeordnet, dass sie auch bei komplizierten und konstruktiv bedingten ungünstigen Anlegekanten für die beiden Schenkel des Winkelmessers sicher auf dem hochgesetzten Halbkreis abgelesen werden kann.

8–16 Präge-Presse mit Präge-Stempelpaar

7.2 - 14 | H | 30247-000

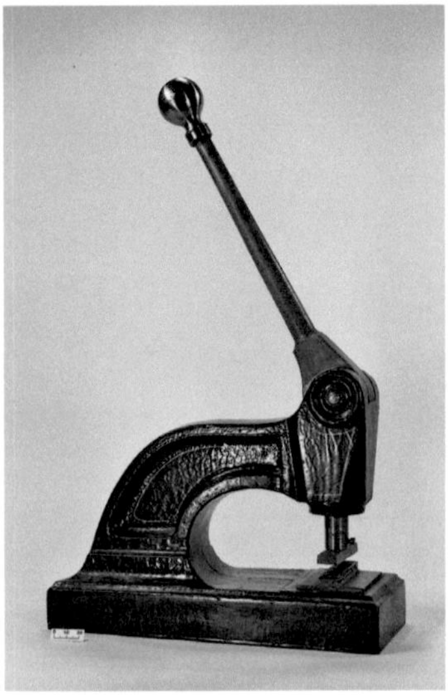

Die abgebildete Exzenter-Hebel-Presse ist für Stanz- und Prägearbeiten benutzbar.

Ursprünglich waren die dazu gehörigen Werkzeuge auswechselbar. Für die Belange des Phonetischen Laboratoriums der Universität Hamburg ist die Presse mit einem festen Präge-Stempelpaar ausgerüstet worden.

Mit diesem Stempel lassen sich sowohl Papiere als auch dünne Materialien (Karton oder Blech) prägen. Anwendungsbeispiele waren Urkunden-Prägungen, Inventarschilder.

8–16.1 Detail: Prägestempel-Text

7.2 - 14.1 | H | 30247-001

Das Bild zeigt den Text, der mit dem Prägestempel auf Zeichenkarton übertragen worden ist

8–17 Doppel-Schreibmaschine

Imperial Typewriter Company Ltd., Leicester, um 1960

7.2 – 15 | H | 30231-000

Für Veröffentlichungen sprachwissenschaftlicher Arbeiten mit phonetischen Themenstellungen ist es notwendig, für die Texte sowohl deutsche (lateinische) Buchstaben als auch Zeichen der phonetischen Umschrift (API) zu verwenden. Die hier gezeigte Doppel-Schreibmaschine ist u. a. für derartige Zwecke ausgelegt.

In einem Grundkörper sind nebeneinander zwei Schreibmaschinen-Einheiten so angeordnet, dass auf den durchlaufenden Gleitschienen der Wagen mit dem eingespannten Papierbogen sowohl in der linken Einheit mit dem normalen deutschen Alphabet beschriftet werden kann als auch in der rechten Schreibeinheit mit dem phonetischen Alphabet.

Der Wagen mit der Gummiwalze für das Schreibpapier kann an jeder beliebigen Stelle des fortlaufenden Textes von der einen zur anderen Einheit wechseln. Damit kann der Benutzer immer genau an jener Stelle die gewünschten phonetischen Schriftzeichen einfügen, wo dafür der normale deutsche Text unterbrochen war.

Die Maschine lässt sich wahlweise mit zwölf unterschiedlichen Schriftzeichen-Varianten und Typographien (u. a. mathematische, griechische, kyrillische Zeichen) ausstatten. Dazu müssen jeweils die gesamte Bestückung des Typenhebel-Korbes und die dazugehörigen Tasten ausgewechselt werden. Der mechanische Antrieb der Doppel-Schreibmaschine erfolgt mit einem Elektromotor.

Lit.: Firmendruckschrift von 1963.

8–17.1 Detail: Tastatur mit Phonetischem Alphabet

7.2 – 15.1 | H | 30231-001

Im Bild ist die in der Maschine rechts angeordnete Tastatur für phonetische Umschrift zu sehen.

8–18 Kugelkopf-Schreibmaschine Modell S. 1000 C

Triumph-Adler

7.2 - 16 | H | 30232-000

Die gezeigte Schreibmaschine ist vermutlich die letzte Konstruktionsvariante der mechanischen und elektromechanisch betriebenen Modelle. Bei den Typenhebel-Maschinen war die maximal erreichbare Schreibgeschwindigkeit begrenzt durch die Massenträgheit und die geometrischen Abmessungen der Typenhebel und deren Antriebsmechanismen. Erfolg versprechend waren deshalb neuartige Antriebe und Schreibmechanismen mit geringeren Abmessungen und kleineren bewegten Massen.

In der hier vorgestellten Schreibmaschine sind die Buchstaben-Typen auf der Oberfläche einer Kugel angeordnet, die sich für die jeweils gedrückte Taste auf den ausgewählten Buchstaben einstellt. Dazu wird die Kugel über Seilzuggetriebe um die vertikale Achse gedreht und außerdem um die horizontale Achse geschwenkt. Die Kompakt-Typenträger (Kugeln) sind für verschiedene Typographien auswechselbar.

Der Typenanschlag blieb so erhalten, wie bei den mechanisch handbetriebenen Schreibmaschinen. Zwischen Papier und Type liegt das Farbband.

Der Benutzer löst mit der Buchstaben-Taste nur die Funktion aus, der gesamte Antrieb erfolgt elektromechanisch.

Lit.: Firmendruckschrift von Triumph-Adler

8–18.1 Detail: Blick auf den Kugelkopf

7.2 - 16.1 | H | 30232-001

Im Bild sind folgende Einzelheiten erkennbar: Der Kugelkopf auf der Antriebswelle, einen Teil der Farbbandkassette und der Papierbogen auf der Gummiwalze.

8–18.2 Detail: Kugelkopf mit griechischem Alphabet

7.2 - 16.2 | H | 30232-002

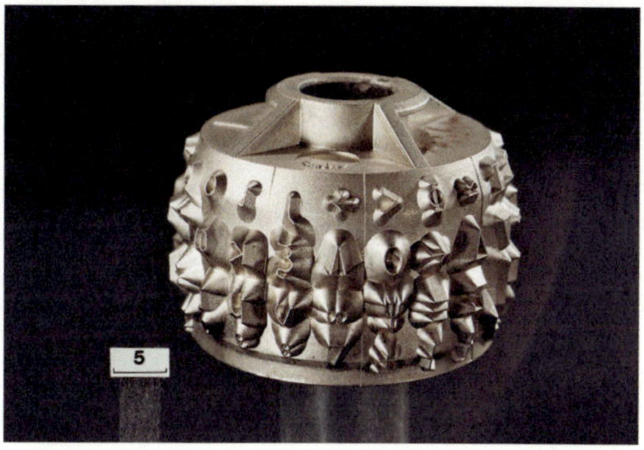

Aus der Vielzahl der verfügbaren Kugelköpfe ist hier derjenige zu sehen, auf dem die Typen des griechischen Alphabets, Ziffern und mathematische Zeichen angeordnet sind.

Literaturverzeichnis

Abderhalden, E.: Handbuch der biologischen Arbeitsmethoden. Berlin, Wien: Urban & Schwarzenberg, 1937.

Auerbach, F.: Die physikalischen Grundlagen der Phonetik. Zeitschrift für französische Sprache und Literatur, 16 (1894), S. 117–171.

Belle, H.: Spreekmaschines, Stichting Historisch Geluidcarchiev. Haarlem: Elma Edities Nederland, 1989.

Boeke, J. D.: Mikroskopische Programmstudien. Archiv für die gesamte Physiologie der Menschen und Tiere, 50 (1891), S. 297–318.

Boeke, J. D.: Mikroskopische Programmstudien II. Archiv für die gesamte Physiologie der Menschen und Tiere, 76 (1899), S. 497–516.

Cate, M. J. ten: Über die Untersuchungen der Atembewegungen bei Sprechfehlern. Med.-päd. Monatszeitschrift für die gesamte Sprachheilkunde, 12 (1902), Teil 1, S. 247–259 Teil 2, S. 321–331.

Dietzel, R.; Mehnert, D.; Fuder, G.; Hoffmann, R.: Akustische Resonatoren als Messmittel für die experimentelle Phonetik. Studientexte zur Sprachkommunikation, 54. Dresden: TUD press, 2009, S. 173–184.

Edelmann, M. T.: Die Edelmannschen Grenzpfeifen (Galton-Pfeifen). München: F. Bruchmann, (o. J.).

Essen, O. v.: Phonetische Leistungsprüfung der Diktiermaschine DIMAFON. Zeitschrift für Phonetik und Allgemeine Sprachwissenschaft, 4 (1950), S. 139–142.

Essen, O. v.: Segmentatoren. Zeitschrift für Phonetik, Sprachwissenschaft und Kommunikationsforschung, 19 (1966), S. 571.

Fant, G.: Acoustic Theorie of Speech Production. 's-Gravenhage: Mouton u. Co., 1960.

Fasold, W.; Kraak, W.; Schirmer, W. (Hrsg.): Taschenbuch Akustik, Teil 1. Berlin: Technik, 1984, S. 493–495.

Feldmann, H.: Bilder aus der Geschichte der Hals-Nasen-Ohren-Heilkunde. Heidelberg: Meridian, 2003.

Frank, O.: Kymographien, Schreibhebel, Registrierspiegel, Prinzipien der Registrierung. In: Tigerstedt, R. (Hrsg.): Handbuch der Physiologischen Methodik, 1. Bd., 4. Abt.: Allgemeine Methodik II. Leipzig: S. Hirzel, 1911, S. 2–31.

Fröschels, E.; Hajek, L.; Weiss, D.: Untersuchungsmethoden der Stimme und Sprache. In: Abderhalden, E. (Hrsg.): Handbuch der biologischen Arbeitsmethoden, Abt. V, Teil 7 (2. Hälfte). Berlin, Wien: Urban & Schwarzenberg, 1937, S. 1383–1540.

Fürstenberg, A.: Zur Methode der relativen Lautdauermessungen. VOX (1929), H. 1, S. 2–4.

Fürstenau, R.: Über Röntgenstereometrie. Verhandl. der Deutschen Röntgengesellschaft, V (1909).

Fürstenau, R.: Die Fremdkörperlokalisation mittels Röntgentiefenmessers. Bedienungsanleitung, Berlin 1915.

Fürstenau, R.: Über einen neuen Röntgentiefenmesser. Fortschritte auf dem Gebiet der Röntgenstrahlen, 9 (o. J.), H. 4.

Ganske, J.: Neue pneumatische Schreibkapsel. Med.-päd. Monatszeitschrift für die gesamte Sprachheilkunde, 20 (1910), S. 94–96.

Ganske, J.: Illustriertes Verzeichnis von Apparaten für die experimentelle Phonetik. Verlagsdruckerei Zehlendorf bei Berlin, 1918.

Geisthardt, K.-H.: Taschen-Recorder 3300 (Philips). Funktechnik, 5 (1964), S. 143–145.

Geršić, S.: Kurvenal, ein neues Gerät zur Auswertung von Registrierstreifen. Phonetica, 18 (1968), H. 2, S. 89–94.

Grünwald, F.: Hinweise für einen effektiven Einsatz des S-Indikators bei einer Sigmatikerbehandlung. Beiheft, Institut für Unterrichtsmittel, AdW, Berlin 1982, S. 1–7.

Guckenberg, W.: Sichtbarmachung von magnetischen Schallaufzeichnungen. Funk und Ton, 11 (1954), S. 600–604.

Gutzmann, H.: Ein einfaches Kymographion für die Untersuchung der Sprechbewegung. Med.- päd. Monatszeitschrift für die gesamte Sprachheilkunde, 14 (1904), S. 65–70.

Gutzmann, H.: Ein Reiseregistrierapparat für Experimentalphonetik. Med.- päd. Monstszeitschrift für die gesamte Sprachheilkunde, 22 (1912), S. 257–269.

Gutzmann, H.: Aus der Praxis der experimentellen Phonetik. VOX (1913), H. 1, S. 33–40.

Hajek, L.: Herstellung und methodische Verwertung von Schallaufnahmen. In: Abderhalden, E. (Hrsg.): Handbuch der biologischen Arbeitsmethoden: Abt. V, Teil 7 (2. Hälfte). Berlin, Wien: Urban & Schwarzenberg, 1937, S. 1307–1381.

Hegener, J.: Stereoskopie und Stereophotographie des Larynx und des Ansatzrohres und ihrer Bewegungen. VOX (1920), H. 5/6, S. 109–113.

Heinitz, W.: Die Bewertung der Dauer in phonetischen Aufnahmen. VOX (1921), H. 4, S. 153.

Heinitz, W.: Zur Fehlerberechnung von Atemvolumenkurven. VOX (1925), H. 7, S. 25–32.

Helmholtz, H. K.: Die Lehre von den Tonempfindungen. Braunschweig: Vieweg, 1862, S. 73–76.

Hildebrandt, B.: Atemstoss und Vitalkapazität. Die Sprachheilarbeit, 6 (1961), H. 2, S. 48–54.

Hoffmann, A.: Der S-Laut, der schwierigste Konsonant unserer Muttersprache. Die Stimme, Zentralblatt für Stimm- und Tonbildung, Gesangsunterricht und Stimmhygiene, 21 (1927), H. 9, S. 194–201.

Hoffmann, R.; Mehnert, D.; Dietzel, R.; Kordon, U.:
Acoustc experiments with Wethlos larynx model.
Grazer Linguistische Studien, 62. Universität Graz, 2004, S. 51–59.

Hoffmann, R.; Mehnert, D.:
Die Kesselschen Stimm-Mechaniken in der historischen akustisch-phonetischen Sammlung der TU Dresden.
Fortschritte der Akustik - DAGA 2007, Stuttgart, S. 401–402.

Hoffmann, R.; Mehnert, D.; Dietzel, R.; Fuder, G.:
Measuring frequencies with historic resonators from SCHAEFER.
NAG/DAGA 2009, Rotterdam, S. 258–261.

Hutters, B.: Problems in the use of the photo-electric glottograph.
ARIPUC 10 (1976), S. 275–312.

Jänke,L.: Die Bedeutung der auditiven Rückmeldung des eigenen Sprechens für die Sprechkontrolle.
Sprach-Stimme-Gehör. Zeitschrift für Kommunikationsstörungen, 16 (1992), S. 17–21.

Janota, P.; Romportl, M.: Ein Beitrag zur phonetischen Methodik (die Gehörsanalyse als Bestandteil der experimentalphonetischen Forschung).
Praha: Acta Universitatis Carolinae-Philologica, 1 (1959), S. 17–28.

Jüttemann, H.: Phonographen und Grammophone.
4. erw. Auflage. Dessau-Roßlau: B. Hein, 2007.

Köster, J.-P.; Smith, S.: Zur Interpretation elektrischer und photoelektrischer Glottogramme.
Folia phoniatrica, 22 (1970), S. 92–99.

Kollak, B.: Einsatz des Logophons in der Sprachheilschule.
Die Sonderschule, 23. Jahrg. (1978), H. 2, S. 113–120 u. H. 3, S. 150–157.

Krech, H.; Krech, E.-M.: Die Behandlung gestörter S-Laute.
Berlin: Volk und Gesundheit, 1969.

Lee, B.: Effects of delayed speech feedback.
Journal of the Acoustical Society of America (JASA), 22 (1950), S. 824–826.

Lindner, G.; Neppert, J.: Klangliche Reaktivierung Wethloscher Polsterpfeifen.
Sprache-Stimme- Gehör. Zeitschrift für Kommunikationsstörungen, 18 (1994), H. 1, S. 38–43.

Mader, O.: Ein einfacher harmonischer Analysator beliebiger Basis.
Elektronische Zeitschrift (1909), H. 39, Sonderdruck, S. 1–5.

Manig, H.: Ergographie der Lippen bei Hasenscharten und Normalen.
Teil 1: VOX (1928), H. 5–6, S. 15–19
Teil 2: VOX (1928), H. 7, S. 23–29.

Mehnert, D.: Dynamikindikator, eine visuelle Hilfe zur Sprachkorrektur Hörgeschädigter.
Wissenschaftliche Zeitschrift der Humboldt-Universität zu Berlin,
Ges.-Sprachwiss. Reihe XXIII (1974), Nr. 5, S. 611–614.

Mehnert, D.: Grundfrequenzanalyse und –synthese der stimmhaften Anregungsfunktion, ein Beitrag zur Erzeugung und Verarbeitung sprachlicher Signale.
Diss. A, TU Dresden, 1975.

Mehnert, D.: Zur Dynamikindikation von Sprachlauten – Dynamikindikator 2/77 für Hörgeschädigte.
Wissenschaftliche Zeitschrift der Humboldt Universität zu Berlin,
Ges.-Sprachwiss. Reihe XXVIII (1979), Nr. 2, S. 203–206.

Mehnert, D.: Dynamik-Indikator DI 2/77.
Begleitheft und Bedienungsanleitung für Industriegerät, Groitzsch: Rolf Schmidt Elektronik, 1983.

Mehnert, D.: Zur Dynamikanzeige von Sprachlauten – Dynamikindikatoren für Hörgeschädigte.
Nachrichtentechnik/Elektronik, 33 (1983), H. 9, S. 383–385.

Mehnert, D.: Analyse und Synthese suprasegmentaler Intonationsstrukturen des Deutschen, ein Beitrag zur Optimierung technischer Sprachkommunikationssysteme.
Diss. B, TU Dresden, 1985.

Mehnert, D.: S-Indikator S. 2/82.
Begleitheft für Industriegerät, Groitzsch: Rolf Schmidt Elektronik, 1986.

Mehnert, D.: Anwendung suprasegmentaler Intonationskonturen zur Verbesserung von Elektrolarynx-Sprache.
Studientexte zur Sprachkommunikation, 2. Dresden: TUD press, 1986, S. 110–118.

Mehnert, D.: Historische Schallaufnahmen – Das Lautarchiv an der Humboldt-Universität zu Berlin.
Studientexte zur Sprachkommunikation, 13. Dresden: TUD press, 1996, S. 28–45.

Mehnert, D.: Prosodieforschung zu Beginn des 20. Jahrhunderts – Tonhöhenmess- und Analysierverfahren mit historischen phonetischen Apparaten.
Studientexte zur Sprachkommunikation, 44. Dresden: TUD press, 2007, S. 28–45.

Mehnert, D,; Dietzel, R.; Richter, D.; Landgraf J.: Experimente zum Übertragungsverhalten Mareyscher Kapseln.
Studientexte zur Sprachkommunikation, 50. Dresden: TUD press, 2008, S. 13–28.

Mehnert, D.; Dietzel, R.: Von Glyphen zu Tonhöhen und Intensitäten – Das Boekesche Gestell, ein historisches Auswertegerät.
Studientexte zur Sprachkommunikation, 52. Dresden: TUD press, 2009, S. 198–208.

Mehnert, D.; Hoffmann, R.: Schallerzeugung, Schallaufzeichnung und Schallanalyse mit Historischen phonetischen Geräten.
Studientexte zur Sprachkommunikation, 29. Dresden: w.e.b. Universitätsverlag, 2003, S. 77–91.

Merelli, G.: Ricerche pneumografiche durante la emissione della voce parlato e cantata.
VOX (1922), H. 1–2, S. 46–53.

Meyer, E.A.: Ein neues Verfahren zur graphischen Bestimmung des musikalischen Akzents.
Monatsschrift für die gesamte Spachheilpädagogik (1911), S. 227–243.

Meyer-Eppler, W.: Automatische Spracherkennung.
In: Steinbuch, K. (Hrsg.): Taschenbuch der Sprachverarbeitung.
Berlin, Göttingen, Heidelberg: Springer, 1962, S. 837–838.

Mütze, K. (Hrsg.): Brockhaus ABC der Optik.
1. Aufl., Leipzig: F.A. Brockhaus, 1961, S. 555 ff.

Neppert, J.: Der 2-S-Trainer, eine Weiterentwicklung des Language-Masters und seine Verwendbarkeit in Hör- und Sprachgeschädigtenschulen.
Hörgeschädigtenpädagogik, 25 (1971), S. 42–52.

Neppert, J.: Zur Schwingungsphysik der Wethloschen Polsterpfeife im Vergleich zum Smithschen Glottismodell.
Hörgeschädigtenpädagogik – Beiheft, 36 (1995), S. 126–144.

Nessel, E.: Die verzögerte Sprachrückkopplung (Lee-Effekt) bei Stotterern.
Folia phoniatrica, 10 (1958), S. 199–204.

Onishi, M.: A Dictionary of Phonetics.
Tokyo: The Phonetic Society of Japan, 1976, S. 585.

Panconcelli-Calzia, G.: Atkinson´s Mouth Measurer.
Annotationes Phoneticae.
Med.-päd. Monatszeitschrift für die gesamte Sprachheilkunde, 21 (1911), H. 1, S. 1–3.

Panconcelli-Calzia, G.: Die französischen und englischen Lauttafeln von Rausch.
Annotationes Phoneticae.
Med.-päd. Monatszeitschrift für die gesamte Sprachheilkunde, 21 (1911), H. 8 u. 9, S. 291–294.

Panconcelli-Calzia, G.: Die Rausch´schen Lauttafeln.
Annotationes phoneticae.
Med.-päd. Monatszeitschrift für die gesamte Sprachheilkunde, 21 (1911), H. 3, S. 52–54.

Panconcelli-Calzia, G.: Die Verwendung der Tintenschrift am Lioretgraphen und ihre Bedeutung für linguistische Forschungen.
VOX (1913), H. 2, S. 107–112.

Panconcelli-Calzia, G.: Einführung in die angewandte Phonetik.
Berlin: Fischer's Medizinische Buchhandlung, 1914.

Panconcelli-Calzia, G.: Laryngograph nach Gutzmann.
Annotationes phoneticae.
VOX (1914), H. 1, S. 62.

Panconcelli-Calzia, G.: Autophonoskop, ein Instrument, um die Phonationsbewegungen im Larynx beobachten zu lassen und gleichzeitig selbst zu beobachten.
Zeitschrift für Laryngologie, Rhinologie [...] u. ihre Grenzgebiete, 6 (1914), H.,. , S. 437–442.

Panconcelli-Calzia, G.: Der Kehltonschreiber Calzia-Schneider.
Zeitschrift für Laryngologie, Rhinologie [...] u. ihre Grenzgebiete, 7 (1914), H. 3, S. 339–343.

Panconcelli-Calzia, G.: Die Phonoposoto- und Phonotopometrie – Ein Einheitsmaß für die Bestimmung der Stimmhaftigkeit auf rechnerischem Wege oder durch den Proportionszirkel nach Schneider.
VOX (1919), H. 1/2, S. 18–26.

Panconcelli-Calzia, G.: Über einige Änderungen an der Schreibkapsel nach Ganske.
VOX (1919), H. 1/2, S. 27–28.

Panconcelli-Calzia, G.: Die Darstellung der Atembewegungen in einer Formel.
VOX (1919), H. 6, S. 180–181.

Panconcelli-Calzia, G.: Das Hamburger experimentalphonetische Praktikum.
Hamburg: O. Meissner, 1922.

Panconcelli-Calzia, G.: Die experimentelle Phonetik in ihrer Anwendung auf die Sprachwissenschaft.
Berlin: Walter de Gruyter, 1924.

Panconcelli-Calzia, G.: Ein Hebel zur Registrierung mit geraden Ordinaten.
Pflügers Archiv für die gesamte Physiologie, 207 (1924), H. 4, S. 425–428.

Panconcelli-Calzia, G.: Die Vervielfältigung von Wachswalzen.
VOX (1925 u. 1926), H. 1, S. 17–19.

Panconcelli-Calzia, G.: Eine einfache binokulare Laryngoskopie und Strobolaryngoskopie mit und ohne Vergrößerung.
VOX (1925 u. 1926), H. 6, S. 28–31.

Panconcelli-Calzia, G.: Ein binokularer Stirnspiegel.
VOX (1925 u. 1926), H. 8, S. 34–35.

Panconcelli-Calzia, G.: Annotation zum DILEPHOT-Verfahren.
VOX (1930), H. 2, S. 87–88.

Panconcelli-Calzia, G.: Zur Geschichte des Kymographions.
Zeitschrift für Laryngologie, Rhinologie [...] u. ihre Grenzgebiete, 26 (1936), H. 3, S. 196–207.

Panconcelli-Calzia, G.: Quellenatlas zur Geschichte der Phonetik.
Hamburg: Hanseatischer Gildenverlag, 1940.

Panconcelli-Calzia, G.: Geschichtszahlen der Phonetik.
Hamburg: Hanseatischer Gildenverlag, 1941.

Peters, W. E.: Verbesserungen in der Methode der direkten Luftübertragung von glyphischen Aufnahmen auf berußtes Papier.
VOX (1916), H. 3, S. 121–124.

Poirot, J.: Die Untersuchung der Sprechbewegungen. Die Phonetik.
In: Tigerstedt, R. (Hrsg.): Handbuch der physiologischen Methodik,
3. Bd., 6. Abt. Leipzig: S. Hirzel, 1911, S. 80.

Potter, R. K.; Kopp, G. A.; Green, H. G.: Visible Speech.
New York, 1966.

Ranke, O.: F.; Lullies, H.: Der Spannapparat der Stimmlippen.
In: Gehör-Stimme-Sprache. Berlin, Göttingen, Heidelberg: Springer, 1953, S. 173 ff.

Rausch, F.: Lauttafeln für den Sprachunterricht.
3. Aufl., Marburg: N.-G.-Elwert'sche Verlagsbuchhandlung, 1926.

Rausch, F.: Lauttafeln für den deutschen und fremdsprachlichen Unterricht nach den Grundsätzen der Lautlehre.
Marburg: N.-G. Elwert, 1927.

Reinsch, M.; Gobsch, H.: Zur quantitativen Auswertung elektroglottographischer Glottogramme.
Folia phoniatrica, 24 (1972), S. 1–6.

Ruge, H.: Sprachtherapie mit dem Language-Master.
Zeitschrift für Heilpädagogik, 17 (1966), H. 3, S. 110–115.

Scripture, E. W.: Differential diagnosis of nervous diseases by speech inscriptions.
VOX (1921), H. 1/2, S. 16–23.

Skramlik, E. v.: Physiologie des Kehlkopfes.
In: Denker, A./Kahler, O.: Handbuch der Hals-Nasen-Ohren-Heilkunde, Bd. 1.
Berlin: Springer u. München: Bergmann, 1925.

Smith, S.: The Electro Aerometer.
Speech Phathologie and Therapie, 3 (1960), S. 27–30.

Smith, S.: Ein Mittel zur Bestimmung der Luftströmung durch die Nase.
Akt. Probl. Phoniat. Logopädie, 1 (1960), S. 81–87.

Schaefer, K. L.; Wethlo, F.: Über einen c5-Klangstab mit langer Abschwingdauer.
Passow - Schaefer, Beiträge, 28 (1930), S. 171–176.

Scheminzky, F.: Die Welt des Schalls
Graz. Wien, Leipzig, Berlin: Bergland-Buch, 1935, S. 49 ff.

Schneider, C.: Beschreibung eines konstruktiv veränderten und erweiterten Tonhöhenmessapparates nach E. A. Meyer und eines neuen Tonhöhen-Spitzen-Markierapparates.
VOX (1913), H. 4, S. 193–201.

Schneider, C.: Beschreibung eines neuen Kehlton-Schreibers nach Calzia-Schneider.
VOX (1916), H. 1, S. 1–3.

Schneider, C.: Proportionszirkel für Zeitmessung unabhängig von der jeweiligen Mantelgeschwindigkeit des Kymographen.
VOX (1920), H. 2/3, S. 30–31.

Schneider, C.: Verbesserungen an einem Kehltonschreiber.
VOX (1935), H. 1–6, S. 36–40.

Schumann, R.: Einrichtung für Mikrophotographien von Glyphen auf Wachswalzen.
VOX (1921), H. 1/2, S. 55–57.

Stilke, A.: Theorie des Tonhöhen-Meßapparates nach E. A. Meyer und C. Schneider.
VOX (1913), H. 3, S. 152–163.

Stoltz, H.: Der Segmentator, ein Gerät, welches kleinste akustische Ausschnitte aus einer Tonbandaufnahme ermöglicht.
Zeitschrift für Phonetik, Sprachwissenschaft und Kommunikationsforschung,18 (1965), S. 117–118.

Stoltz, H.: Entwicklung einiger Apparate im Phonetischen Institut der Universität Hamburg nach 1963 – Segmentator und Elektro-Pneumograph.
Hamburger Phonetische Beiträge 25. Hamburg: Helmut Buske Verlag, 1978, S. 433–435.

Tigerstedt, R. (Hrsg.): Handbuch der Physiologischen Methodik.
Bd. 1: Prinzipien der Registrierung. Leipzig: Hirzel, 1911.

Trenschel, W.: Das Phänomen der Nasalität.
Schriften zur Phonetik, Sprachwissenschaft und Kommunikationsforschung, 17.
Berlin: Akademie-Verlag, 1977.

Viëtor, W.: Lauttafeln (deutsch, französisch, englisch).
Marburg, 1893.

Viëtor, W.: Elemente der Phonetik des Deutschen, Englischen und Französischen.
6. Aufl., Leipzig, 1915.

Wängler, H.-H.: Das DIMAFON in der Frequenzprüfung.
Zeitschrift für Phonetik und Allgemeine Sprachwissenschaft, 4 (1950), S. 142–144.

Wängler, H.-H.: Atlas deutscher Spachlaute.
Berlin: Akademie-Verlag, 1968.

Weinert, H.: Die Bekämpfung von Sprachfehlern.
9. Aufl. Berlin: Volk und Gesundheit, 1982.

Wethlo, F.: Die Ausmessung Mareyscher Kurven und ihre mechanische Korrektur.
Med.-päd. Monatszeitschrift für die gesamte Sprachheilkunde, 11 (1911), Sonderdruck, S. 1–7.

Wethlo, F.: Versuche mit Polsterpfeifen.
Passow und Schaefer: Beiträge für die gesamte Physiologie, 6 (1913), H. 3, S. 268–280.

Wethlo, F.: Zur Technik der Stroboskopie.
VOX (1915), H. 1/6, S. 271–277.

Wethlo, F.: Vom Wesen der Resonanz.
Die Stimme, Zentralblatt für Stimm- und Tonbildung, Gesangsunterricht und Stimmhygiene, 20 (1926), H. 5, S. 1–4.

Wethlo, F.: Zur Registrierung von Atembewegungen.
Die Stimme, Zentralblatt für Stimm- und Tonbildung, Gesangsunterricht und Stimmhygiene, 20 (1926), H. 8, S. 1–2.

Wethlo, F.: Erfahrungen mit Schreibkapseln.
Bonner IGEP-Tagung, 1930, S. 1–4.

Wethlo, F.: Gehör und Gehörsuntersuchungen für sehr hohe Töne – ein c^6-Klangstab.
Die Stimme, Zentralblatt für Stimm- und Tonbildung, Gesangsunterricht und Stimmhygiene, 26 (1932), H. 6, S. 1–2.

Wethlo, F.: Kehlkopfspiegel mit Glühlampen.
Zeitschrift für Laryngologie, Rhinologie [...] u. ihre Grenzgebiete, 21 (1931), H. 6, S. 489–491.

Wethlo, F.: Stimmgabeln und Stimmpfeifen.
Die Stimme, Zentralblatt für Stimm- und Tonbildung, Gesangsunterricht und Stimmhygiene, 27 (1933), H. 10/11, Sonderdruck, S. 1.

Wethlo, F.: Lautforschung am Magnetophon.
Archiv für Vergleichende Phonetik, 6 (1942), H. 2, S. 87–88.

Wethlo, F.: Gerät zur Vorweisung der Laryngoskopie, der Autolaryngoskopie und der Stroboskopie.
Zeitschrift für Hals-, Nasen- und Ohrenheilkunde, 50 (1944), H. 4–5, S. 510–514.

Wethlo, F.: Verbrauch von Phonationsluft bei Glottisschluss verschiedenen Grades, untersucht am künstlichen Kehlkopf.
Archiv für Sprach- und Stimmphysiologie, 3 (1939), H. 3, S. 1–8.

Wethlo, F.: Formen künstlicher Kehlköpfe.
Zeitschrift für Phonetik, 3 (1949), H. 1/2, S. 108–113.

Wethlo, F.: Vereinfachte phonetische Tonhöhenmessung.
Zeitschrift für Phonetik 4, (1950), H. 1/2, S. 123–126.

Wethlo, F.: Phonetische Tonhöhenmessung mittels Schablonen.
Archiv Ohr- usw. Heilkunde und Zahn-, Hals- usw. Heilkunde, 165 (1954), S. 163–167.

Wethlo, F.: Wiederholer für Redeteile aus Bandaufnahmen.
Zeitschrift für Phonetik und allgemeine Sprachwissenschaft, 11 (1958), H. 4, S. 368–369.

Wethlo, F.: Atmungsaufnahmen, enthaltend Hinweise auf die Behandlung des Stotterns.
Kongressbericht der internationalen Arbeitstagung über Fragen der Rehabilitation. Leipzig: Georg Thieme, 1958.

Wethlo, F.: Demonstrations- und Auto-Laryngoskop.
Die Stimme, Zentralblatt für Stimm- und Tonbildung, Gesangsunterricht und Stimmhygiene, Sonderdruck, (o. J.).

Wilczewski, S. v. Phonoposotische und phonotopische Untersuchung von Lippenlauten – ein neuer Labiograph. VOX (1922), H. 3/6, S. 64–73.

Winckel, F.: Repetier-Zusatzgerät zum Magnetophon für Lautuntersuchungen. Zeitschrift für Phonetik, 5 (1951), S. 15–23.

Willers, A.: Polarplanimeter. In: Ders.: Mathematische Maschinen und Instrumente. Berlin: Akademie-Verlag, 1951, S. 138–146.

Willers, A.: Harmonische Analysatoren und Stiltjes-Planimeter. In: Ders.: Mathematische Maschinen und Instrumente. Berlin: Akademie-Verlag, 1951, S. 194–201.

Zarniko, C.: Die Diagnostik der Nasenkrankheiten. In: Handbuch der Hals-Nasen-Ohrenheilkunde, Bd. 1. Berlin: Springer u. München: Bergmann, 1925, S. 697–703.

Zglinicki, F. v. Der Weg des Films – Die Geschichte der Kinematografie und ihre Vorläufer. Berlin: Rembrandt-Verlag, 1956.

Zimmermann, E.: Wissenschaftliche Apparate. Leipzig, Berlin 1928.

Zimmermann, E.: Wissenschaftliche Apparate – Liste 200. Leipzig, Berlin 1937.

Zimmermann, E.: Wissenschaftliche Apparate. Kleines Elektrokymographion, Druckschrift, S. 25/2, 1958.

Zwaardemaker, H.: Über den dynamischen Silbenakzent. VOX (1913), H. 1, S. 7–14.

Register

Kapitel 1
Mess- und Registrieraufbauten

Kapitel 2
Aufzeichnungs- und Registriergeräte

Kymographen/Zubehör

Kapitel 3
Geräte zur Kurvenauswertung

Kapitel 4
Schallaufzeichnungs und -wiedergabegeräte

Kapitel 5

Beobachtungs- und Messgeräte

Kapitel 6
Demonstrationsgeräte
Modelle/Lehrmittel

Kapitel 7
Modernere Geräte
Experimentalphonetik/Rehabilitation

Kapitel 8
Sonstiges
Optische Geräte/Hilfsmittel